Flugzeuge der Welt
1997

Abbildung Umschlag:
Die elegante und schnelle Fairchild/Daimler-Benz Aerospace (Dornier) 328-120 aus deutscher Produktion.

Verfasser: Claudio Müller in Zusammenarbeit mit Martin Fricke

Lizenzausgabe für Deutschland und Österreich,
Motorbuch Verlag, Stuttgart, 1997

ISBN 3-613-01823-3

Claudio Müller

Flugzeuge der Welt 1997

heute – morgen

Beschreibung der neuesten Flugzeugtypen

Motor
buch
Verlag

VORWORT ZUR AUSGABE 1997

Die 37. Ausgabe dieses Jahrbuchs steht im Zeichen eines deutlichen Silberstreifens am Horizont, wenn sich auch die Erholung einseitig auf wenige Teilbereiche der Luftfahrt beschränkt.

Nach Jahren des Rückgangs erlebt die Zivilluftfahrt einen eigentlichen Boom. Die steigende Nachfrage, verbunden mit den durch Restrukturierungen und Konzentration auf das Kerngeschäft sprunghaft angestiegenen Gewinnen der Luftfahrtgesellschaften, haben eine wahre Bestellflut ausgelöst. Hauptgewinner sind Boeing und Airbus, während McDonnell Douglas und weitere Hersteller von Passagierflugzeugen kaum oder nur in geringem Masse daran partizipieren. Einzelne Produzenten können sich voller Auftragsbücher erfreuen und müssen den Ausstoss erhöhen. Die Geschäftsluftfahrt verzeichnet dank dem immer mehr Anklang findenden Co-Sharing-Modells eine Zunahme von Bestellungen, wie sie seit Jahren nicht mehr notiert wurde. Schliesslich erfährt auch die sogenannte General Aviation eine eigentliche Renaissance, weshalb in dieser Ausgabe wieder einmal ein Schwerpunkt in der Vorstellung von Sport- und Reiseflugzeugen gesetzt wurde. Die Zivilluftfahrt geht somit erfreulichen Zeiten entgegen.

Ganz anders sieht es in der Militärluftfahrt aus! Die in diesem Sektor nun seit mehr als fünf Jahren anhaltende Flaute hat sich eher noch verstärkt. Kaum ein neues Programm, welches nicht entweder zeitlich gestreckt oder dessen Beschaffungszahl drastisch gekürzt wird – oder vielfach beides davon. Es erstaunt deshalb nicht, dass die Zahl von Neuentwicklungen im Vergleich zu früheren Jahren äusserst gering ausfällt. Dazu fehlt in fast allen Ländern schlichtweg das Geld. Lebensdauerverlängerung statt Neuanschaffung ist Trumpf. Viele ältere Modelle werden deshalb technisch und elektronisch aufgerüstet, um deren Lebensdauer auszudehnen. Erstmals in «Flugzeuge der Welt» kann ich deshalb in dieser Ausgabe kein neues Kampfflugzeug vorstellen, welches nächstes Jahr die Flugerprobung aufnimmt. Dies wird sich voraussichtlich erst im nächsten Jahr ändern, wenn das britisch-amerikanische JAST-Programm in die entscheidende Phase tritt und voraussichtlich aus Russland und China Neuentwicklungen vorgestellt werden.

Bei den Produzenten geht der Konzentrations-, oder deutlicher ausgedrückt, der Ausmerzprozess unverändert weiter. Die eigentliche Sensation, welche sich aber bereits seit einiger Zeit abzeichnete, war sicherlich die angekündigte Fusion von McDonnell Douglas mit Boeing. Bereits kurz zuvor hatte letzterer Rockwell als neuen Partner ausgewählt. Mehrere andere Fusionen haben Schlagzeilen gemacht, so beispielsweise in Europa der Zusammenschluss von Aérospatiale/ATR mit dem BAe-Zivilprogramm zur AI(R). Viele weitere Beispiele liessen sich nennen. Der harte Konkurrenzkampf hat auch vergangenes Jahr ein prominentes Opfer gefordert, die niederländischen Fokker-Werke. Nach der überraschenden Aufgabe des MD-12-Programms von McDonnell Douglas wird sich die eigentliche Schlacht um die Nachfolge des Erfolgsmodells B747 «Jumbo Jets» auf nur zwei Hersteller konzentrieren. Boeing versucht es mit stark überarbeiteten, grösseren Ausführungen der B747, während Airbus mit dem «A3XX-Projekt» das hohe Risiko einer völligen Neuentwicklung eingehen will.

Wenn auch die Zahl der Neuvorstellungen in dieser Ausgabe etwas geringer als in den Vorjahren ist, so sind doch einige bedeutende Entwicklungen zu erwähnen. Es erstaunt nicht, dass eine Mehrzahl davon aus dem Markt der Geschäftsreiseflugzeuge stammt. Mit der Neuentwicklung Bombardier Global Express wird beispielsweise zusammen mit dem Konkurrenzmodell Gulfstream V eine neue Qualitätsdimension angeboten. Bei einigen Projekten ist der Erstflug noch nicht 1997 zu erwarten, weshalb sie noch nicht beschrieben wurden. Für die nächsten Jahre sind aber einige bedeutende Entwicklungen zu erwarten. Generell fällt auf, dass viele Projekte aus Asien stammen. Auch in dieser Branche zeigt sich, dass die sog. «Tiger-Länder» in Zukunft sehr ernst zu nehmen sind und technologisch immer mehr aufholen. Im Vordergrund steht dabei die Volksrepublik China, welche mit voraussichtlich zwei wichtigen Kampfflugzeugprogrammen Chengdu FC-1 und F-10 aufwarten wird. Süd-Korea, bisher nur in Lizenzprogrammen beteiligt, drängt mit aller Kraft in den exklusiven Kreis der Nationen, welche eigene Flugzeuge herstellen. Primär zu nennen sind der neue Jettrainer Samsung KTX-II sowie die Beteiligung am neuen europäischen Kooperationsprogramm für ein Kurz- bis Mittelstreckenflugzeug für 80 bis 100 Passagiere. Aber auch Taiwan und Indonesien zeigen in dieser Beziehung klare Ambitionen. Japan ist im Begriffe, durch Eigenproduktionen und Kooperationen immer mehr zu den Grossen im Flugzeugmarkt aufzuschliessen. Nebst der Gemeinschaftsentwicklung F-2 sind der Scouthubschrauber OH-X und der neue, öffentlich noch nicht vorgestellte, aber bereits fliegende Prototyp MH2000 ein deutliches Zeugnis dafür. Die Situation in Russland lässt sich mit «viele Projekte, wenige Realisationen» umschreiben. Nach wie vor zeigt sich, wie die hoch innovativen Entwicklungsteams der früheren Konstruktionswerkstätten dank ihren Fähigkeiten in der Lage sind, ein Papierprojekt nach dem anderen vorstellen. Fast alle scheitern aber an den Finanzen, am fehlenden Markt und sicher auch am schwindenden Vertrauen in die russische Luftfahrtindustrie. Diese wird ohnehin gezwungen sein, sich zu reorganisieren, um im heutigen kompetitiven Umfeld bestehen zu können. So sollen beispielsweise Tupolew, Jakowlew und Suchoj bereits intensive Fusionsverhandlungen führen.

So gesehen, zeigt die Luftfahrtindustrie 1997 weiterhin ein sehr unterschiedliches, sogar diffuses Bild. Höhenflüge und Misserfolge liegen nahe beieinander. Für Spannung ist somit weiterhin gesorgt und um Informationsmaterial für die nächsten Ausgaben braucht man sich nicht zu sorgen.

Claudio Müller

AERMACCHI MB-339CD

Ursprungsland: Italien.
Kategorie: Zweisitziger Basis-/Fortgeschrittenentrainer und leichter Erdkämpfer.
Triebwerke: Ein Strahltriebwerk Rolls Royce Viper 680-43 von 1996 kp (19,57 kN) Standschub (Lizenzbau Fiat).
Leistungen: Höchstgeschwindigkeit 902 km/h auf Meereshöhe, bzw. 834 km/h auf 10975 m; max. Anfangssteiggeschwindigkeit (mit 50 % Treibstoffzuladung) 40 m/Sek; max. Reichweite mit interner Treibstoffzuladung 1760 km; taktischer Aktionsradius (bewaffnet, Einsatzprofil hoch-tief-hoch) 593 km, mit vier Mk.82-Bomben und zwei 325-l-Zusatztanks 371 km.
Gewichte: Leer 3350 kg; normales Startgewicht für Übungsflüge 4635 kg; max. Startgewicht 6350 kg.
Bewaffnung: Bis zu 2040 kg Aussenlasten, verteilt unter sechs Flügelstationen; die inneren vier Stationen können je 454 kg, die beiden äusseren je 340 kg aufnehmen.
Entwicklungsstand: Erstflug dieser neuesten Version CD am 24. April 1996. Die italienische Luftwaffe erhält ab 1998 15 MB-339CD. Neuester Besteller der Version MB-339FD: Eritrea 6. Von allen früheren Ausführungen wurden rund 180 Maschinen hergestellt.
Bemerkungen: Die Ausführung CD unterscheidet sich von den Vorgängervarianten hauptsächlich durch ein neues, digitales Avioniksystem (Mil.-Std.-1553-Datenbus, zentralen Missonsrechner, GPS und je drei Sextant-Flüssigkristall-Farbdisplays im Cockpit). Mit dieser Ausstattung lässt sich ein breites Ausbildungsspektrum bis hin zu modernen Kampfeinsätzen abdecken. Ferner ist die MB-339CD mit einer Luftbetankungssonde ausgerüstet. Bei der italienischen Luftwaffe wird diese Version als Einführungstrainer für den Eurofighter EF-2000 dienen. Bei der MB-339FD handelt es sich um die Exportausführung der -CD.
Hersteller: Aermacchi SpA, Varese, Italien.

Abmessungen: Spannweite inkl. Flügeltanks 11,22 m, Länge 11,24 m, Höhe 3,90 m, Flügelfläche 19,30 m²

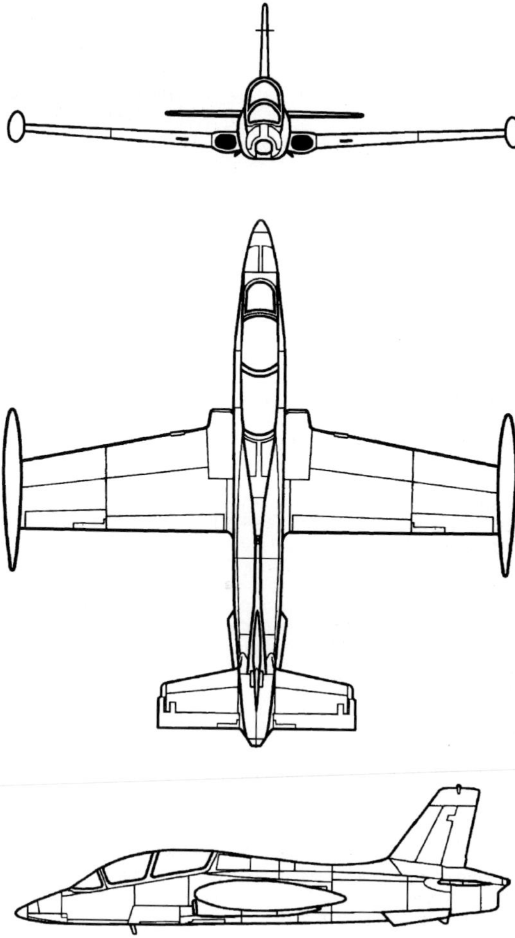

AERO L-159 ALBATROS

Ursprungsland: Tschechien.
Kategorie: Leichtes einsitziges und doppelsitziges Erdkampfflugzeug.
Triebwerke: Ein Mantelstromtriebwerk AlliedSignal/ITEC F124-GA-100 von 2850 kp (28 kN) Standschub.
Leistungen (geschätzt): Höchstgeschwindigkeit 930 km/h auf Meereshöhe; Anfangssteiggeschwindigkeit 40 m/Sek; Dienstgipfelhöhe 13200 m; Reichweite mit max. internem Kraftstoff und 10 % Reserven 1570 km.
Gewichte (geschätzt): Leergewicht 3370 kg; normal beladen 4510 kg; max. Startgewicht 5000 kg.
Bewaffnung: Kombination von Waffen an einer Station unter dem Rumpf und sechs unter den Flügeln für Luft-Luft-Lenkwaffen, Luft-Boden-Lenkwaffen, Bomben und Elektronikbehälter im Gesamtgewicht von 2340 kg.
Entwicklungsstand: Zwei Prototypen dieser Ausführung, zuerst ein Doppel-, anschliessend ein Einsitzer, nehmen die Flugerprobung im Laufe von 1997 auf. Die tschechische Luftwaffe soll 72 Einheiten ab 1999 erhalten. Von den Vorgängerausführungen L-39, L-59 und L-139 (siehe Ausgabe 1995) sind bisher über 2900 Maschinen hergestellt worden.
Bemerkungen: Die L-159 wird aus der bekannten L-39/L-59 entwickelt und verfügt über ein westliches Triebwerk mit einem um 30 % erhöhten Schub. Dementsprechend sollen die Flugleistungen deutlich gesteigert werden. Aero rechnet gegenüber der L-39 mit einer Verdoppelung der Steigrate, besserer Wendefähigkeit und kürzerer Startstrecke. Auch die Geschwindigkeit ist in allen Bereichen deutlich höher. Ein modernes Avioniksystem von Rockwell, u.a. bestehend aus Grifo-L-Radar, Flüssigkristall-Farbdisplays im Cockpit, H-764G-Navigationssystem sowie GPS führt zu einer wesentlichen Verbesserung aller Leistungen gegenüber dem Ausgangsmuster.
Hersteller: Aero Vodochody Navodni Podnik, Vodochody Airport bei Prag, CFR.

Abmessungen: Spannweite inkl. Flügelendtanks 9,54 m, Länge 12,20 m, Höhe 4,78 m, Flügelfläche 18,80 m².

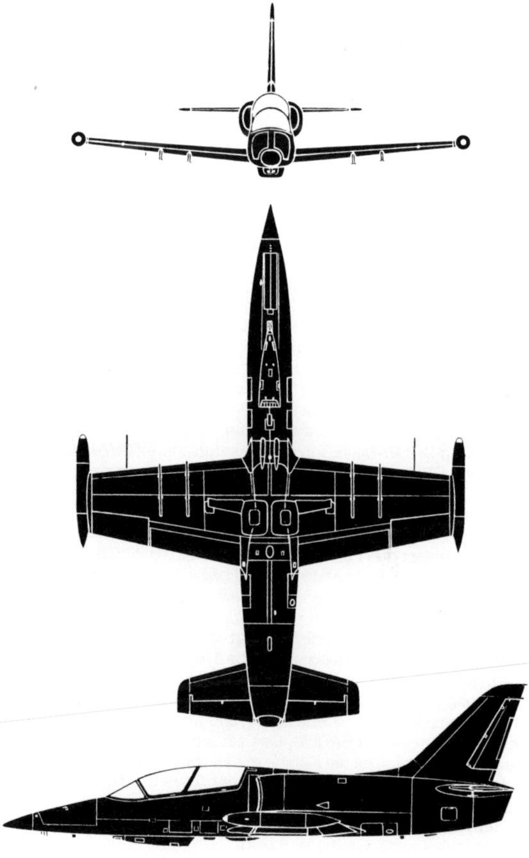

AGUSTA A109 POWER

Ursprungsland: Italien.
Kategorie: Leichter Mehrzweckhubschrauber.
Triebwerke: Zwei Gasturbinen Pratt & Whitney PW206C von je 640 WPS (477 kW) Leistung.
Leistungen (A109MAX): Höchstgeschwindigkeit 311 km/h; max. Reisegeschwindigkeit 282 km/h auf 1520 m; max. Schrägsteiggeschwindigkeit 8,6 m/Sek; Schwebehöhe mit Bodeneffekt 3474 m, ohne Bodeneffekt 2438 m; Reichweite 830 km; max. Flugdauer 4 Std. 20 Min.
Gewichte: Leer 1555 kg; max. Startgewicht 2720 kg mit interner Nutzlast bzw. 3000 kg mit externer Nutzlast.
Zuladung: Ein Pilot und sieben Passagiere. Als Ambulanzhubschrauber zwei liegende Patienten und zwei Helfer. Max. Nutzlast 1130 kg.
Bewaffnung (A109KM): Bis zu acht drahtgelenkte TOW-Lenkwaffen, ein unter dem Rumpf montiertes 7,62-mm-Maschinengewehr oder eine 12,7-mm-Kanone an der Türe befestigt.
Entwicklungsstand: Diese neueste Version fliegt seit 8. Februar 1995. Nach Erhalt der Zulassung begannen die Ablieferungen Mitte 1996. Agusta hat bisher drei Festbestellungen und rund 20 Optionen bekanntgegeben. Von allen Ausführungen sind bisher über 500 Einheiten hergestellt worden. Die Jahresproduktion beläuft sich auf etwa 20 bis 25 Einheiten.
Bemerkungen: Leistungsmässig liegt die A109 Power zwischen der A109C und der A109K2 (siehe Ausgabe 1991/92). Sie verfügt über einen neuen, weniger Teile umfassenden Hauptrotorkopf mit Titannabe und Elastomerlagern, welcher wesentlich wartungsfreundlicher sein wird. Die leistungsstärkeren Triebwerke verfügen über ein elektronisches Triebwerkmanagement FADEC. Das einziehbare Fahrwerk wurde überarbeitet. Schliesslich ist die Kabine etwas voluminöser ausgefallen. Agusta bietet eine Vielzahl von Varianten der A109 für die verschiedensten Aufgaben, die in früheren Ausgaben beschrieben wurden.
Hersteller: Costruzione Aeronautiche Giovanni Agusta SpA/Finmeccanica, Cascina Costa, Gallarate, Italien.

Abmessungen: Rotordurchmesser 11,00 m, Rumpflänge 10,71 m, Höhe 3,30 m.

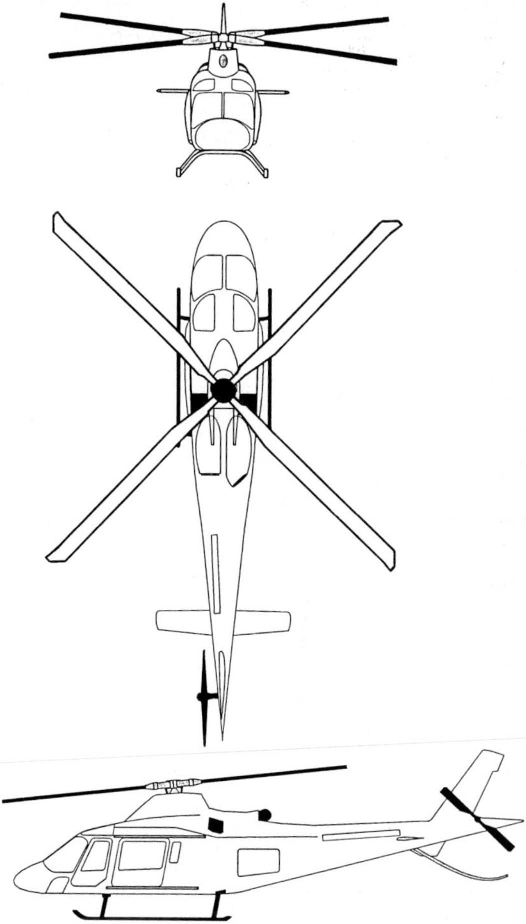

AGUSTA A119 KOALA

Ursprungsland: Italien.
Kategorie: Leichter Mehrzweckhubschrauber.
Triebwerke: Eine Gasturbine (Prototyp) Turboméca Arriel 1K1 von 800 WPS (596 kW) Dauerleistung bzw. (Serie) Pratt & Whitney Canada PT6B-37 von 1000 WPS (745 kW) Dauerleistung.
Leistungen (mit PT6B-37-Triebwerk): Höchstgeschwindigkeit 278 km/h; max. Reisegeschwindigkeit 260 km/h; Schwebehöhe mit Bodeneffekt 2400 m, ohne Bodeneffekt 1230 m; Dienstgipfelhöhe 5460 m; max. Flugzeit 3 Std. 48 Min. bzw. max. Reichweite 667 km.
Gewichte: Max. Startgewicht 2720 kg.
Zuladung: Pilot und bis zu sieben Passagiere. Max. Nutzlast 1354 kg.
Entwicklungsstand: Der erste von zwei Prototypen fliegt seit April 1995. Nach der Zulassung Mitte 1997 erfolgen die ersten Auslieferungen an Kunden im September 1997. Bisher sind sechs Einheiten bestellt worden, für rund 30 weitere bestehen Optionen. Die italienischen Carabinieri-Verbände sollen insgesamt bis zu 50 Einheiten erhalten. Der Beschaffungsbescheid steht aber noch aus.
Bemerkungen: Als Überraschung wurde am Pariser Luftfahrtsalon 1995 die A119 Koala vorgestellt. Sie stellt das günstige Einstiegsmodell der A109 dar. Von ihr sind die Zelle sowie der neue Rotor weitgehend übernommen. Was das Kabinenvolumen angeht, ist die A119 der derzeit grösste einmotorige Hubschrauber. In ihr finden acht Personen bzw. als Ambulanzhubschrauber bis zu zwei Bahren für liegende Patienten Platz. Zudem verfügt sie über einen voluminösen Gepäckraum. In der ganzen Auslegung wurde auf Wirtschaftlichkeit und Robustheit Wert gelegt. So ist die Koala nur mit einem Kufenfahrwerk erhältlich.
Hersteller: Costruzione Aeronautiche Giovanni Agusta SpA/Finmeccanica, Cascina Costa, Gallarate, Italien.

Abmessungen: Rotordurchmesser 11,00 m, Rumpflänge 10,71 m, Höhe 3,30 m.

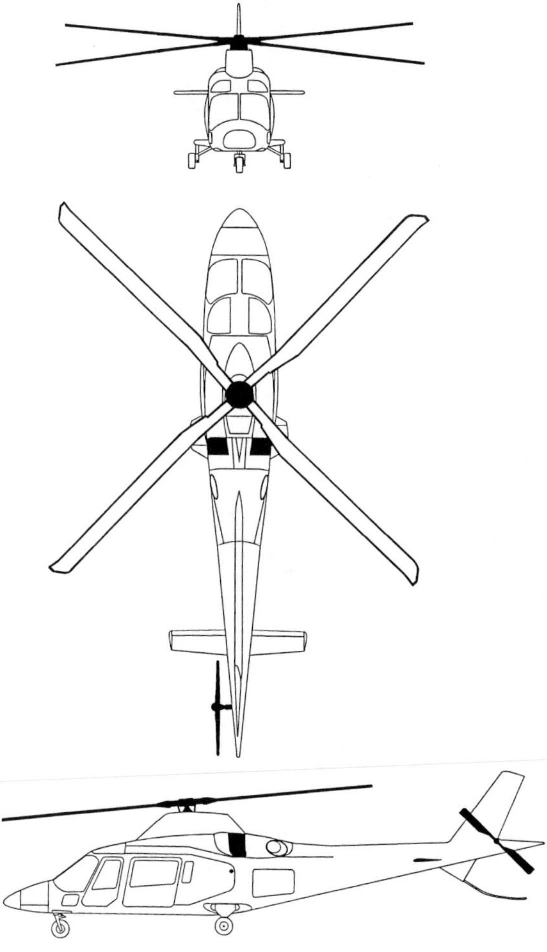

AGUSTA A129 INTERNATIONAL

Ursprungsland: Italien.
Kategorie: Zweisitziger Kampf- und Beobachtungshubschrauber.
Triebwerke: Zwei Gasturbinen LHTEC (Allison) T800 von je 1300 WPS (970 kW) Leistung.
Leistungen (geschätzte Mindestwerte): Höchstgeschwindigkeit 280 km/h auf Meereshöhe; max. Dauergeschwindigkeit 250 km/h; max. Schrägsteiggeschwindigkeit 12,00 m/Sek; Schwebehöhe mit Bodeneffekt 3140 m, ohne Bodeneffekt 1890 m; max. Flughöhe 4725 m; Reichweite 528 km; max. Flugdauer 3,07 Std.
Gewichte (geschätzt): Leer 2600 kg; normales Startgewicht für Panzerbekämpfungseinsätze 3850 kg; max. Startgewicht 5100 kg.
Bewaffnung: Eine dreiläufige 20-mm-Kanone M-197 im Bug und acht Panzerabwehrlenkwaffen TOW oder Hellfire plus Raketenwerfer für ungelenkte 70-mm-Raketen, verteilt auf vier Aufhängepunkte mit einer Tragkraft von je 300 kg. Auch Stinger-Flablenkwaffen können mitgeführt werden.
Entwicklungsstand: Erstflug dieser Weiterentwicklung am 9. Januar 1995. Die italienische Luftwaffe hat von der Vorgängerausführung Mangusta (siehe Ausgabe 1995) bisher 30 erhalten. Insgesamt sind 60 Einheiten bestellt. Die 15 zuletzt zu liefernden Mangustas werden der neuen Ausführung A129 International entsprechen.
Bemerkungen: Dank des um rund 40 % höheren Triebwerkschubs konnten sämtliche Leistungsdaten deutlich verbessert werden. Die International erhielt einen neuen, fünfblättrigen Rotor mit modifiziertem Rotorkopf sowie eine überarbeitete Avionik mit einem vorwärts gerichteten Infrarot-Zielsuchsystem. Die A129 International kann eine grössere Auswahl von Waffen mitführen. Weitere Verbesserungen sind geplant, um im harten internationalen Wettbewerb der Kampfhubschrauber bestehen zu können.
Hersteller: Costruzione Aeronautiche Giovanni Agusta SpA/Finmeccanica, Cascina Costa, Gallarate, Italien.

Abmessungen: Rotordurchmesser 11,90 m, Rumpflänge 12,27 m, Höhe inkl. Rotorkopf 3,35 m.

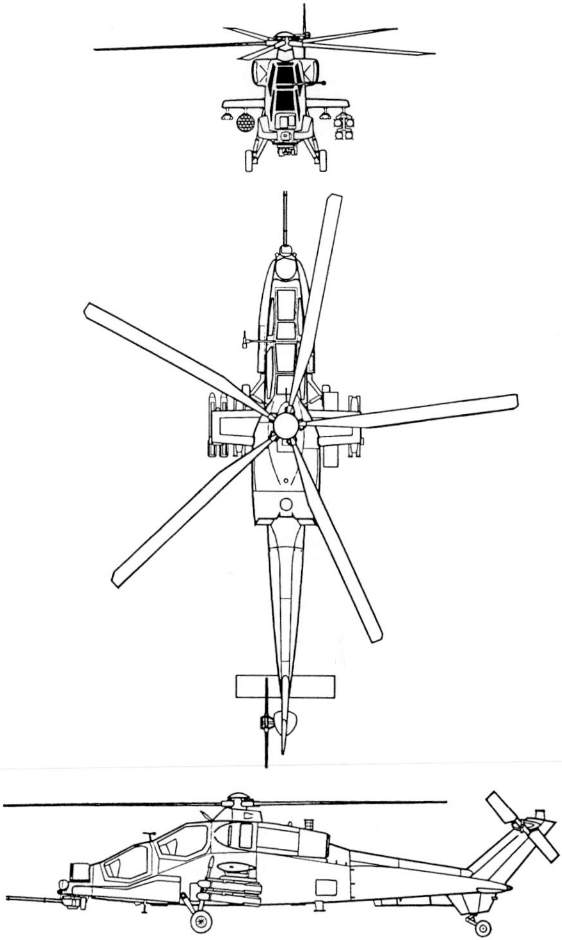

AIDS Ching-Kuo

Ursprungsland: Taiwan.
Kategorie: Einsitziger Luftüberlegenheitsjäger und zweisitziger Einsatztrainer und Marinekampfflugzeug.
Triebwerke: Zwei Mantelstromtriebwerke ITEC TFE1042-70 (Garrett/AIDC F125) mit 2750 kp (26.9 kN) Standschub ohne und 4310 kp (42.2 kN) mit Nachbrenner.
Leistungen (geschätzt): Die Höchstgeschwindigkeit auf Meereshöhe beträgt mindestens 1275 km/h oder Mach 1,05 bzw. auf 10975 m 1800 km/h oder rund Mach 1,70; max. Anfangssteiggeschwindigkeit 254 m/Sek; Dienstgipfelhöhe 16760 m.
Gewichte: Rüstgewicht 6500 kg; normales Abfluggewicht 9525 kg, max. Abfluggewicht 12247 kg.
Bewaffnung: Eine 20-mm-Revolverkanone M61A1 Vulcan intern und als Abfangjäger vier Kurzstrecken-Luft-Luft-Lenkwaffen Sky Sword I und zwei Mittelstrecken-Luft-Luft-Lenkwaffen Sky Sword II, bei Marineeinsätzen zwei Antischiffs-Lenkwaffen Hsiung Feng II. Max. Aussenlasten unter zwei Rumpfstationen, vier Stationen unter den Flügeln und zwei an den Flügelenden 3900 kg.
Entwicklungsstand: Der erste von vier Prototypen (drei Einsitzer und ein Doppelsitzer) flog am 28. Mai 1989. Nach einer technisch bedingten, vorübergehenden Produktionseinstellung sind bis Ende 1996 rund 60 Ching-Kuo abgeliefert worden. Die erste Staffel ist seit Januar 1995 einsatzbereit. Bis ins Jahr 2000 erhält die taiwanesische Luftwaffe 130 Einheiten. Die monatliche Produktion beläuft sich auf 2 Maschinen.
Bemerkungen: Die Ching-Kuo wurde in enger Zusammenarbeit mit der früheren General Dynamics entwickelt. Daher weist sie eine gewisse Ähnlichkeit zur F-16 auf. Die Herstellung des Triebwerks von International Turbo Engine Company (Garrett/AIDS) erfolgt in Taiwan in Lizenz. Die Elektronik ist hochentwickelt und umfasst u.a. ein Mehrzweck-Dopplerradar Kam Lung GD-53 mit sog. «look-down-Fähigkeit» sowie ein dreifach redundantes Fly-By-Wire-System.
Hersteller: Aero Industry Development Center, Taichung, Taiwan.

Abmessungen: Spannweite ohne Lenkwaffen an den Flügelenden 8,53 m, mit 9,46 m, Länge mit Sonde 14,21 m, Höhe 4,42 m, Flügelfläche 24,20 m².

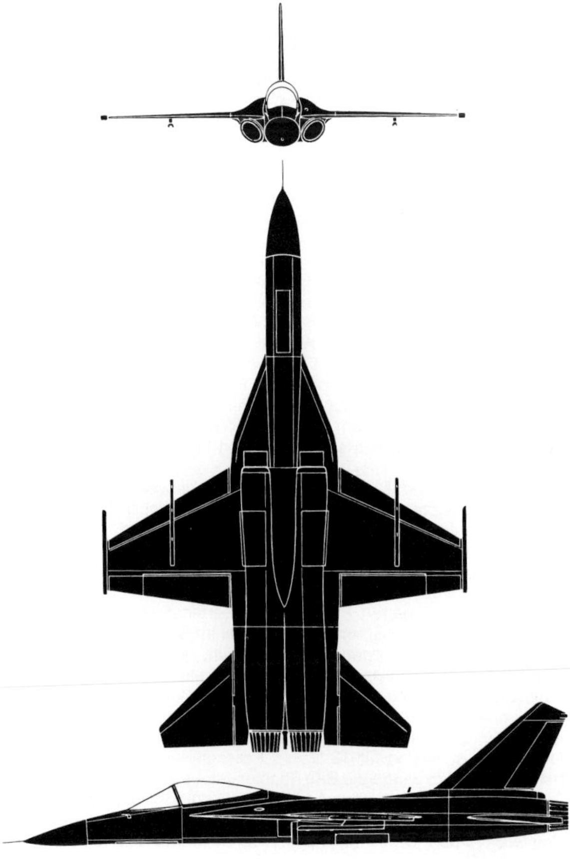

AI(R)/BRITISH AEROSPACE JETSTREAM 41

Ursprungsland: Grossbritannien.
Kategorie: Regionalverkehrsflugzeug.
Triebwerke: Zwei Propellerturbinen Garrett TPE331-14GR/HR von je 1650 WPS (1230 kW) Leistung.
Leistungen: Max. Reisegeschwindigkeit 475 km/h auf 3650 m; ökonom. Reisegeschwindigkeit 465 km/h auf 6100 m; Anfangssteiggeschwindigkeit 11,1 m/Sek; Dienstgipfelhöhe 7620 m, Reichweite mit 29 Passagieren und IFR-Reserven 1350 km.
Gewichte: Typisches Rüstgewicht 6990 kg; max. Startgewicht 11385 kg.
Zuladung: Zwei Piloten und bis zu 29 Passagiere bzw. 27 Passagiere mit Bordküche in Dreierreihen. Als Geschäftsflugzeug wird eine 14-plätzige Einrichtung angeboten. Grosser Gepäckraum im Heck des Flugzeuges, erreichbar mittels eines separaten Frachttores. Max. Nutzlast 3300 kg.
Entwicklungsstand: Das erste von drei Erprobungsmodellen flog erstmals am 25. September 1991. Beginn der Kundenauslieferungen Ende 1992. Die Bestellungen beliefen sich Ende 1996 auf rund 110 Maschinen für 15 Kunden, darunter zwei für die thailändische Armee.
Bemerkungen: Als Weiterentwicklung der Jetstream Super 31 (siehe Ausgabe 1989/90) unterscheidet sie sich im wesentlichen durch einen um 4,88 m verlängerten Rumpf, verbesserten Passagierzugang und einen Flügel grösserer Spannweite, welcher im Gegensatz zu den früheren Varianten unter dem Rumpf verläuft. Ausserdem wurde der Gepäckraum wesentlich vergrössert. Dank stärkerer Triebwerke sind auch die Flugleistungen angehoben worden. Infolge eines Modifikationsprogrammes sind sowohl Nutzlast wie auch Reichweitenleistung gegenüber den ersten J41 leicht verbessert worden. Neu ist auch eine Geschäftsreiseversion für 12 bis 16 Passagiere erhältlich. Zusammen mit ATR und Avro wurde die BAe-Tochter Jetstream Aircraft in eine neue Gesellschaft mit dem Namen Aero International (Regional) eingebracht.
Hersteller: AI(R) Aero International (Regional)/British Aerospace, Werk Prestwick Airport (Grossbritannien), Blagnac, Frankreich.

Abmessungen: Spannweite 18,29 m, Länge 19,25 m, Höhe 5,74 m, Flügelfläche 32,59 m².

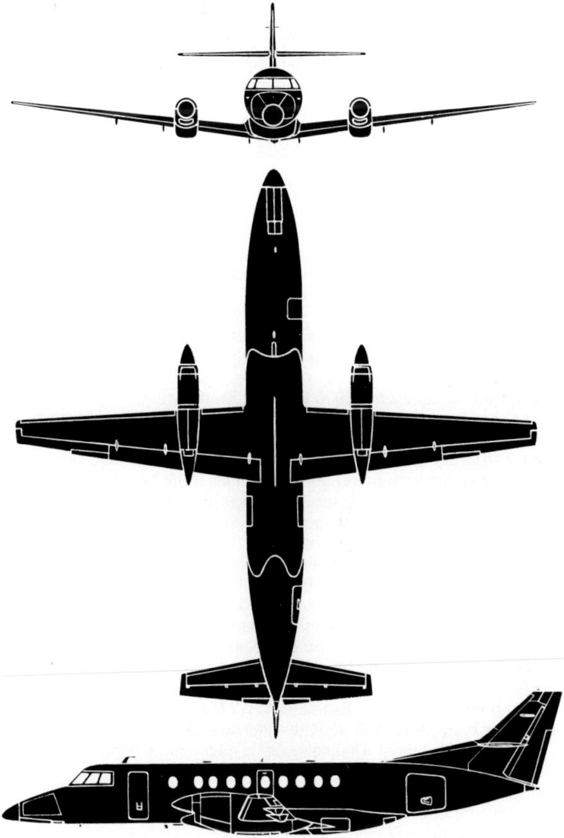

AI(R)/ATR 42-500

Ursprungsland: Frankreich und Italien.
Kategorie: Regionalverkehrsflugzeug.
Triebwerke: Zwei Propellerturbinen Pratt & Whitney Canada PW127E von 2400 WPS (1790 kW) Leistung.
Leistungen: Max. Reisegeschwindigkeit 496 km/h auf 7620 m; ökonom. Reisegeschwindigkeit 450 km/h auf 7620 m; Reichweite mit 48 Passagieren und max. Gepäckzuladung 1700 km und ohne Nutzlast über 4000 km.
Gewichte: Rüstgewicht 10950 kg; max. Startgewicht 17400 kg.
Zuladung: Zwei Mann Cockpitbesatzung und verschiedene Innenausstattungen für max. 48 Passagiere in Viererreihen mit Mittelgang.
Entwicklungsstand: Erstflug der Ausführung ATR 42-400 am 12. Juli 1995. Die Ablieferungen begannen im März 1996. Die leistungsfähigere ATR 42-500 (siehe Foto, bisher 38 Exemplare bestellt) fliegt seit 16. September 1994 und ging im August 1995 erstmals in kommerziellen Einsatz. Von allen ATR-42 sind bisher 326, von der ATR-72 187 Einheiten bestellt und zum grössten Teil ausgeliefert worden.
Bemerkungen: Die bereits zahlreiche ATR-Familie wurde durch die ATR 42-500 bereichert. Bei gleichen Abmessungen wie die früheren ATR-42-Versionen, stellt sie eine leistungsstärkere Variante dar. Um den Lärmpegel weiter zu verringern, wurde das Kabineninterieur überarbeitet und mit einem «Active-Noise-Control-System» ausgerüstet. Die längere Ausführung ATR 72-210 (siehe Foto und Silhouette) ist in Ausgabe 1995 beschrieben. Unter der Bezeichnung ATM.42S wird eine Seeüberwachungsversion der ATR-42 entwickelt, ausgerüstet mit einem Radome und FLIR-Ausrüstung. Die italienische Guardia di Finanza hat zwei Exemplare bestellt.
Hersteller: AI(R) Aero International (Regional)/Avions de Transport Régional, Aérospatiale Toulouse-Blagnac (Frankreich) und Alenia (ex Aeritalia), Neapel (Italien).

Abmessungen: Spannweite 24,57 m, Länge 22,67 m, Höhe 7,59 m, Flügelfläche 54,50 m².

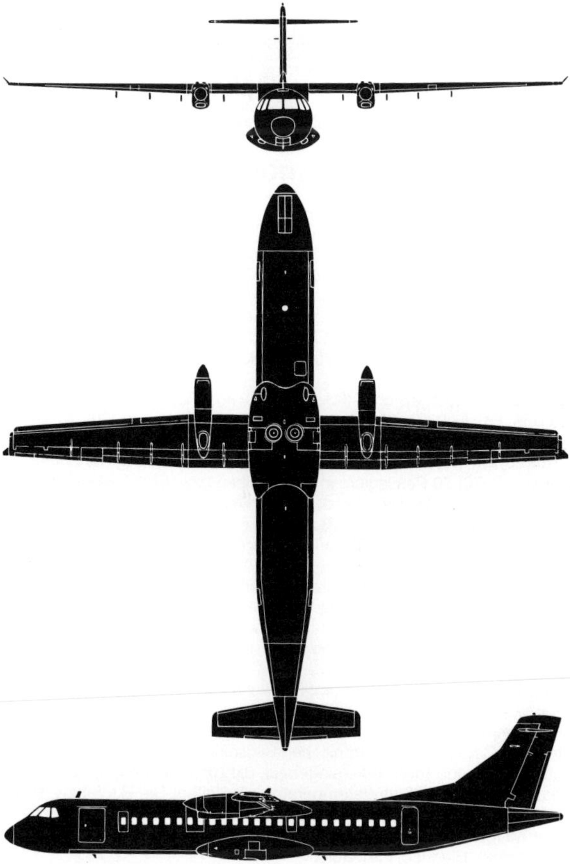

AI(R)/AVRO INTERNATIONAL RJ70/85/100/115

Ursprungsland: Grossbritannien.
Kategorie: Regionalverkehrsflugzeug.
Triebwerke: Vier Mantelstromtriebwerke Textron Lycoming LF507 mit reduzierter Leistung von je 2780 kp (27,3 kN) Standschub (RJ70) bzw. 3175 kp (31,15 kN) (RJ85/100/115).
Leistungen: Max. Reisegeschwindigkeit 800 km/h auf 8840 m; ökonom. Reisegeschwindigkeit 660 km/h; Dienstgipfelhöhe 9500 m; Reichweiten mit max. Passagierzuladung (RJ70) 2046 km, (RJ85/100) 2127 km, (RJ115) 2722 km.
Gewichte: Rüstgewichte (RJ70) 23781 kg, (RJ85) 24378 kg, (RJ100) 25365 kg, (RJ115) 26160 kg; max. Startgewichte (RJ70) 38102 kg, (RJ85) 42184 kg, (RJ100) 44225 kg, (RJ115) 46040 kg.
Zuladung: Zwei Piloten und bei typischer Bestuhlung Varianten zwischen (RJ70) 70 Passagiere in Fünferreihen bzw. (RJ85, siehe Foto und Silhouette) 80 - 85 Passagiere in Sechserreihen und (RJ100) 100 Passagiere in Fünferreihen bzw. (RJ115) 115 Passagiere in Sechserreihen; max. Nutzlasten (RJ70) 8650 kg, (RJ85) 11457 kg, (RJ100) 12059 kg, (RJ115) 11265 kg.
Entwicklungsstand: Der Erprobungsträger der RJ70 (eine modifizierte BAe 146-100) fliegt seit Herbst 1990, gefolgt vom ersten Serienflugzeug Mitte 1992. Die Ablieferungen begannen Mitte 1993. Von der RJ-Serie sind bis Ende 1996 105 Einheiten (+ 39 Optionen) bestellt und deren rund 80 ausgeliefert worden.
Bemerkungen: Die bereits umfangreiche Familie der früheren BAe 146 (siehe Ausgabe 1992/93, 223 hergestellt) wurde in einigen wesentlichen Punkten überarbeitet. So hat man die Inneneinrichtung völlig überarbeitet, das Cockpit mit elektronischen Bildschirmanzeigen (EFIS) ausgerüstet sowie neue Triebwerke eingebaut, die zur Verlängerung der Lebensdauer mit tieferen Eintrittstemperaturen arbeiten. Die RJ85 bzw. RJ100 sind auch als Combi-Frachter (QC) bzw. als Frachter (QT) erhältlich.
Hersteller: AI(R) Aero International (Regional), Werk Woodford (Grossbritannien), Blagnac, Frankreich.

Abmessungen: Spannweite 26,21 m, Länge (RJ70/85) 26,20 m, (RJ100/115) 30,99 m, Höhe 8,61 m, Flügelfläche 77,30 m².

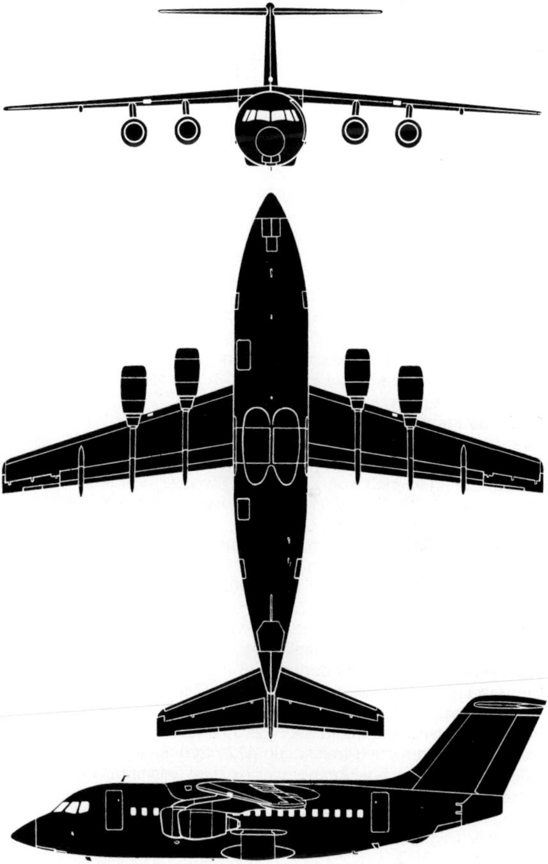

AIRBUS A321

Ursprungsland: Europäisches Konsortium.
Kategorie: Kurz- und Mittelstrecken-Verkehrsflugzeug.
Triebwerke: Zwei Mantelstromtriebwerke CFM International CFM56-5B1 von je 13607 kp (133,4 kN) bzw. -5B2 von je 14060 kp (138 kN) oder zwei IAE V2530-A5 von je 14060 kp (138 kN) Standschub.
Leistungen: Max. Reisegeschwindigkeit 903 km/h auf 8535 m; ökonom. Reisegeschwindigkeit 828 km/h auf 11280 m; Reichweite mit max. Passagierzahl inkl. Reserven 4350 km.
Gewichte: Rüstgewicht 47500 kg; max. Startgewicht 83000 kg.
Zuladung: Zwei Mann Cockpitbesatzung und Mehrklassenbestuhlung für normalerweise 16 Erstklasspassagiere in Viererreihen und 170 Passagiere in Sechserreihen. Einheitsklassen-Innenausstattung für max. 220 Passagiere.
Entwicklungsstand: Der Erstflug des ersten von vier Erprobungsmustern erfolgte am 11. März 1993. Am 27. Januar 1994 stellte die Lufthansa die erste A321 in Dienst. Bis Ende 1996 waren 165 Einheiten bestellt, darunter auch von Lufthansa, Swissair und AUA. Vom Ausgangsmuster A320 (siehe Ausgabe 1991/92) gingen bisher Aufträge für rund 765 Maschinen ein. Im Gegensatz zu allen anderen Mustern von Airbus, die in Frankreich endmontiert werden, erfolgt die Produktion der A321 in Hamburg-Finkenwerder, BRD. Eine kürzlich erhaltene Bestellung inkl. Optionen der US Air für rund 400 Airbusse der Versionen A319, 320 und 321 ist in den obigen Zahlen noch nicht enthalten.
Bemerkungen: Die A321 ist die erste Weiterentwicklung der A320. Der Rumpf wurde um je ein Einsatzelement von 4,27 m vor und hinter dem Flügel verlängert und fasst dadurch 36 Passagiere mehr in Sechserreihen. Ausser einem wegen des höheren Abfluggewichts verstärkten Fahrwerk und leistungsfähigeren Triebwerken sind die Änderungen gegenüber dem Grundmuster A320 bewusst auf ein Minimum beschränkt. Unter der Bezeichnung A321-200 fliegt seit 12. Dezember 1996 eine schwere Ausführung, welche dank leistungsfähigeren Triebwerken und auf bis zu 89000 kg erhöhtem Abfluggewicht und grösserer Treibstoffzuladung Reichweiten bis zu 6400 km zulässt.
Hersteller: Airbus Industrie, Blagnac, Frankreich bzw. Werk Hamburg-Finkenwerder, BRD.

Abmessungen: Spannweite 34,10 m, Länge 44,50 m, Höhe 11,80 m, Flügelfläche 123 m².

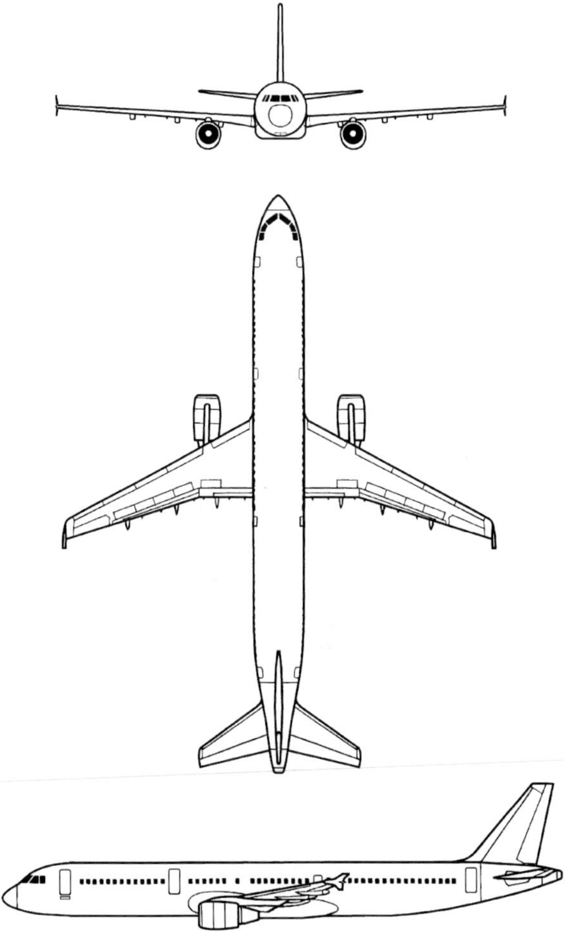

AIRBUS A319

Ursprungsland: Europäisches Konsortium.
Kategorie: Kurz- und Mittelstrecken-Verkehrsflugzeug.
Triebwerke: Zwei Mantelstromtriebwerke CFM International CFM56-5A4/-5B5 von je 10160 kp (99,7 kN) Standschub oder zwei IAE V2524 mit gleicher Leistung. Weitere Triebwerksvarianten mit grösserer Leistung als Option.
Leistungen: Max. Reisegeschwindigkeit 900 km/h auf 10050 m; normale Reisegeschwindigkeit 840 km/h auf 11280 m; Reichweite mit max. Nutzlast 3300 km, max. Reichweite 7700 km.
Gewichte: Rüstgewicht 39200 kg; max. Startgewicht 64000 kg, als Option 68000 kg.
Zuladung: Zwei Mann Cockpitbesatzung und je nach Innenausstattung bis zu 153 Passagiere in Sechserreihen, normalerweise aber 124 Passagiere in zwei Klassen. Max. Nutzlast 15000 kg.
Entwicklungsstand: Die erste A319 hat am 25. August 1995 die Flugerprobung aufgenommen und wurde im April 1996 in Dienst gestellt. Bis Ende 1996 sind rund über 100 Einheiten bestellt worden, darunter Air Canada (35), Air Inter (9 + 9 Optionen), Lufthansa (20), Swissair (5), United (24).
Bemerkungen: Die A319 ist die bisher kleinste Version der A320-Familie und soll vorwiegend die Bedürfnisse des Kurzstreckenverkehrs abdecken. Ausser einem kürzeren Rumpf, leistungsreduzierten Triebwerken und geringeren Gewichten fügt sie sich nahtlos in das modulare Konstruktionsprinzip von A320 und A321 ein. Zurzeit werden zwei Ausführungen mit unterschiedlichem Abfluggewicht und Reichweitenleistungen angeboten. Auch eine Geschäftsreiseversion soll nächstens ins Programm aufgenommen werden.
Hersteller: Airbus Industrie, Blagnac, Frankreich bzw. Werk Hamburg-Finkenwerder, BRD.

Abmessungen: Spannweite 34,10 m, Länge 33,84 m, Höhe 11,80 m, Flügelfläche 123 m^2.

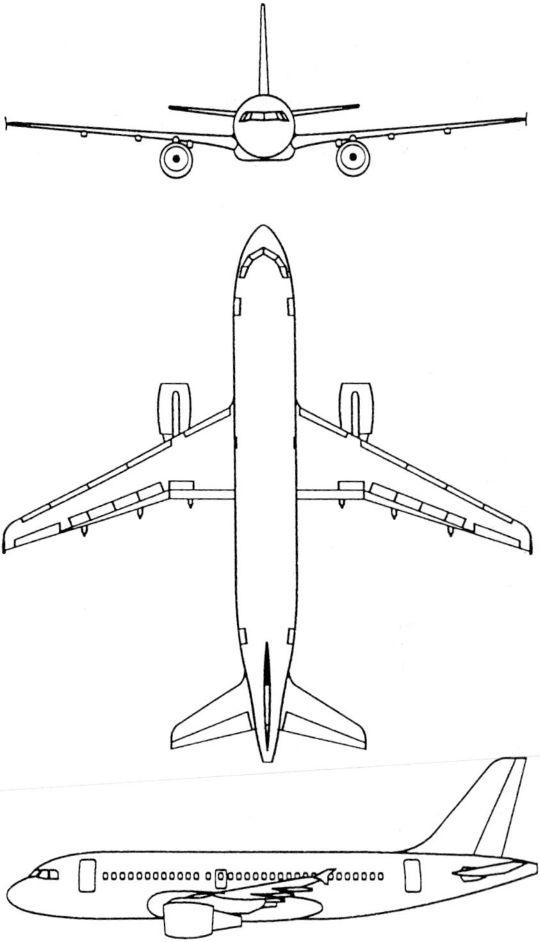

AIRBUS A330

Ursprungsland: Europäisches Konsortium.
Kategorie: Mittel- bis Langstrecken-Verkehrsflugzeug.
Triebwerke: Zwei Mantelstromtriebwerke General Electric CF6-80E, Pratt & Whitney PW4168 oder Rolls-Royce Trent von zwischen 28500 und 32700 kp (279,55 bis 320,75 kN) Standschub.
Leistungen: Max. Reisegeschwindigkeit 880 km/h auf 10060 m; ökonom. Reisegeschwindigkeit 861 km/h auf 11890 m; Dienstgipfelhöhe 12500 m; Reichweite mit 335 Passagieren 8800 km, bei höherem Abfluggewicht (Option) 9800 km.
Gewichte: Rüstgewicht 118000 kg; max. Startgewicht (Normalversion) 212000 kg, (Version mit auf Wunsch erhöhtem Abfluggewicht) 223000 kg.
Zuladung: Zwei Mann Cockpitbesatzung und bei üblicher Zweiklassenbestuhlung 30 Passagiere in der Ersten- und 305 in der Touristenklasse in Sechser- bzw. Achterreihen mit zwei Mittelgängen. Max. 440 Passagiere in Neunerreihen. Max. Nutzlast als Frachter 46149 kg.
Entwicklungsstand: Der Erstflug des Prototyps erfolgte im Oktober 1992. Die Auslieferungen begannen Ende 1993 (an Air Inter). Bis Ende 1996 sind Bestellungen für rund 190 Einheiten eingegangen.
Bemerkungen: Die A330 verfügt über den gleichen bewährten Rumpfquerschnitt wie die anderen Modelle der A300-Familie (A300, A310 und A340). Der Rumpf ist gegenüber der Ursprungsausführung A300 wesentlich länger und entspricht jenem der A340-300. Mit der A340 gemeinsam sind auch der völlig neu konstruierte Flügel, das Seitenleitwerk, die Cockpitauslegung sowie alle übrigen Systeme. Eine Mehrzahl von Weiterentwicklungen der A330 sind geplant: Die um 5,33 m verkürzte Langstreckenausführung A330-200 mit Reichweiten bis zu 11855 km und einer Sitzplatzzahl von 250 Personen. Danach folgt die leicht verlängerte A330-400X mit einem auf 230 t gesteigerten max. Abfluggewicht und schliesslich eine Variante mit einem auf rund 75 m gestreckten Rumpf (A330-600X) und dafür verkürzter max. Reichweite.
Hersteller: Airbus Industrie, Blagnac, Frankreich.

Abmessungen: Spannweite inkl. Winglets 60,30 m, Länge 63,70 m, Höhe 16,83 m, Flügelfläche 363,10 m².

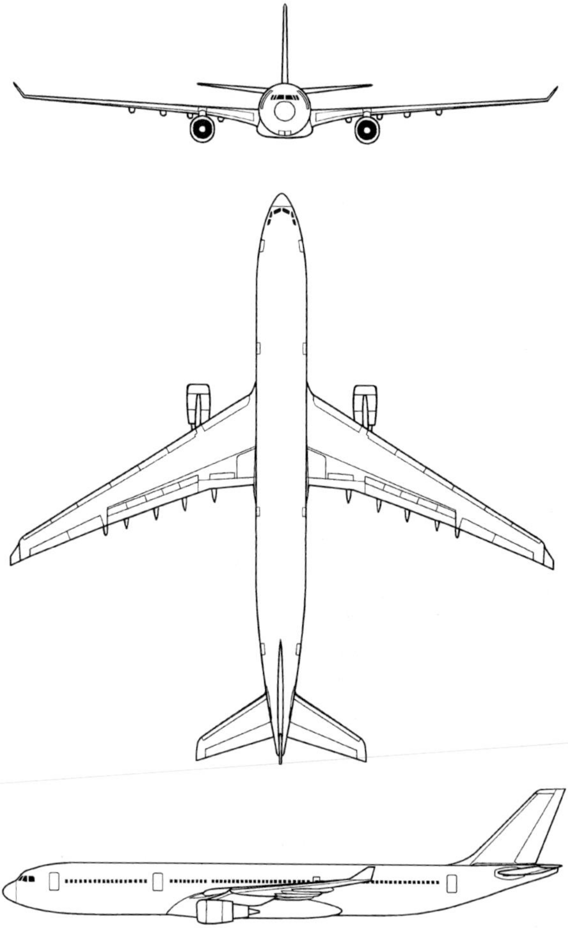

AIRBUS A340-300

Ursprungsland: Europäisches Konsortium.
Kategorie: Langstrecken-Verkehrsflugzeug.
Triebwerke: Vier Mantelstromtriebwerke CFM International CFM56-5C2 von je 14152 kp (138,8 kN) oder CFM56-5C3 von je 14765 kp (145 kN) Standschub; (-300E) CFM56-5C4 je 15420 kp (150 kN) Standschub.
Leistungen: Max. Reisegeschwindigkeit 914 km/h auf 10060 m; ökonom. Reisegeschwindigkeit 880 km/h auf 11890 m; Dienstgipfelhöhe 12500 m; Reichweite mit 295 Passagieren 12500 km, mit erhöhtem max. Abfluggewicht 13300 km (-300E).
Gewichte (-300): Rüstgewicht 126100 kg; norm. Startgewicht 257000 kg, maximal 275000 kg (-300E).
Zuladung: Zwei Mann Cockpitbesatzung und in einer Dreiklassenbestuhlung 18 Erstklasse-, 81 Businessklasse- und 196 Touristenklassepassagiere in Siebner-, Achter- und Neunerreihen. Max. 440 Passagiere in Neunerreihen. Max. Nutzlast 47127 kg.
Entwicklungsstand: Das erste Muster begann die Flugerprobung am 25. Oktober 1991. Bis Ende 1996 waren 184 Einheiten bestellt und deren 90 abgeliefert. Bisher einziger Kunde der Version -300E: SIA mit 20 Einheiten (+ 17 Optionen).
Bemerkungen: Die vierstrahlige A340 und die zweistrahlige A330 haben konstruktiv viele Gemeinsamkeiten. So sind Flügel, Cockpit, Heck sowie Rumpf bei beiden Modellen gleich. Einziger wesentlicher Unterschied ist die Zahl der Triebwerke und der damit zusammenhängenden Systeme. Die A340-200 ist die Ultra-Langstreckenversion, während die A340-300 dank des auf 63,66 m verlängerten Rumpfes mehr Passagiere (max. 440) zulasten der Reichweite transportieren kann. Eine weiter angebotene A340-300 Combi wird sechs Frachtpaletten und 194 Passagiere in Dreiklassenbestuhlung aufnehmen. Airbus arbeitet zurzeit an der Entwicklung einer Vielzahl weiterer Varianten: A340-300E mit erhöhtem Abfluggewicht und grösserer Reichweite (erste Ablieferung an SIA im April 1996; A340-8000 Ultra-Langstreckenausführung (Reichweite bis 14800 km) basierend auf dem Rumpf der -200 (Ablieferung Mitte 1997); die verlängerten Ausführungen A340-500 bzw. A340-600, ausgerüstet mit einem neuen Flügel und wesentlich leistungsfähigeren Triebwerken (erhältlich im Jahr 2000).
Hersteller: Airbus Industrie, Blagnac, Frankreich.

Abmessungen (-200): Spannweite inkl. Winglets 60,30 m, Länge 59,39 m, Höhe 16,74 m, Flügelfläche 363,10 m².

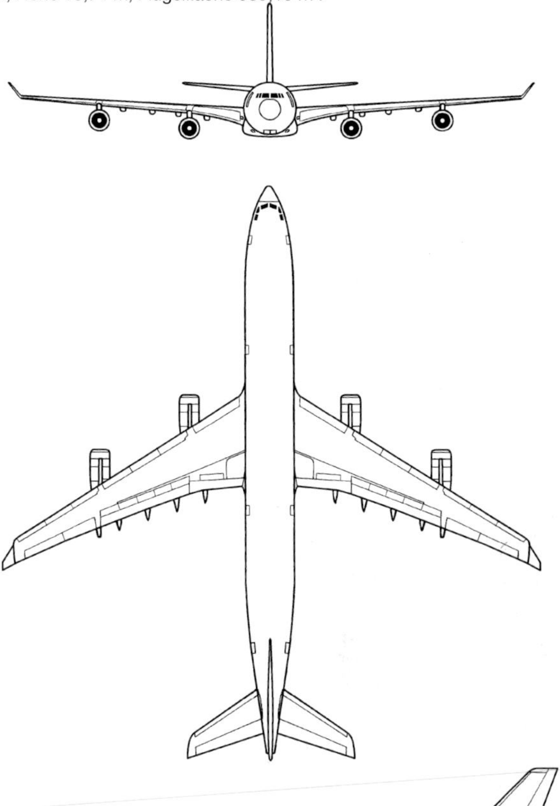

AIRBUS BELUGA

Ursprungsland: Europäisches Konsortium.
Kategorie: Frachtflugzeug für den Transport von übergrossen Teilen.
Triebwerke: Zwei Mantelstromtriebwerke General Electric CF6-80C2A8 von je 26762 kp (262,4 kN) Standschub.
Leistungen: Max. Reisegeschwindigkeit 780 km/h; Dienstgipfelhöhe 10600 m; Reichweite bei max. Nutzlast 1700 km.
Gewichte: Rüstgewicht 86500 kg; max. Startgewicht 150000 kg.
Zuladung: Zwei Mann Cockpitbesatzung und im Frachtraum mit einer Länge von 37,70 m und einem Durchmesser von 7,40 m eine Nutzlast von max. 45500 kg.
Entwicklungsstand: Erstflug des ersten Modells am 13. September 1994. Vorläufig sind vier Maschinen für Airbus bestellt. Zwei davon befanden sich Ende 1997 bereits im Einsatz. Die dritte Einheit wird 1997, die vierte 1998 abgeliefert.
Bemerkungen: Die anfänglich als Super Transporter bezeichnete Beluga basiert auf dem Grundmodell Airbus A300-600R, wobei der Rumpf völlig neu konzipiert ist. Mit diesem Modell soll die alternde Flotte der bisher verwendeten Super Guppies zum Transport der diversen Airbusteile zwischen den einzelnen Werken in Europa ersetzt werden. Zusätzlich wird die Beluga aber auch Dritten zum Kauf angeboten. Das Kabinenvolumen beträgt 1400 m^3. Der Rumpfdurchmesser von 7,40 m ist im Flugzeugbau bisher unerreicht. Die Beluga ist beispielsweise in der Lage, zwei Hubschrauber des Typs CH-53E ohne jegliche Demontage zu transportieren. Zum Ein- und Ausladen kann der gesamte vordere Teil oberhalb des Cockpits nach oben geschwenkt werden.
Hersteller: Airbus Industrie und SATIC, Blagnac, Frankreich.

Abmessungen: Spannweite 44,84 m, Länge 56,16 m, Höhe 17,25 m, Flügelfläche 260,00 m².

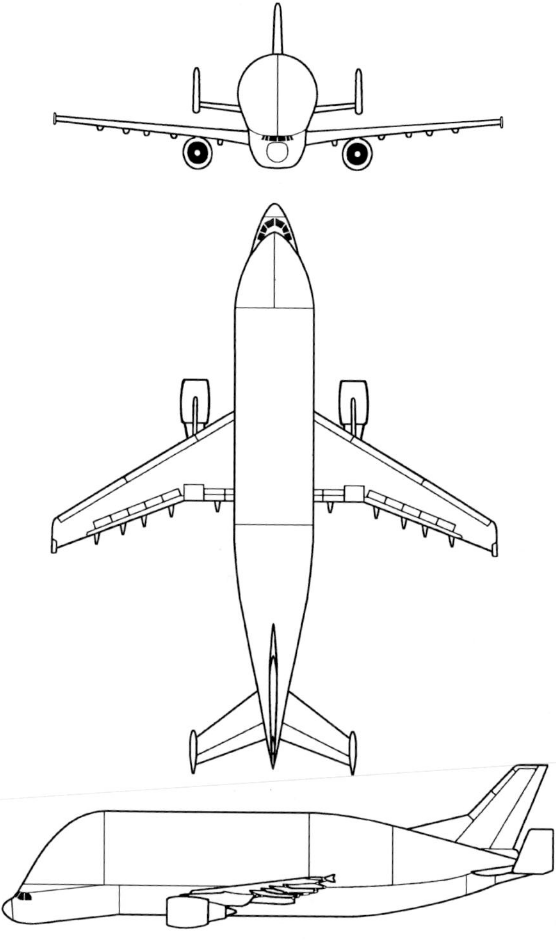

AIRTECH (CASA/IPTN) CN-235-200

Ursprungsland: Spanien und Indonesien.
Kategorie: Regionalverkehrsflugzeug und Mehrzwecktransporter, bzw. Militärfrachter und Marine-Patrouillenflugzeug.
Triebwerke: Zwei Propellerturbinen General Electric CT7-9C von je 1750 WPS (1305 kW) Leistung.
Leistungen: Max. Reisegeschwindigkeit 460 km/h auf 4575 m; max. Anfangssteiggeschwindigkeit 7,75 m/Sek; Dienstgipfelhöhe 7620 m; Reichweite mit max. Nutzlast und 45 Min. Reserven 1773 km, mit 2400 kg und max. Treibstoffzuladung 3658 km.
Gewichte: Normales Rüstgewicht 9800 kg (CN-235M: 8600 kg); max. Startgewicht 15800 kg (CN-235M: 16500 kg).
Zuladung: Zwei Piloten und Standard-Innenausstattung für 40 oder 44 Passagiere in Viererreihen bzw. Nutzlast von 4300 kg, in der Kombiversion CN-235QC 18 Passagiere und zwei LD-3-Container. Als Militärtransporter (CN-235M) 53 Soldaten bzw. bis zu 6000 kg Fracht.
Entwicklungsstand: Der erste Prototyp flog erstmals am 11. November 1983. Beginn der Kundenablieferungen am 15. Dezember 1986. Bis Dezember 1996 waren von der zivilen Version 126 und von der militärischen Variante 173 Einheiten für 20 Luftwaffen bestellt; grösster Einzelkunde ist die Türkei mit 52 CN-235M (Lizenzbau). Neueste Bestellungen: Indonesische Marine 6, Korea voraussichtlich weitere 14, Frankreich weitere 7, Malaysia 6, Thailand 2. Details der weiteren Besteller siehe Ausgabe 1995.
Bemerkungen: Die CN-235 wird in Gemeinschaftsarbeit zwischen der spanischen CASA und der indonesischen IPTN gebaut. Eine ASW/Marine-Patrouillenversion CN-235MPA mit einem 360°-Suchradar fliegt seit 1991 und wurde von Brunei, Indonesien, Irland, Spanien und Türkei bestellt. Sie besitzt sogar die Möglichkeit, bis zu zwei Antischiffs-Lenkwaffen AM-39 Exocet oder zwei Torpedos Mk. 46 mitzuführen. Die neueste fliegende Version ist die CN235-330 Phoenix mit Honeywell-Avionik und ARL-2002 EW-Selbstverteidigungssystem. Eine um 3,18 m verlängerte Transportausführung mit Allison GMA2100 -oder Pratt & Whitney PW150-Triebwerken wird zurzeit erwogen.
Hersteller: Airtech, Aircraft Technology Industries, Madrid, Spanien, Werke in Sevilla, Spanien und Bandung, Indonesien.

Abmessungen: Spannweite 25,81 m, Länge 21,35 m, Höhe 8,18 m, Flügelfläche 59,10 m².

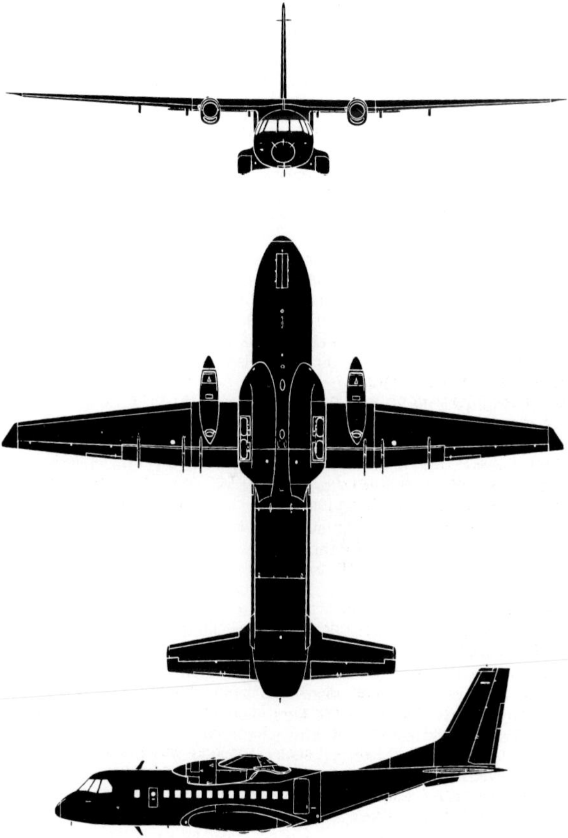

AMX INTERNATIONAL AMX

Ursprungsland: Italien und Brasilien.
Kategorie: Einsitziger Erdkämpfer und doppelsitziger Einsatztrainer/Marinekampfflugzeug und ECM-Kampfflugzeug (AMX-E).
Triebwerke: Ein Mantelstromtriebwerk Rolls-Royce Spey Mk.807 von 5000 kp (49,1 kN) Standschub.
Leistungen: Höchstgeschwindigkeit 913 km/h oder Mach 0,86 auf 10975 m; max. Anfangssteiggeschwindigkeit 52 m/Sek; Einsatzradius (Einsatzprofil hoch-tief-hoch, 5 Min. Luftkampf und 10 % Reserven) 520 km mit 2720 kg Waffenlasten, oder 890 km mit 907 kg Waffenlasten; Überführungsreichweite mit Zusatztanks 3336 km.
Gewichte: Rüstgewicht 6700 kg; typisches Startgewicht 10750 kg; max. Startgewicht 13000 kg.
Bewaffnung: Eine 20-mm-Revolverkanone M61A1 (Italien), bzw. zwei 30-mm-Kanonen DEFA 553 (Brasilien). Zwei Luft-Luft-Lenkwaffen AIM-9L (oder ähnliche) an den Flügelspitzen, plus maximal 3800 kg Aussenlasten, verteilt unter fünf Aufhängepunkte. Auch zwei Antischiffslenkwaffen AM39 Exocet können mitgeführt werden.
Entwicklungsstand: Erstflug des ersten von insgesamt sieben Prototypen am 15. Mai 1984. Zwei davon sind in Brasilien gebaut worden. Der erste von zwei Prototypen der Doppelsitzer-Ausführung AMX-T nahm die Flugerprobung am 14. März 1990 auf. Aus Budgetgründen werden nur rund 230 Maschinen gebaut (Italien ca. 135, Brasilien 93). 160 davon wurden bereits ausgeliefert.
Bemerkungen: Neu wird eine Ausführung für die elektronische Kriegsführung angeboten. Ausgerüstet mit einem Multifunktionsradar, einem Infrarot-Nachtsichtgerät FLIR und weiterer ECM-Elektronik ist sie optimiert, feindliche Fliegerabwehrradars zu stören und anschliessend zu bekämpfen. Für diese Aufgabe kann die AMX-E bis zu vier Anti-Radar-Lenkwaffen mitführen. Das Einsatzspektrum umfasst auch ELINT/COMINT-Aufgaben. Bisher sind keine Bestellungen eingegangen. Auch eine Aufklärungsvariante befindet sich in Entwicklung.
Hersteller: AMX International, London (GB). Mitgliedfirmen: Alenia, Turin, und Aermacchi SpA, Varese, Italien, sowie EMBRAER, Sao José dos Campos, Brasilien.

Abmessungen: Spannweite 8,87 m, Länge 13,57 m, Höhe 4,58 m, Flügelfläche 21,00 m².

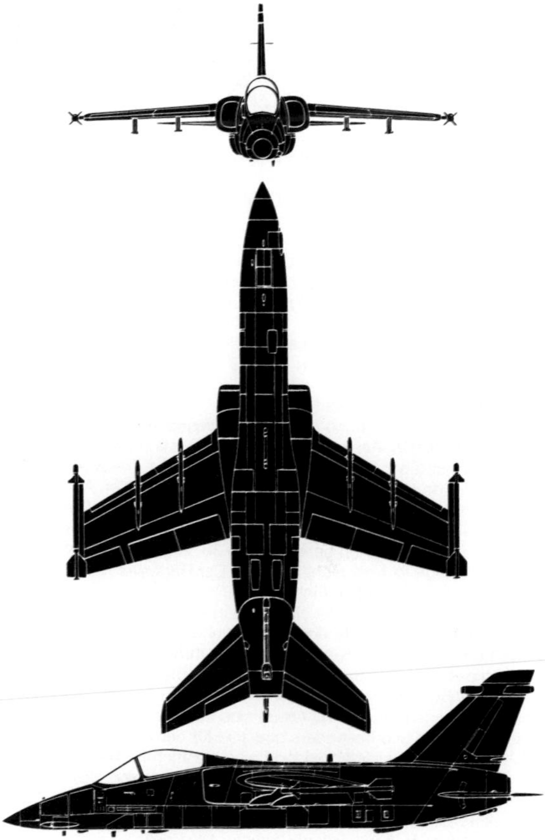

ANTONOW AN-38

Ursprungsland: Ukraine.
Kategorie: Regionalverkehrsflugzeug und Mehrzwecktransporter.
Triebwerke: Zwei Propellerturbinen AlliedSignal Garrett TPE331-14GR-801 von je 1500 WPS (1118 kW) oder Omsk TVD-20 von etwa gleicher Leistung.
Leistungen (geschätzt): Normale Reisegeschwindigkeit 380 km/h; Reichweite mit 26 Passagieren und 45 Min. Reserven 600 km; max. Reichweite 2200 km.
Gewichte: Max. Startgewicht 8800 kg.
Zuladung: Zwei Piloten und je nach Inneneinrichtung bis zu 26 Passagiere in Dreierreihen. Als Frachter max. Nutzlast von 2500 kg.
Entwicklungsstand: Der Erstflug des mit TPE331-Triebwerken ausgestatteten Prototyps der An-38 erfolgte am 22. Juni 1994. Antonow hofft die Zulassung im Frühjahr 1997 zu erhalten, um anschliessend die ersten Serienflugzeuge abliefern zu können (Erstbesteller Vostok Airlines). Bis Ende 1997 sollen bereits 25 An-38 hergestellt sein. Die derzeitige Auftragslage ist aber nicht bekannt. Der Hersteller rechnet aber mit einem Bedarf von rund 600 Einheiten.
Bemerkungen: Die An-38 ist eine verlängerte und mit neuen Triebwerken ausgestattete Variante der An-28 (siehe Ausgabe 1984/85). Diese wurde noch in sowjetisch-polnischer Zusammenarbeit entwickelt. Der Prototyp des Ursprungsmusters An-28 nahm die Flugerprobung bereits 1972 in der Sowjetunion auf, die Produktion wurde dann aber auf PZL Mielec übertragen. An-28 wie An-38 sind sehr einfach und robust konstruierte Modelle und besonders geeignet für den Einsatz in entlegenen Gebieten. Nebst Passagiertransport sind sie auch für Fracht-, Sanitäts- und Überwachungsaufgaben einsetzbar. Zur besseren Be- und Entladung verfügen sie über eine Heckladerampe.
Hersteller: OKB Oleg K. Antonow, Kiew, Ukraine bzw. Novosibirks Aircraft Production Association, Chkalow, Ukraine.

Abmessungen: Spannweite 22,06 m, Länge 15,67 m, Höhe 4,30 m.

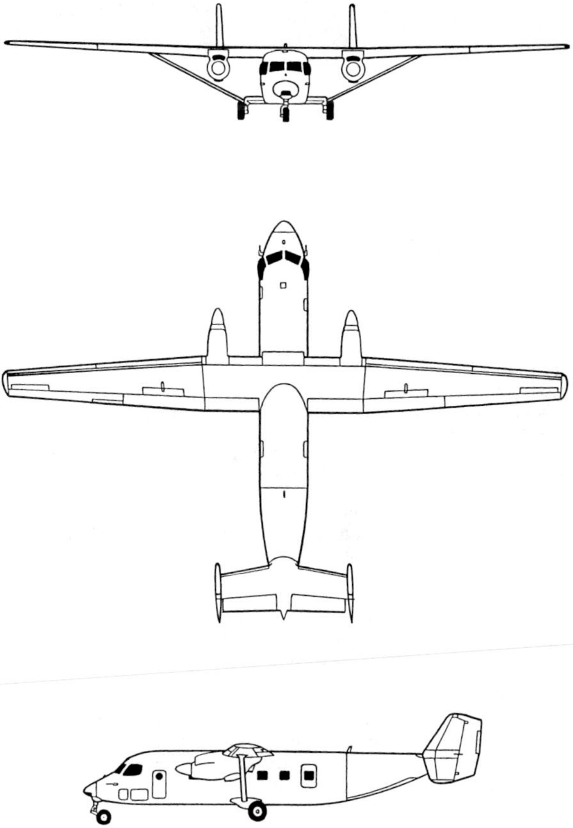

ANTONOW AN-74

Ursprungsland: Ukraine.
Kategorie: Ziviler und militärischer STOL-Transporter für Kurz- bis Mittelstrecken (An-72/74) bzw. Marine-Patrouillenflugzeug (AN-72P).
Triebwerke: Zwei Mantelstromtriebwerke ZMKB Lotarew D-36 von je 6500 kp (63,7 kN) Standschub.
Leistungen: Höchstgeschwindigkeit 705 km/h; normale Reisegeschwindigkeit 550 km/h auf 8000 bis 10000 m; Dienstgipfelhöhe 11800 m; Reichweite mit max. Nutzlast und üblichen Reserven 1150 km, mit 1500 kg Nutzlast und maximaler Treibstoffzuladung 4800 km.
Gewichte: Leergewicht 19050 kg; max. Startgewicht bei einer Startstrecke von 1000 m 27500 kg, bei 1800 m 34500 kg.
Zuladung: Drei Mann Besatzung im Cockpit und je nach Einsatzzweck und Innenausstattung bis zu 68 Personen auf Klappsitzen entlang der Kabinenwände oder 57 Fallschirmspringer. Als Sanitätsflugzeug 24 Bahren, 12 sitzende Verletzte und ein Pfleger. Max. Nutzlast 10000 kg.
Entwicklungsstand: Der erste von zwei Prototypen der Ursprungsversion An-72 flog am 22. Dezember 1977. Acht erheblich modifizierte Vorserienexemplare folgten 1985; zwei davon sind unter der Bezeichnung An-74 für Einsätze in der Arktis und Antarktis ausgelegt. Die Serienproduktion begann 1987 und dauert weiterhin an. Sowohl die An-72 wie auch die An-74 werden noch angeboten. Bisher sind von allen Versionen mindestens 150 Exemplare hergestellt worden.
Bemerkungen: Die An-72/74 macht sich den sog. «Coanda-Effekt» zunutze, wobei die Triebwerkabgase die Flügeloberseite überströmen und damit den Auftrieb beträchtlich erhöhen. Dieser zusammen mit einem wirkungsvollen Klappensystem ermöglichen bemerkenswerte Kurzstart- und Landeeigenschaften. Die An-74, als neuere Ausführung der An-72, zeichnet sich vor allem durch eine Allwetterausrüstung und grössere Reichweitenleistungen aus. Eine Mehrzahl von Varianten für zivile wie militärische Zwecke wird angeboten. Die Marine-Patrouillenversion der AN-72P wurde in der Ausgabe 1995 beschrieben (20 von Russland und 4 von Peru bestellt) .
Hersteller: OKB Leg K. Antonow, Kiew, u.a. Werke Arsenyev, Omsk, Ukraine.

Abmessungen: Spannweite 31,89 m, Länge 28,07 m, Höhe 8,65 m, Flügelfläche 98,62 m².

ANTONOW AN-70

Ursprungsland: Ukraine.
Kategorie: Militärischer und ziviler Mittel- und Langstreckenfrachter.
Triebwerke: Vier gegenläufige Propellerturbinen ZMKB Progress D-27 von je 13800 WPS (10290 kW) Leistung.
Leistungen (geschätzt): Normale Reisegeschwindigkeit 750 – 800 km/h auf 9600 m; Reichweite mit maximaler Nutzlast 5000 km, bei erhöhtem Abfluggewicht sogar 5530 km.
Gewichte: Normales Startgewicht 112000 kg; max. Startgewicht 123000 kg.
Zuladung: Drei Mann Cockpitbesatzung, 170 Soldaten oder max. 35000 kg Fracht in einem druckbelüfteten Frachtraum von 18,60 m Länge, 4,00 m Breite sowie 4,10 m Höhe.
Entwicklungsstand: Der erste Prototyp nahm die Flugerprobung am 16. Dezember 1994 auf, stürzte aber bereits am 10. Februar 1995 bei einer Kollision mit einem Begleitflugzeug ab. Der zweite Prototyp wurde am 24. Dezember 1996 fertiggestellt und soll 1997 erstmals fliegen. Weitere vier Einheiten seien ebenfalls in Produktion. Obwohl noch keine festen Bestellungen eingegangen sind, dürften sowohl die russische wie auch die ukrainische Luftwaffe die An-70 in namhaften Zahlen beschaffen.
Bemerkungen: Die An-70 wird sowohl als ziviler wie auch als militärischer Frachter angeboten. Bei der Konstruktion hat Antonow besonders auf niedrige Betriebskosten und hohe Zuverlässigkeit geachtet. Dank Verwendung von vielen Verbundwerkstoffen wird eine lange Lebensdauer angestrebt. Das interessanteste Konstruktionsteil sind die Triebwerke, welche in dieser Form erstmals in einem Serienflugzeug Verwendung finden würden. Die gegenläufigen Propeller haben vorn acht und hinten sechs Blätter. Die An-70 soll in der Lage sein, bei max. Abfluggewicht nach 1500 m abzuheben. Zurzeit wird unter der Bezeichnung An-77 eine Variante mit teilweise westlicher Ausrüstung in Betracht gezogen. Nach neuesten Informationen soll die Endmontage sowohl im russischen Samara wie auch im ukrainischen Kiew erfolgen.
Hersteller: OKB Oleg K. Antonow, Kiew, Ukraine.

Abmessungen: Spannweite 44,06 m, Länge 40,25 m, Höhe 16,10 m.

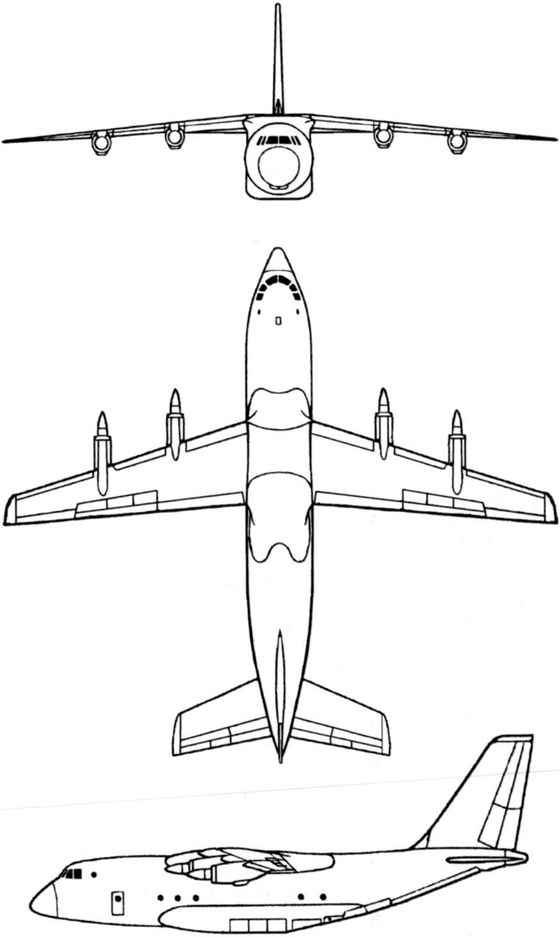

ANTONOW AN-124 RUSLAN

Ursprungsland: Ukraine.
Kategorie: Schwerer strategischer Transporter und ziviler Frachter.
Triebwerke: Vier Mantelstromtriebwerke ZMKB Progress D-18T von je 23430 kp (230 kN) Standschub bzw. (-130) General Electric CF6-80.
Leistungen: Max. Reisegeschwindigkeit 865 km/h; Reisegeschwindigkeit 800 bis 850 km/h auf 10000 m; Reichweite mit einer Nutzlast von 120000 kg 4500 km; max. Reichweite 16500 km.
Gewichte: Rüstgewicht 175000 kg; max. Startgewicht 405000 kg.
Zuladung: Sechs Mann Besatzung. Hinter dem Cockpit befindet sich eine Kabine für 88 Personen, einschliesslich der Ersatzmannschaft. Der eigentliche Frachtraum (43,45 m lang, 6,68 m breit und 4,40 m hoch) vermag besonders sperrige und schwere zivile wie militärische Güter zu befördern. Max. Nutzlast 150000 kg.
Entwicklungsstand: Erstflug des ersten von drei Prototypen am 26. Dezember 1982. Beginn der Serienherstellung im Laufe von 1984. Bis Ende 1996 sind über 50 Einheiten hergestellt worden. Davon ging rund die Hälfte an die ex. sowjetische Luftwaffe. Wenn auch in geringen Stückzahlen, so läuft die An-124-Produktion doch weiter.
Bemerkungen: Bis zum Erscheinen der An-225 (siehe Ausgabe 1991/92) war die An-124 das grösste und schwerste Flugzeug der Welt. Die Ruslan ist so konzipiert, dass sie gleichzeitig von vorn über den hochklappbaren Rumpfbug als auch von hinten beladen werden kann. Sie ist in der Lage, sowohl auf unvorbereiteten Pisten wie auch auf hartgefrorenem Schnee zu operieren. Im Werk Uljanowsk wird zurzeit eine Version An-124-130 gebaut, ausgestattet mit CF6-80-Triebwerken und westlicher Avionik. Erstflug ist für Mitte 1997 geplant.
Hersteller: OKB Oleg K. Antonow, Kiew, Werk Uljanowsk, Ukraine.

Abmessungen: Spannweite 73,30 m, Länge 69,10 m, Höhe 21,08 m, Flügelfläche 628 m^2.

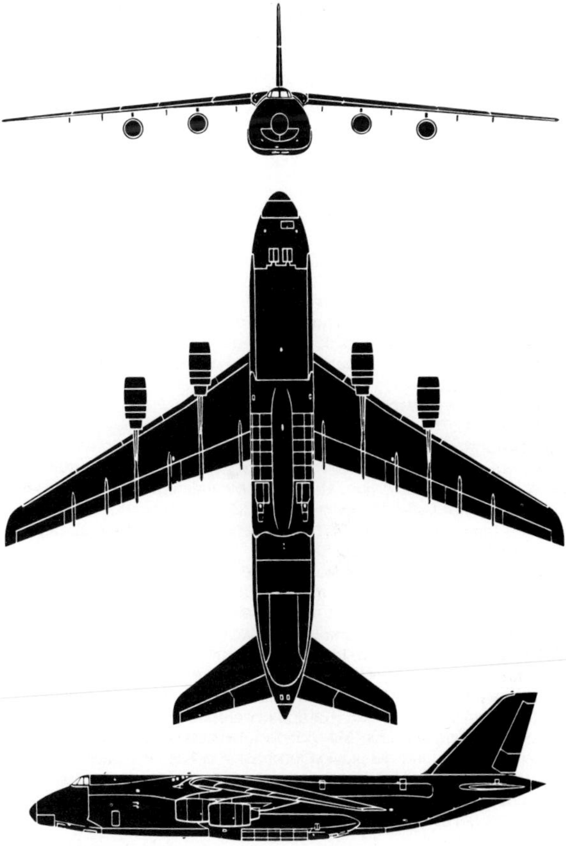

ATLAS CSH-2 ROOIVALK

Ursprungsland: Südafrika.
Kategorie: Zweisitziger Kampf- und Begleithubschrauber.
Triebwerke (Serienmaschinen): Zwei Gasturbinen Topaz (Weiterentwicklung der Turboméca Makila 1K2) von je 3000 WPS (2245 kW) Leistung.
Leistungen: Höchstgeschwindigkeit 309 km/h; Marschgeschwindigkeit 278 km/h; max. Schrägsteiggeschwindigkeit 11,17 m/Sek; Schwebehöhe mit Bodeneffekt 5550 m, ohne Bodeneffekt 5030 m; max. Reichweite 700 km, mit Zusatztanks 1260 km; max. Flugdauer 3 Std. 30 Min.
Gewichte: Leergewicht 5910 kg; norm. Startgewicht 7500 kg, max. Startgewicht 8750 kg.
Bewaffnung: Eine 20-mm-Kanone GAF-1 in einem separaten Drehturm vorne unter dem Rumpf für bis zu 700 Schuss. An den Stummelflügeln seitlich am Rumpf acht oder 16 Panzerabwehrlenkwaffen unterschiedlichen Typs, vier Luft-Luft-Lenkwaffen V3B Kukri zur Selbstverteidigung oder 44 bis 88 ungelenkte 68-mm-Raketen in Behältern, max. Waffenlast 2030 kg.
Entwicklungsstand: Der erste von zwei Prototypen nahm die Flugerprobung am 11. Februar 1990 auf. Die südafrikanische Luftwaffe hat bisher 12 Maschinen bestellt, die ab 1998 abgeliefert werden.
Bemerkungen: Der Rooivalk ist von der SA330 Puma abgeleitet und übernimmt mit Ausnahme der Triebwerksanordnung deren dynamische Komponenten. Rumpf, Waffensystem und Elektronik sind aber weitgehend Eigenentwicklungen. In seiner Auslegung orientiert er sich an den bekannten Vorbildern von Kampfhubschraubern. Die Elektronik ist besonders ausgefeilt: Ein Mil-Std.-1553B-Datenbus verbindet die einzelnen Systeme und die Navigation basiert auf einem Doppler-System inkl. GPS. Die Serienmaschinen weisen stärkere Triebwerke, eine leichtere, etwas neu konfigurierte Zelle und moderne Bildschirmanzeigen auf.
Hersteller: Atlas (Denel) Aircraft Corp., Kempton Park, Transvaal, Südafrika.

Abmessungen: Rotordurchmesser 15,58 m, Rumpflänge inkl. Heckrotor 16,65 m, Höhe inkl. Rotorkopf 5,19 m.

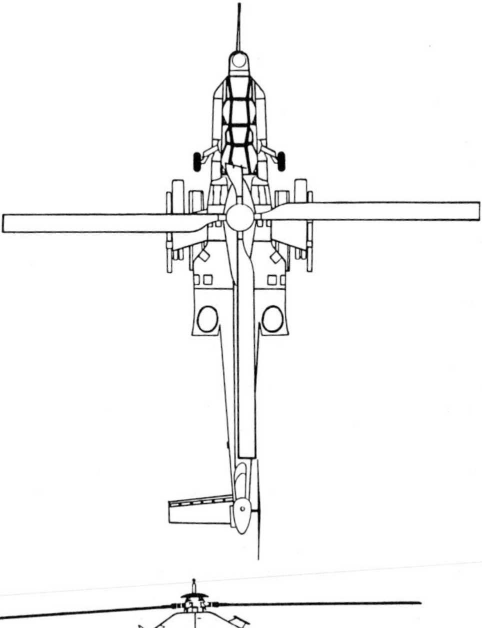

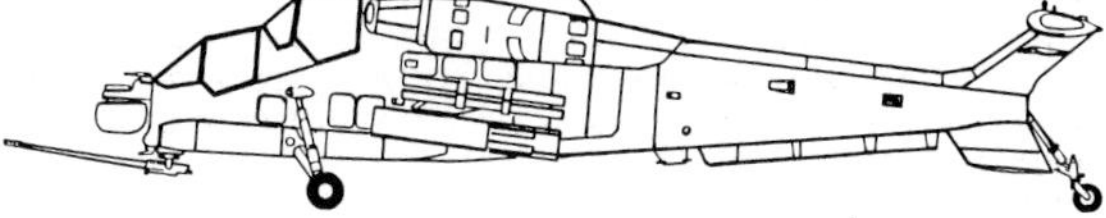

AVIONS ROBIN DR.400-180 REGENT/200R

Ursprungsland: Frankreich.
Kategorie: Leichtes Reiseflugzeug bzw. (200R) Segelflugzeugschlepper.
Triebwerke (-180): Ein luftgekühlter Vierzylinder-Boxermotor Textron-Lycoming O-360 von 180 PS (134 kW) bzw. (200R) IO-360 200 PS (149 kW) Leistung.
Leistungen (-180): Höchstgeschwindigkeit 278 km/h; Reisegeschwindigkeit bei 70 % Leistung 230 km/h; Anfangssteiggeschwindigkeit 4,2 m/Sek; Dienstgipfelhöhe 6100 m; Reichweite mit max. Treibstoffzuladung 1805 km.
Gewichte (-180) : Leergewicht 610 kg; max. Startgewicht 1100 kg.
Zuladung: Pilot und drei Passagiere in je zwei Sitzen hintereinander. Max. Nutzlast 490 kg.
Entwicklungsstand: Erstflug des Ursprungmodells am 27. März 1972, der neuesten Variante DR400/200R 1993. Von beiden Ausführungen einschliesslich der Untervarianten sind bisher je etwa 300 Maschinen hergestellt worden. Die Produktion läuft weiter.
Bemerkungen: Die Baureihe DR 400 umfasst eine Vielzahl von Modellen für Anfängerschulung, Reiseaufgaben und auch als Segelflugzeugschlepper. Allen gleich ist der etwa in der Mitte nach oben geknickte Flügel. Zudem ist die gesamte Rumpfstruktur aus Holz hergestellt, verkleidet mit speziellen Textilien. Nicht tragende Teile bestehen meistens aus Fiberglas. Diese Fabrikationsweise zeichnet sich durch eine grosse Robustheit aus. Dank der grosszügigen Fensterflächen ist die Sicht ausgezeichnet. Das Fahrwerk ist nicht einziehbar. 1997 wird eine neue Ausführung mit leicht verbreitertem Rumpf und neuer AlliedSignal-Avionik fliegen.
Hersteller: Avions Pierre Robin, Darois, Fontaine-les-Dijon, Frankreich.

Abmessungen: Spannweite 8,72 m, Länge 6,96 m, Höhe 2,23 m, Flügelfläche 14,20 m2 , (200R) 13,60 m² .

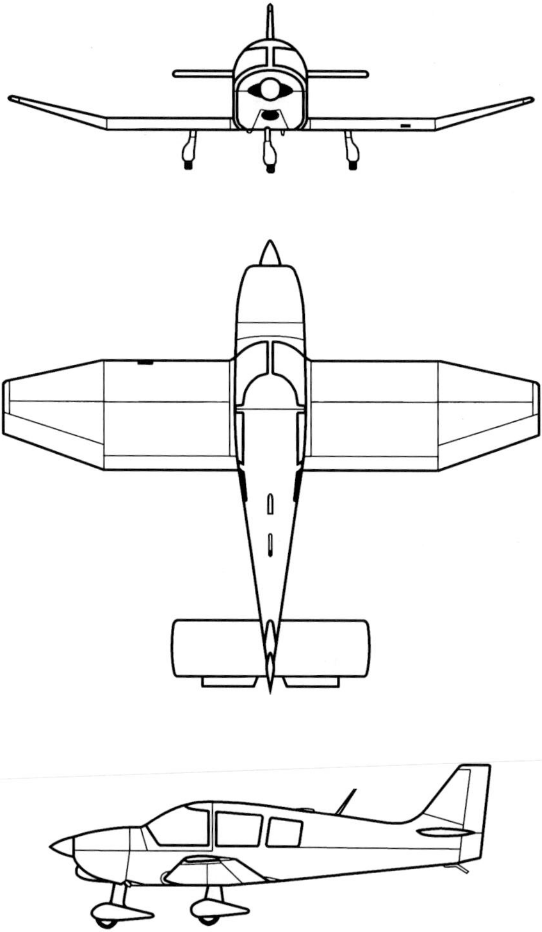

BELL/TRIDAIR 206 TWIN RANGER/GEMINI ST

Ursprungsland: USA.
Kategorie: Leichter Mehrzweck- und Transporthubschrauber.
Triebwerke: Zwei Gasturbinen Allison 250-C20R Dual Pac von je 450 WPS (335 kW) reduziert auf 370 WPS (276 kW) Dauerleistung.
Leistungen: Höchstgeschwindigkeit 241 km/h; max. Reisegeschwindigkeit 217 km/h; max. Schrägsteiggeschwindigkeit 7,9 m/Sek; Schwebehöhe mit Bodeneffekt 4815 m, ohne Bodeneffekt 1675 m; Reichweite mit max. Nutzlast und Treibstoffzuladung 643 km.
Gewichte: Leergewicht 1175 kg; max. Startgewicht mit externer Ladung 1928 kg.
Zuladung: Zwei Piloten und bis zu sieben Passagiere; als Ambulanzhubschrauber zwei liegende und zwei sitzende Patienten bzw. Pfleger. Max. Nutzlast extern 907 kg.
Entwicklungsstand: Der erste von drei Prototypen aus einer umgebauten LongRanger III nahm die Flugerprobung am 16. Januar 1991 auf. Die Zulassung erfolgte am 19. November 1993. Tridair bestellte vorerst bei Bell 25 neue einmotorige Rumpfzellen zum Umbau in zweimotorige Geminis. In der Zwischenzeit bietet auch Bell diese Ausführung für neue 206er an, während sich Tridair in Zukunft auf den Umbau von bestehenden JetRangers konzentriert.
Bemerkungen: Die Tridair initialisierte 1989 ein entsprechendes Umbaupaket in enger Zusammenarbeit mit Bell. Während der Rumpf grundsätzlich unverändert übernommen wird, sind sämtliche dynamischen Komponenten, das Getriebe, die Elektrik und das Treibstoffsystem neu für den Doppelturbinen-Antrieb ausgelegt. Bell/Tridair bieten Umbaupakete für die Versionen 206L-4 LongRanger, 206L-1 und 206L-3 (siehe Silhouette) an. Neu gebaute Modelle werden als 206LT Twin Ranger bezeichnet, Umbauten als Gemini ST.
Hersteller: Bell Helicopter Textron Inc., Canadian Division, Mirabel, Montreal, Kanada und Tridair Helicopters Inc., Costa Mesa, Kalifornien, USA.

Abmessungen: Rotordurchmesser 11,28 m, Rumpflänge inkl. Heckausleger 10,44 m, Höhe inkl. Rotorkopf 3,14 m.

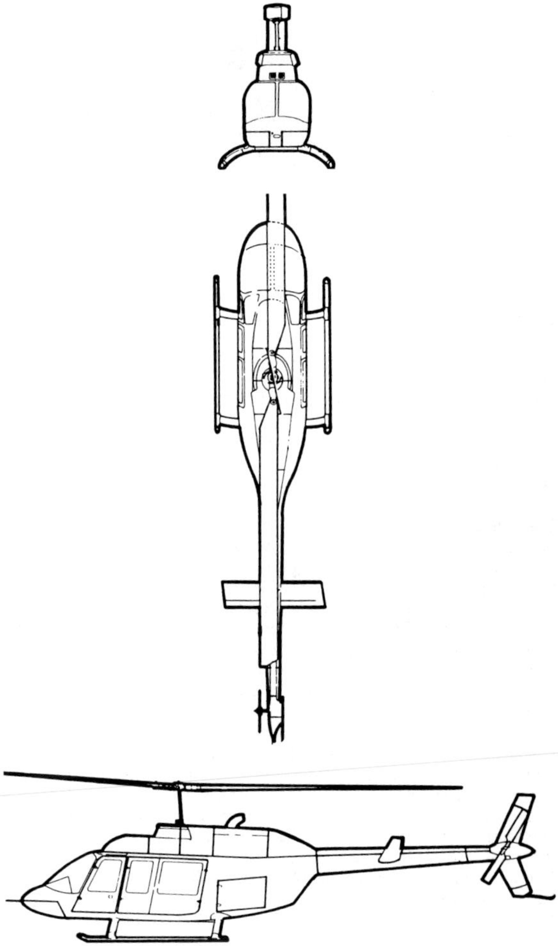

BELL 407

Ursprungsland: USA.
Kategorie: Leichter Mehrzweckhubschrauber.
Triebwerke: Eine Gasturbine Allison 250-C47 von 813 WPS (606 kW) Leistung; (407T).
Leistungen: Höchstgeschwindigkeit 260 km/h, bei max. Nutzlast 240 km/h; max. Schrägsteiggeschwindigkeit 6,4 m/Sek; Dienstgipfelhöhe 4115 m; Schwebehöhe mit Bodeneffekt 3900 m, ohne Bodeneffekt 3200 m; Reichweite ohne Reserven 655 km.
Gewichte: Standard-Leergewicht 1178 kg; max. Startgewicht 2270 kg, mit externer Nutzlast 2500 kg.
Zuladung: Pilot und sechs Passagiere; max. Nutzlast 1200 kg.
Entwicklungsstand: Ein Erprobungsträger der 407 fliegt seit 21. April 1994. Der erste von zwei eigentlichen Prototypen nahm im Juni 1995 die Flugerprobung auf. Bell begann mit der Auslieferung noch 1995. Bisher sind mehr als 200 Exemplare bestellt worden. Anfänglich sind vier Einheiten pro Monat geplant. Lizenzbau auch bei der indonesischen IPTN vorgesehen.
Bemerkungen: Die einmotorige Bell 407 soll mittelfristig die Erfolgsmodelle 206 JetRanger und TwinRanger ersetzen. Nebst deutlich stärkeren Triebwerken verfügt sie über einen von der OH-58D abgeleiteten Vierblattrotor aus Kunststoff. Auch das Dynamiksystem ist von diesem Muster übernommen. Schliesslich wird ein volldigitales Triebwerkmanagementsystem FADEC eingebaut. Dank dieser Massnahmen fliegt die 407 wesentlich vibrationsärmer und kostengünstiger. Die Kabine ist gegenüber der 206 aber um 18 cm breiter und verfügt über grössere Fenster und Türen. Eine als 427 bezeichnete vergrösserte Variante für 8 Personen wird ab 1998 verfügbar. Dieses in Zusammenarbeit mit Samsung angebotene Modell wird von zwei PW206D von je 600 WPS (448 kW) angetrieben sein.
Hersteller: Bell Helicopter Textron Inc., Canadian Division, Mirabel, Montreal, Kanada.

Abmessungen: Rotordurchmesser 10,66 m, Rumpflänge 10,42 m, Höhe inkl. Rotorkopf 3,10 m.

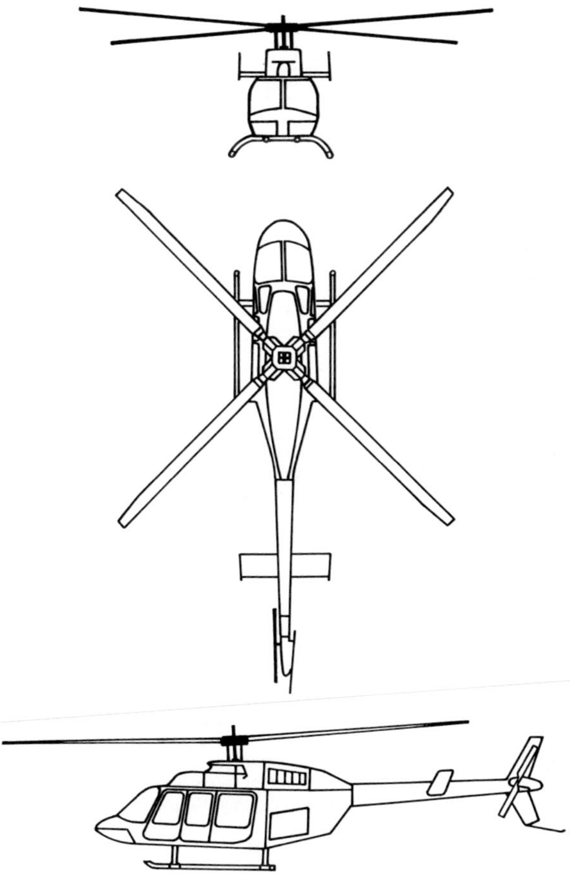

BELL 430

Ursprungsland: USA (Kanada).
Kategorie: Leichter Mehrzweck- und Transporthubschrauber.
Triebwerke: Zwei Gasturbinen Allison 250-C40 von je 785 WPS (585 kW) Leistung.
Leistungen (geschätzt): Höchstgeschwindigkeit 278 km/h; max. Reisegeschwindigkeit 259 km/h; Schwebehöhe mit Bodeneffekt 4750 m, ohne Bodeneffekt 2225 m; Reichweite 700 km.
Gewichte: Leergewicht 2340 kg; norm. Startgewicht 4090 kg, maximal 4200 kg.
Zuladung: Ein bis zwei Piloten und sechs bis acht Passagiere; max. externe Nutzlast 1600 kg.
Entwicklungsstand: Die neueste Ausführung 430 nahm die Flugerprobung am 25. Oktober 1994 auf. Erste Kundenauslieferungen rund ein Jahr später. Die Auftragslage ist zurzeit nicht bekannt. Bell plant, 1997 18 Einheiten absetzen zu können. Ein Lizenzbau bei IPTN wird derzeit geprüft.
Bemerkungen: Mit der Bell 430 bietet der Hersteller eine deutlich leistungsfähigere Ausführung der Bell 230 an (siehe Ausgabe 1994). Sie unterscheidet sich vom Vorgängermuster u.a. durch: Vibrationsarmer Vierblattrotor aus Kunststoff, um 0,45 m verlängerten Rumpf mit 23 % grösserem Kabinenvolumen, stärkere Allison 250-C40-Triebwerke mit FADEC-System sowie Flüssigkristall-Displays im Cockpit von Rogerson. Wie bei der 230 kann der Kunde zwischen Kufen- oder Radfahrwerk wählen.
Hersteller: Bell Helicopter Textron Inc., Canadian Division, Mirabel, Montreal, Kanada.

Abmessungen: Rotordurchmesser 12,80 m, Rumpflänge 12,97 m, Höhe inkl. Rotorkopf (mit Kufenfahrwerk) 3,90 m.

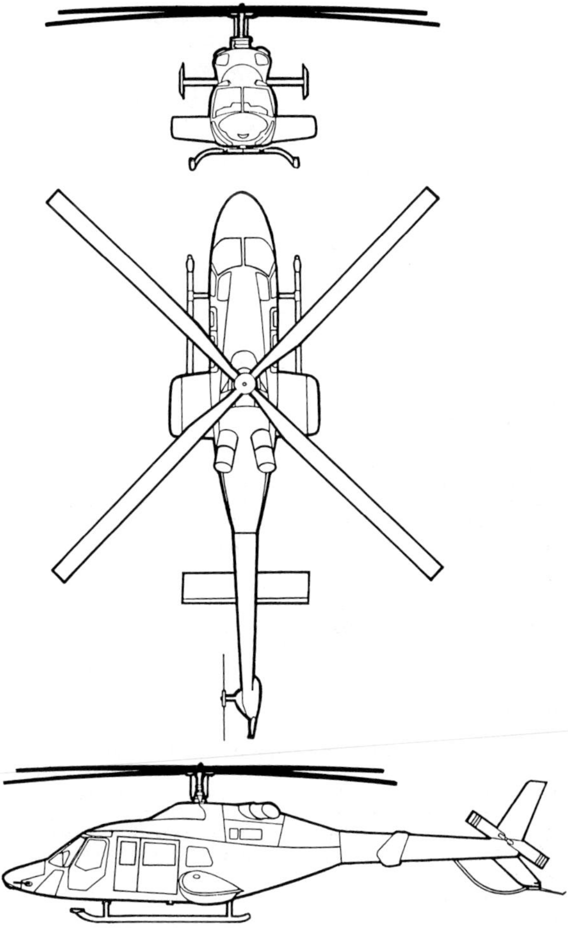

BELL 412HP

Ursprungsland: USA (Kanada).
Kategorie: Mehrzweck- und Transporthubschrauber.
Triebwerke: Eine Gasturbine Pratt & Whitney Canada PT6T-3BE-Turbo Twin Pac von 1600 WPS (1193 kW) Leistung.
Leistungen: Höchstgeschwindigkeit 259 km/h auf Meereshöhe; Reisegeschwindigkeit 230 km/h; max. Schrägsteiggeschwindigkeit 6,86 m/Sek; Dienstgipfelhöhe 5030 m; Schwebehöhe mit Bodeneffekt 3110 m bei 4762 kg, ohne Bodeneffekt 1585 m; max. Reichweite 745 km ohne Zusatztanks auf 1525 m.
Gewichte: Leer 2950 kg; max. Startgewicht 5397 kg.
Zuladung: Ein bis zwei Piloten und 13 bis 14 Passagiere; max. Nutzlast 2395 kg.
Entwicklungsstand: Die neueste Ausführung -HP erhielt die Zulassung im Februar 1991. Militärische Ausführungen der 412 von Bell bzw. Agusta haben 17 Länder erhalten, darunter Italien 14+, niederländische Marine 3, Kanada 100, Norwegen 18, Thailand 50. Neuester Besteller: Slowenien 5. Darüber hinaus ist eine unbekannte Anzahl ziviler 412 hergestellt worden. Die jährliche Produktionsrate soll rund 24 Einheiten betragen.
Bemerkungen: Die Bell 412HP ist das vorläufig neueste Modell der Bell 412. Sie verfügt über stärkere Triebwerke mit entsprechend angepasster Transmission und ein erhöhtes Abfluggewicht. Sie wird, abgesehen vom Bell-Werk in Mirabel, auch in Indonesien bei IPTN (100 Exemplare; Produktion zurzeit eingestellt) und bei Agusta, Italien, gebaut.
Hersteller: Bell Helicopter Textron Inc., Canadian Division, Mirabel, Montreal, Kanada.

Abmessungen: Rotordurchmesser 14,02 m, Rumpflänge 12,92 m.

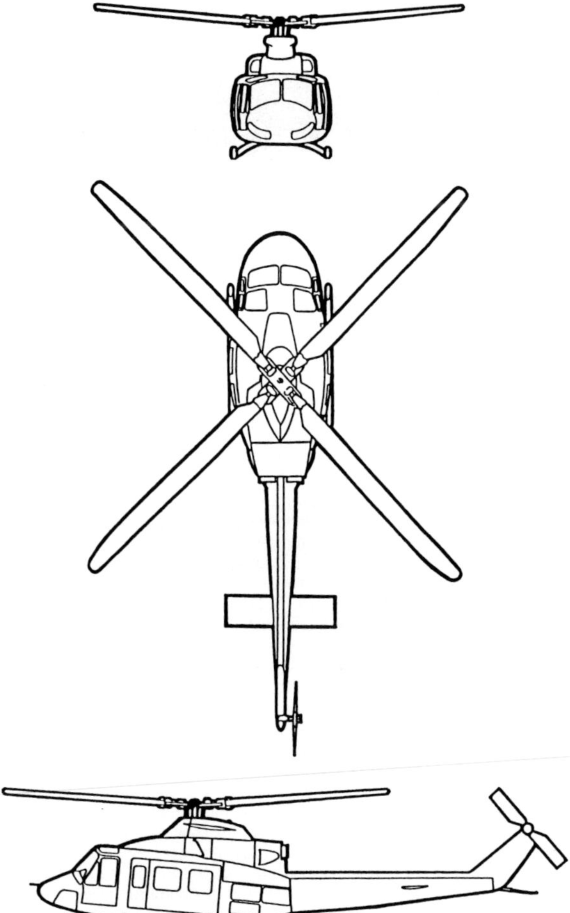

BELL AH-1W SUPERCOBRA

Ursprungsland: USA.
Kategorie: Zweisitziger Kampfhubschrauber.
Triebwerke: Zwei Gasturbinen General Electric T700-GE-401 von je 1625 WPS (1213 kW) Leistung.
Leistungen (bei einem Fluggewicht von 6690 kg): Höchstgeschwindigkeit 315 km/h auf Meereshöhe; max. Reisegeschwindigkeit 278 km/h; Schwebehöhe mit Bodeneffekt 4495 m, ohne Bodeneffekt 914 m; Reichweite ohne Zusatztanks 587 km auf Meereshöhe.
Gewichte: Leergewicht 4627 kg; max. Startgewicht 6690 kg.
Bewaffnung: Eine dreiläufige 20-mm-Revolverkanone und bis zu vier Luft-Luft-Lenkwaffen AIM-9L Sidewinder unter den Stummelflügeln. Weitere Bewaffnungsmöglichkeiten sind acht lasergelenkte Panzerabwehrraketen TOW oder Hellfire, 76 ungelenkte 70-mm-Raketen, zusätzliche Kanonenbewaffnung oder ungelenkte Zuni-Raketen.
Entwicklungsstand: Erstflug am 16. November 1983. Das USMC inkl. USMC-Reserve hat rund 230 Maschinen erhalten. Weitere Besteller dieser Ausführung: Taiwan 42, türkische Armee 10. Japan erhält bis 1997 84 von der etwas leistungsschwächeren, einmotorigen Version AH-1S. Die rumänische Luftwaffe beschafft ab 1999 96 AH-1F Cobras (Lizenzbau bei IAR Brasov).
Bemerkungen: Als Weiterentwicklung der AH-1T Sea Cobra mit erweitertem Leistungsspektrum wird sie durch das USMC hauptsächlich als Eskorte für Transporthubschrauber und Landungstruppen eingesetzt. Alle noch vorhandenen AH-1T hat man auf diesen Standard gebracht. Ein Erprobungsmuster unter der Bezeichnung AH-1-4BW wurde mit einem Vierblattrotor ohne Gelenke und grösserem Durchmesser ausgerüstet. Ob diese Ausführung je in Produktion geht, ist noch ungewiss. Bei der in Rumänien als AH-1RO bezeichneten AH-1F handelt es sich um eine gegenüber der AH-1S aufdatierten Ausführung, welche aber über den Rumpf der AH-1W verfügt.
Hersteller: Bell Helicopter Textron Inc., Fort Worth, Texas, USA.

Abmessungen: Rotordurchmesser 14,63 m, Rumpflänge 13,87 m.

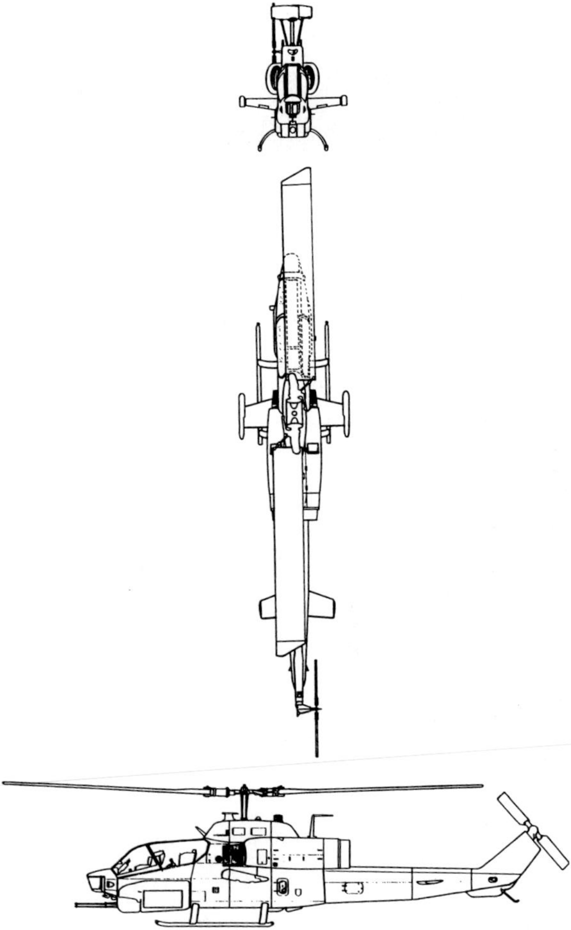

BELL-BOEING V-22 OSPREY

Ursprungsland: USA.
Kategorie: Mehrzweck-Kippflügelflugzeug.
Triebwerke: Zwei Propellerturbinen Allison T406-4D-400 von je 6150 WPS (4586,7 kW) Leistung.
Leistungen (Schätzungen): Max. Reisegeschwindigkeit als Flächenflugzeug 509 km/h auf Meereshöhe oder 550 km/h auf optimaler Höhe, in Helikopterkonfiguration 185 km/h auf Meereshöhe; max. Geschwindigkeit mit einer Aussenlast von 6804 kg 370 km/h; Reichweite bei Senkrechtstart und einer Nutzlast von 5443 kg 2224 km, bei Kurzstart und einer Nutzlast von 9072 kg 3336 km; Überführungsreichweite 3892 km.
Gewichte: Rüstgewicht 14800 kg; normales Startgewicht unter VTO-Bedingungen 23000 kg, STO-Bedingungen 24947 kg; max. STO-Gewicht 26310 kg.
Zuladung: Drei Mann Besatzung und bis zu 24 ausgerüstete Soldaten oder 12 Tragbahren für Verletzte plus Pfleger, max. Nutzlast 9072 kg.
Entwicklungsstand: Der erste von sechs Prototypen nahm die Flugerprobung am 9. März 1989 auf, wobei zwei durch Absturz verloren gingen. Vier weitere, weitgehend dem Serienstandard entsprechende Ospreys fliegen ab Ende 1996. Weitere sechs Einheiten sind bestellt. Die US-Streitkräfte werden voraussichtlich 523 V-22 beschaffen: USMC 425 MV-22, USN 48 HV-22, USAF 50 CV-22 für Spezialmissionen; Ablieferung ab dem Jahr 2000.
Bemerkungen: Diese Gemeinschaftsentwicklung von Bell und Boeing stellt das erste in der Welt einsatzbereit entwickelte Kippflügel-Modell dar. Zum platzsparenden Verstau auf Flugzeugträgern kann der gesamte Flügel um 90 Grad gedreht und die Rotoren gefaltet werden. Beide Rotoren sind untereinander mit einer Achse verbunden, so dass im Falle eines Triebwerkausfalls die V-22 weiterhin fliegen kann. Die V-22 soll Ausgangsmuster von mehreren verschiedenen Varianten werden, darunter auch für zivile Einsätze. Aufgrund der Erprobungsresultate wurde der Entwurf einer kritischen Überprüfung unterzogen und in einzelnen Bereichen überarbeitet.
Hersteller: Bell Helicopter Textron Inc., Fort Worth, Texas, USA, und Boeing Helicopter Company, Philadelphia, USA.

Abmessungen: Spannweite inkl. Rotoren 25,77 m, Länge 19,09 m, Höhe 5,38 m.

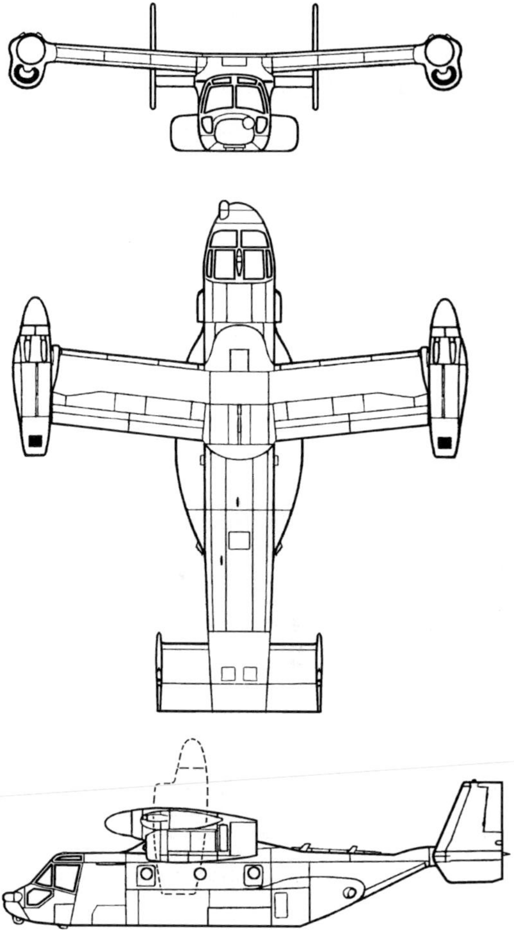

BOEING 737-600/-700/-800

Ursprungsland: USA.
Kategorie: Kurz- und Mittelstrecken-Verkehrsflugzeug.
Triebwerke: Zwei Mantelstromtriebwerke CFM International CFM56-7B18 (-600) zwischen 8391 kp (82,29 kN) bis CFM56-7B26 (-800) von je 11974 kp (117,43 kN) Standschub.
Leistungen (geschätzt): Reisegeschwindigkeit Mach 0,82; Dienstgipfelhöhe 12500 m; Reichweite mit 108 Passagieren (-600) 5940 km, 128 Passagieren (-700) 5940 km, 160 Passagieren (-800) 5380 km.
Gewichte: Rüstgewichte (-600) 36370 kg, (-700) 37640 kg, (-800) 41410 kg; max. Startgewichte (-600) 65090 kg, (-700) 69400 kg, (-800) 78204 kg.
Zuladung: Zwei Mann Cockpitbesatzung mit verschiedenen Kabinenausstattungen für normalerweise (-600) 108, (-700) 128, (-800) 160 Passagiere. Maximale Passagierzahl (-600) 132, (-700) 149, (-800) 189.
Entwicklungsstand: Als erster Typ dieser Folgegeneration der 737 wird die Version -700 im Frühjahr 1997 die Flugerprobung aufnehmen. Die Indienststellung ist für Oktober 1997 geplant. Bisher sind von den Versionen (-600/-700/-800) mehr als 500 Einheiten bestellt worden. Mit einem Lieferumfang von über 3550 Einheiten ist die 737 das bisher erfolgreichste Düsenverkehrsflugzeug der Welt; monatliche Produktionsrate 1996 acht, ab 1998 21 Maschinen.
Bemerkungen: Die neueste Generation der 737 verfügt über verbesserte Triebwerke, die geringeren Lärm und wesentlich reduzierten Schadstoffausstoss verursachen und eine erhebliche Verbrauchsminderung ermöglichen. Zudem wird die Reisegeschwindigkeit deutlich gesteigert. Ein neuer Flügel mit einer um 5 m vergrösserten Spannweite ermöglicht grössere Reichweiten. Drei Ausführungen mit unterschiedlicher Rumpflänge werden erhältlich sein: -700 mit der fast gleichen Rumpflänge wie die -300, -800 mit gegenüber der -400 um 2,80 m verlängertem Rumpf sowie -600 mit der gleichen Rumpflänge wie die -500. Eine Geschäftsreiseversion mit einer Reichweite von bis zu 11130 km ist ebenfalls erhältlich (bisher drei bestellt).
Hersteller: The Boeing Company, Renton, Washington, USA.

Abmessungen: Spannweite 34,30 m, Länge (-600) 31,20 m, (-700) 33,60, (-800) 39,50 m, Höhe 12,50 m, Flügelfläche 124,60 m².

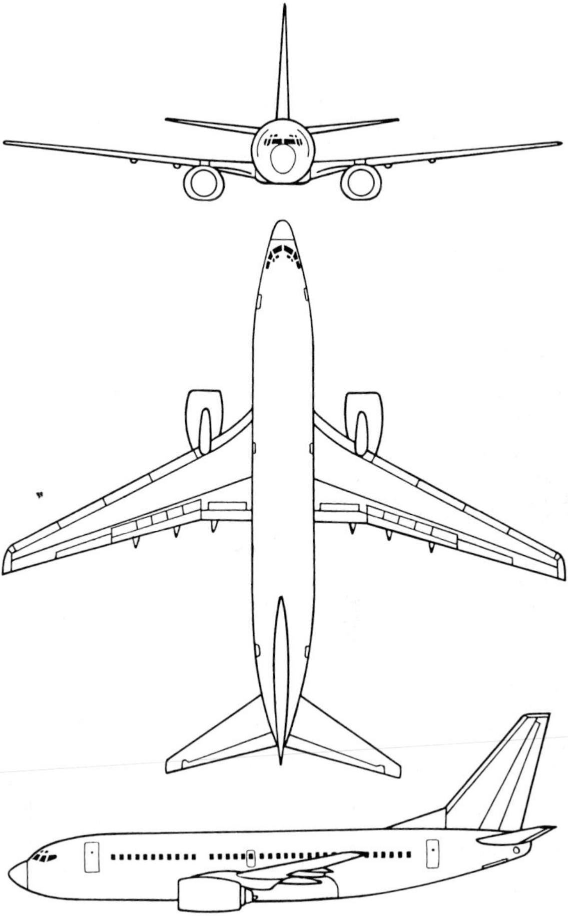

BOEING 747-400

Ursprungsland: USA.
Kategorie: Langstrecken-Verkehrsflugzeug.
Triebwerke: Wahlweise vier Mantelstromtriebwerke General Electric CF60-80C2B4 von je 26263 kp (257,5 kN), Pratt & Whitney PW4256 von je 25742 kp (252,4 kN) oder Rolls Royce RB.211-524G von je 26309 kp (258 kN) Standschub.
Leistungen (RB.211): Höchstgeschwindigkeit 976 km/h auf 9150 m; max. Reisegeschwindigkeit 939 km/h auf 10670 m; Langstrecken-Reisegeschwindigkeit 907 km/h; Reichweite mit 412 Passagieren und üblichen Reserven 13528 km, mit max. Nutzlast als Frachter 8100 km (Spezialversion bis zu 14800 km); Reichweite mit max. Treibstoffzuladung 15412 km.
Gewichte (RB.211): Rüstgewicht 178661 kg; max. Startgewicht 362875 kg bis 422700 kg (Spezialversionen).
Zuladung: Zwei Mann Cockpitbesatzung und 450 Passagiere in drei Klassen. Maximalkapazität rund 550 Passagiere. Als Frachter -400F (siehe Silhouette) über 113000 kg Nutzlast.
Entwicklungsstand: Erstflug dieser Version am 29. April 1988. Beginn der Auslieferungen (an Northwest) am 26. Januar 1989. Von allen 747 sind bisher 1252 Einheiten bestellt worden, davon rund 530 der Ausführung -400.
Bemerkungen: Nach langen Jahren der Unsicherheit zeichnen sich nun folgende zwei Weiterentwicklungen ab, die beide über einen neuen Flügel ohne Winglets mit 76,60 m Spannweite und ein Fly-by-wire-System verfügen: Langstreckenausführung 747-500X mit einem gegenüber der -400 rund 6 Meter längeren Rumpf für Reichweiten bis zu 16100 km; die um rund 15 Meter längere 747-600X für bis zu 700 Passagiere in einer Einheitsklasse mit max. Startgewicht von 538440 kg. Letztere Ausführung erhält ein völlig überarbeitetes Fahrwerk. Als Konkurrenzprodukt zur Airbus AXX prüft Boeing zudem eine völlig überarbeitete B747-700X mit breiterem Rumpf (Einführungszeitpunkt noch unbestimmt).
Hersteller: The Boeing Company, Commercial Airplane Company, Everett, Washington, USA.

Abmessungen: Spannweite 64,31 m, Länge 70,67 m, Höhe 19,30 m, Flügelfläche 524,88 m².

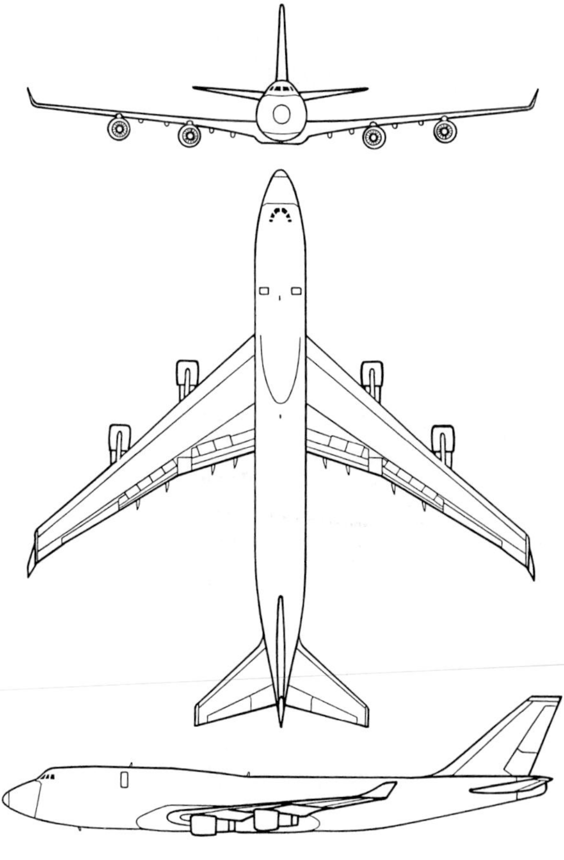

BOEING 757-200

Ursprungsland: USA.
Kategorie: Mittelstrecken-Verkehrsflugzeug bzw. Frachter.
Triebwerke: Wahlweise zwei Mantelstromtriebwerke Rolls-Royce RB.211-535C von 16965 kp (166,4 kN), zwei Pratt & Whitney PW2037 von 17327 kp (170 kN), oder zwei Rolls-Royce RB.211-535E4 von je 18190 kp (178,4 kN) Standschub.
Leistungen (RB.211-535E4): Max. Reisegeschwindigkeit 935 km/h auf 9150 m; ökonom. Reisegeschwindigkeit 850 km/h auf 11900 m; Dienstgipfelhöhe 11675 m; Reichweite mit max. Nutzlast 5890 km; max. Reichweite 8460 km.
Gewichte: Rüstgewicht 57180 kg; max. Startgewicht (Mittelstreckenausführung) 104325 kg, (Langstreckenausführung) 113395 kg.
Zuladung: Zwei Piloten und neun verschiedene Innenausstattungen für 178 bis 239 Passagiere. Typische Bestuhlung für 196 Touristenklasse- und 12 Erstklasspassagiere oder 170 Touristenklasse- und 16 Erstklasspassagiere. Max. Nutzlast als Frachter 36222 kg.
Entwicklungsstand: Erstflug der Boeing 757 am 19. Februar 1982. Beginn der Kundenlieferungen im Dezember 1982. Ende 1996 waren rund 870 Flugzeuge bestellt und davon mehr als 730 abgeliefert.
Bemerkungen: Zurzeit sind folgende Spezialversionen verfügbar: Die Boeing 757ER für Langstrecken, die Frachterausführung 757PF mit seitlich im Vorderrumpf eingebautem Frachttor (siehe Silhouette) und die gemischte Passagier-/Frachtversion 757-200M Combi. Von der 757-200 ist auch eine Ausführung als Firmenflugzeug erhältlich. Vier davon sind von der USAF als VIP-Flugzeuge unter der Bezeichnung C-32 bestellt worden. Boeing hat kürzlich die um sieben Meter gestreckte 757-300 lanciert, für bis zu 289 Passagiere und einer um 40 % grösseren Frachtkapazität; max. Startgewicht 122472 kg. Condor als Erstbesteller erhält ab 1999 12 Einheiten (+ 12 Optionen).
Hersteller: The Boeing Company, Commercial Airplane Company, Renton, Washington, USA.

Abmessungen: Spannweite 38,05, Länge 47,43 m, Höhe 13,56 m, Flügelfläche 185,25 m².

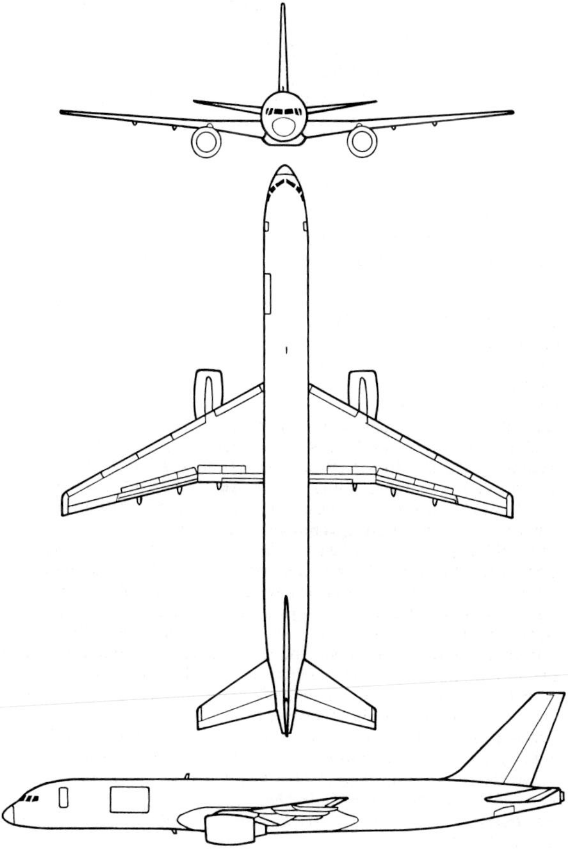

BOEING 767-300

Ursprungsland: USA.
Kategorie: Mittel- bis Langstrecken-Verkehrsflugzeug.
Triebwerke: Zwei Mantelstromtriebwerke Pratt & Whitney PW4050 von 22680 kp (222,4 kN) oder zwei General Electric CF6-80C2B2 von je 23815 kp (233,5 kN) Standschub.
Leistungen (CF6-80C2B2): Max. Reisegeschwindigkeit bei 117935 kg 906 km/h auf 11890 m; Langstrecken-Reisegeschwindigkeit 852 km/h auf 11890 m; Reichweite mit max. Nutzlast 5965 km, mit max. Treibstoffzuladung 9915 km.
Gewichte (CF6-80C2B2): Rüstgewicht 83461 kg; max. Startgewicht 156489 kg.
Zuladung: Zwei Piloten und, mit typischer Mehrklassen-Innenausstattung, 18 Erstklass-Passagiere in Sechserreihen und 198 Touristenklasse-Passagiere in Siebnerreihen. Als Alternative Einklassen-Ausstattungen für 230, 242, 255 und 290 Passagiere in Siebnerreihen oder max. 325 Passagiere in Achterreihen. Max. Nutzlast 40825 kg.
Entwicklungsstand: Erstflug der Boeing 767 am 26. September 1981, erste Kundenlieferungen an United am 18. August 1982. Die Boeing 767-300 führte ihren Jungfernflug am 1. Februar 1986 aus; Übergabe der ersten Maschine am 25. September 1986. Der Bestellungsstand belief sich Ende 1996 auf rund 730 Einheiten aller Versionen (davon 640 abgeliefert). Zurzeit werden monatlich vier 767 produziert.
Bemerkungen: Als derzeit neueste Ausführung bietet Boeing den Frachter 767-300F (siehe Foto) mit einer Nutzlast von 56000 kg an (Erstflug Juni 1995). United Parcel hat 30 davon bestellt (+ 30 Optionen). Sie kann im Hauptdeck bis zu 24 Container aufnehmen und verfügt auf der linken Rumpfseite über ein Frachttor von 3,40 m Breite x 2,67 m Höhe. CF6-80C2B7-Triebwerke mit einem Schub von je 27579 kp (269,6 kN) gelangen zum Einbau. Boeing steht kurz vor der Lancierung einer nochmals verlängerten Ausführung 767-400 ERX mit einer um 15 bis 20 % erhöhten Sitzkapazität und geringeren Betriebskosten.
Hersteller: The Boeing Company, Commercial Airplane Company, Everett, Washington, USA.

Abmessungen (-300): Spannweite 47,47 m, Länge 54,94 m, Höhe 15,85 m, Flügelfläche 283,3 m².

BOEING E767T/ AWACS

Ursprungsland: USA.
Kategorie (E767T): Mittel- bis Langstreckenflugzeug für militärische Aufgaben, (AWACS): Frühwarnflugzeug und Kommandozentrale.
Triebwerke: Zwei Mantelstromtriebwerke General Electric CF6-80CZ von je 27895 kp (273,6 kN) Standschub.
Leistungen: Langstreckenreisegeschwindigkeit etwa 850 km/h; Dienstgipfelhöhe bis 13100 m; acht Stunden Einsatzdauer 1853 km von Stützpunkt entfernt, mit Luftbetankung bis zu 22 Stunden; max. Reichweite 9265 km.
Gewichte: Max. Startgewicht 171000 kg.
Zuladung (E767T): Zwei oder drei Mann Besatzung und je nach Einsatz 168 Passagiere, 16 Paletten mit max. 34000 kg Fracht oder bis zu 70000 kg abzugebende Treibstoffzuladung als Tanker; (AWACS): bis zu 19 Missionsspezialisten.
Entwicklungsstand: Erstflug der ersten auf der 767-200ER basierenden AWACS-Version noch ohne Ausrüstung am 19. Oktober 1994, voll ausgerüstet am 9. August 1996. Ablieferung an den bisher einzigen Besteller, die japanischen Streitkräfte, ab Ende 1998.
Bemerkungen: Die als E767 bezeichneten militärischen Varianten sind wahlweise von der 767-200 oder -300 abgeleitet. Angeboten werden: Tanker-/Frachterausführung, Träger für das Joint-STARS-System sowie AWACS. Bisher sind für die erstgenannten Varianten keine Bestellungen eingegangen. Japan und Saudi Arabien werden aber als mögliche Erstbesteller genannt. Die Tankerausführung verfügt über einen Betankungsausleger am unteren Rumpfende sowie zwei Betankungseinrichtungen unter den Flügeln. Die AWACS-Ausführung umfasst ein Rundsichtradar APY-1 mit einem Rotordome auf drei Stützen über dem Rumpf. Die Avionik entspricht grundsätzlich jener der Boeing E-3C (siehe Ausgabe 1992/93). Israel Aircraft Industries offeriert eine AEW-Version basierend auf dem Phalcon-System mit einem Bug- und Heckradar.
Hersteller: Boeing Defense & Space Group, Seattle, Washington, USA.

Abmessungen: Spannweite 47,57 m, Länge 48,51 m, Höhe 15,85 m, Flügelfläche 283,30 m².

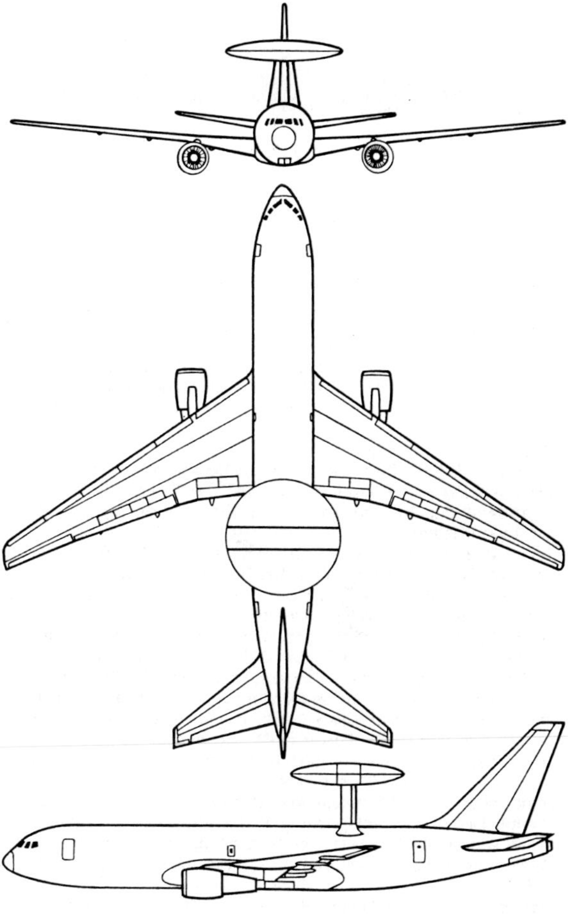

BOEING 777

Ursprungsland: USA.
Kategorie: Mittel- bis Langstecken-Verkehrsflugzeug.
Triebwerke (- 200): Zwei Mantelstromtriebwerke Rolls-Royce Trent 870/877, Pratt & Whitney PW4073A/4077 oder General Electric GE-90-B3/5 von zwischen 32295 und 33792 kp (317 bis 331 kN) bzw. (-200IGW) Trent 884, GE-90-B4 oder PW4084 von zwischen 38283 und 40823 kp (375 bis 400 kN) Standschub.
Leistungen (-200IGW): Max. Reisegeschwindigkeit 924 km/h; Langstrecken-Reisegeschwindigkeit 892 km/h; Reichweite (-200) mit 375 Passagieren 7500 km, (-200IGW) mit 305 Passagieren 12400 km.
Gewichte: Leergewicht (-200) 135580 kg, (-200IGW) 138120 kg; max. Startgewicht (-200) 229520 kg, (-200IGW) 263085 kg, als Option bis 286900 kg, (-300) 260000 kg, als Option 299600 kg.
Zuladung: Zwei Piloten und je nach Innenausstattung zwischen (-200/-200IGW) 375 und 400 Passagiere, in Einklassenbestuhlung bis zu 440, (-300) 550 Passagiere. Max. Nutzlast 54600 kg.
Entwicklungsstand: Der erste Prototyp nahm die Flugerprobung am 12. Juni 1994 auf; Ablieferung des ersten Serienflugzeugs am 15. Mai 1995 an United Airlines. Bis Ende 1996 sind rund 291 Einheiten (+ 150 Optionen) bestellt worden. Die monatliche Produktion beläuft sich ab Juli 1997 auf sieben 777.
Bemerkungen: Von Anfang an wurde eine ganze Familie dieses völlig neuentwickelten Typs vorgesehen: Mittel- bis Langsteckenversion 777-200 (ab 1997 auch als Combi erhältlich), Langstreckenvariante 777-200IGW (Erstflug 21. November 1996) mit erhöhtem Abfluggewicht sowie eine um ca. 10 m verlängerte 777-300 («Stretch») besonders für den asiatischen Raum (Erstflug Oktober 1997). Für Ultralangstrecken wird Boeing bald zwischen der 777-200X und der verkürzten Variante 777-100X («Shrink») entscheiden, die mit 250 Passagieren Reichweiten bis 17725 km erzielen könnte. Struktur, Abfluggewicht und Triebwerkleistung wären bei allen Ausführungen etwa gleich. In die Konstruktion werden die neuesten technologischen Errungenschaften eingegliedert: Fly-by-wire-System, neu entwickeltes Flügelprofil, eine Alu-Legierung mit besten Druck- und Ermüdungseigenschaften, Seitenleitwerk weitestgehend aus Verbundmaterialien und modernste Avionik.
Hersteller: The Boeing Company, Everett, Washington, USA.

Abmessungen: Spannweite 60,93 m (mit gefalteten Flügeln 47,29 m), Länge (-200/-200IGW) 63,73 m, (-300) 73,00 m, Höhe 18,44 m, Flügelfläche 427,80 m^2.

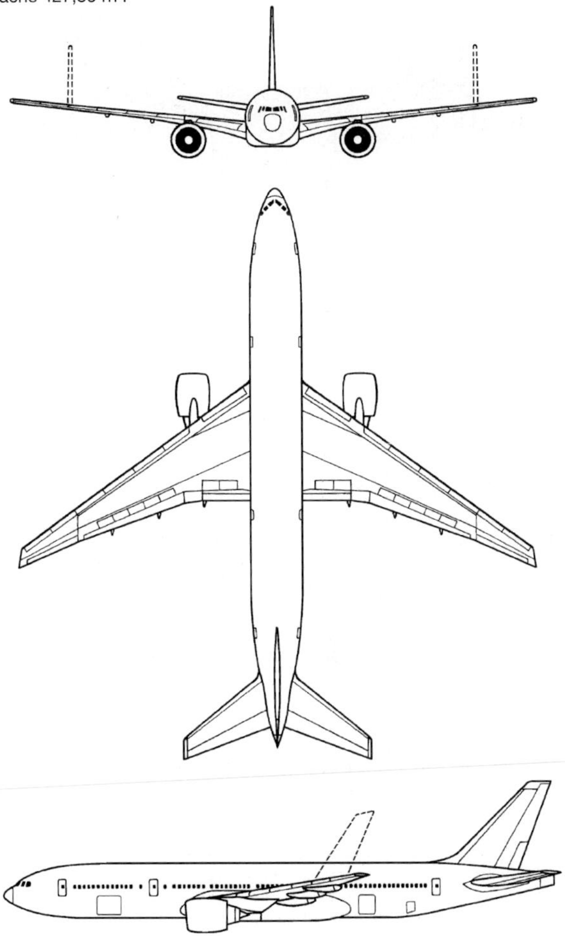

BOEING HELICOPTERS CH-47D CHINOOK

Ursprungsland: USA.
Kategorie: Mittelschwerer Transporthubschrauber.
Triebwerke: Zwei Gasturbinen Textron Lycoming T55-L-712SSB von je 4378 WPS (3264 kW) oder T55-L-714 von je 5028 WPS (3749 kW) Leistung.
Leistungen (L-714-Triebwerke bei 24494 kg): Höchstgeschwindigkeit 298 km/h auf Meereshöhe; Durchschnittsgeschwindigkeit 245 km/h; max. Schrägsteiggeschwindigkeit 7,73 m/Sek; Schwebehöhe ohne Bodeneffekt 2415 m; max. Flughöhe 4570 m; max. Einsatzradius 585 km.
Gewichte: Leer 10695 kg; normal beladen 22679 kg; max. Startgewicht 24494 kg.
Zuladung (CH-47D): Zwei Piloten und bis zu 45 Personen; als Ambulanzhubschrauber 24 Patienten plus zwei Pfleger. Max. 10334 kg Aussenlasten.
Entwicklungsstand: Erstflug der zurzeit aktuellsten Versionen CH-47D am 11. Mai 1979, der für Sondereinsätze bestimmten MH-47E am 1. Juni 1990. Neueste Besteller: Süd Korea 18+, Singapur 6, Grossbritannien 14 zusätzliche HC Mk.2, Türkei 4?. Von allen Versionen inkl. Lizenzbau wurden bisher rund 1100 Chinooks hergestellt.
Bemerkungen: Die MH-47E stellt eine für die US Army bestimmte Ausführung für schwierige Einsätze der Spezialtruppen (siehe Ausgabe 1991/92) dar. Das Modell 414-100 International Chinook ist eine leistungsfähigere Variante der CH-47D, besonders auch für zivile Einsätze mit höheren Gewichten und stärkeren Triebwerken (Leistungen siehe oben). Eine Ableitung davon erhält Japan (Lizenzbau Kawasaki) als CH-47J. Unter der Bezeichnung CH-47F offeriert Boeing eine neue, leistungsfähigere Version mit Triebwerken der 5000-WPS-Klasse, neuen Vierblattrotoren, grösseren Treibstofftanks, modernisierter Avionik und max. Abfluggewicht von 26982 kg.
Hersteller: Boeing Helicopters, Philadelphia, Pennsylvania, USA.

Abmessungen: Durchmesser jedes der beiden Rotoren 18,29 m, Rumpflänge ohne Betankungsrohr 15,54 m.

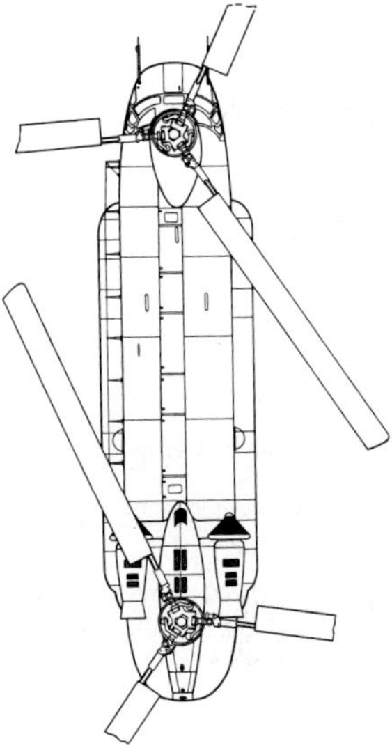

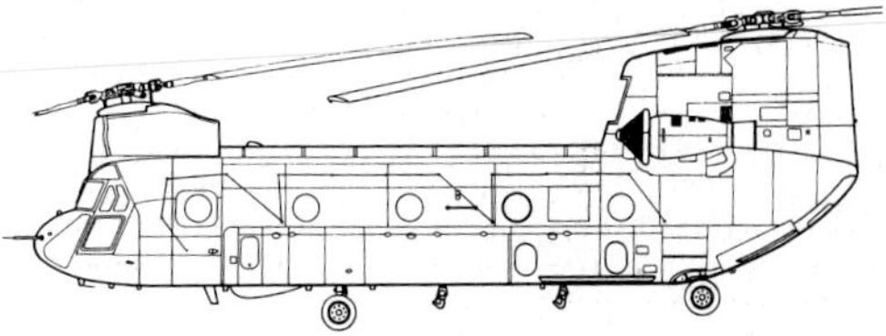

BOEING/SIKORSKY RAH-66 COMANCHE

Ursprungsland: USA.
Kategorie: Zweisitziger Stealth-Kampfhubschrauber.
Triebwerke: Zwei Gasturbinen LHTEC T800-LHT-800 von je 1344 WPS (1002 kW) Leistung.
Leistungen (geschätzt): Höchstgeschwindigkeit 328 km/h; vertikale Steiggeschwindigkeit 6 m/Sek; Überführungsreichweite 2335 km; normale Flugdauer mit internem Kraftstoff 2 Std. 30 Min.
Gewichte: Leer 3515 kg; normales Startgewicht 4587 kg; max. Startgewicht für Überführungen 7790 kg.
Bewaffnung: Eine dreiläufige 20-mm-Revolverkanone General Electric/Giat in einem Turm unter der Rumpfnase und bis zu sechs Antitank-Lenkwaffen Hellfire bzw. zwölf Flab-Lenkwaffen Stinger in zwei geschlossenen Waffenschächten. Weitere Waffen können an montierbaren Flügelstummeln angebracht werden.
Entwicklungsstand: Der erste von zwei Prototypen YRAH-66A hat die Flugerprobung am 4. Januar 1996 aufgenommen, der zweite folgt 1998. Danach werden sechs Vorserienmaschinen hergestellt. Der Gesamtbedarf der US Army beläuft sich auf 1292 Comanches, wobei mit Kürzungen zu rechnen ist. Ein Produktionsentscheid soll erst 2004 fallen.
Bemerkungen: Die RAH-66 soll bei der US Army die Typen AH-1 Cobra und OH-58 Kiowa ersetzen. Für die Hauptaufgabe der bewaffneten Aufklärung ist die Comanche vollständig aus Radarstrahlen-absorbierenden Verbundwerkstoffen hergestellt. Zudem ist die Silhouette weitmöglichst nach sog. Stealth-Kriterien ausgelegt. So wird beispielsweise die Bewaffnung in internen, nach aussen klappbaren Waffenschächten mitgeführt. Das Fahrwerk ist vollständig einziehbar. Die Aufklärungselektronik gehört zum modernsten, was auf dem Markt angeboten wird und umfasst u.a. ein vorwärtsgerichtetes Infrarot-Nachtsicht-Navigationsgerät der zweiten Generation kombiniert mit einer TV-Kamera im Rumpfbug, ein Millimeter-Wellenradar und diverse Sensoren. In späteren Produktions-Tranchen sollen auch ein Longbow-Feuerkontroll-Radar und Infrarot-Jammers eingeführt werden.
Hersteller: Boeing Helicopters und Sikorsky Aircraft, LH Program Office, Philadelphia, Pennsylvania, USA.

Abmessungen: Rotordurchmesser 11,90 m, Länge ohne Kanone 13,22 m, Höhe über Heckleitwerk 3,39 m.

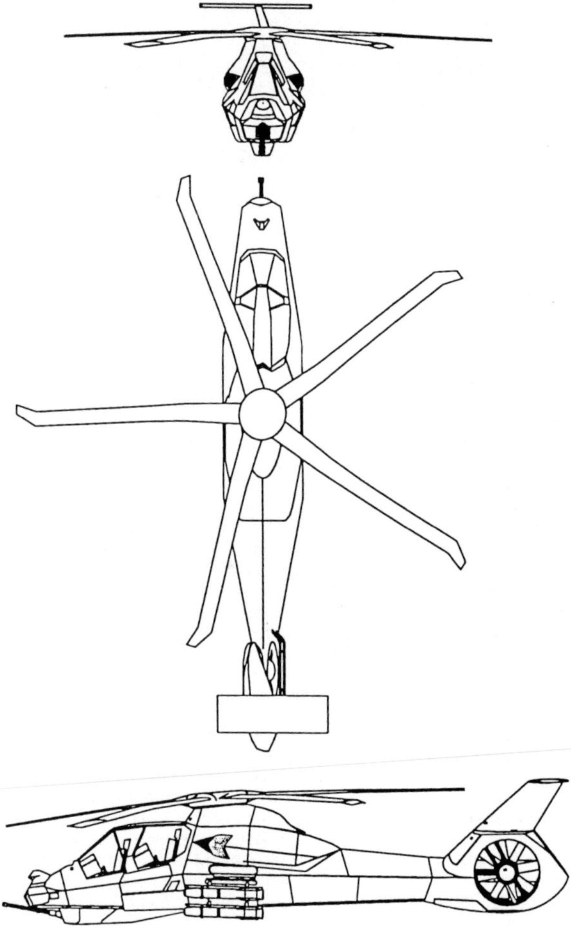

BOMBARDIER (CANADAIR) CL-415

Ursprungsland: Kanada.
Kategorie: Mehrzweck-Amphibium.
Triebwerke: Zwei Propellerturbinen Pratt & Whitney Canada PW123AF von je 2380 WPS (1775 kW) Leistung.
Leistungen: Max. Reisegeschwindigkeit bei 14741 kg 375 km/h auf 1525 m; normale Reisegeschwindigkeit 287 km/h; Patrouillengeschwindigkeit bei 15876 kg 204 km/h auf Meereshöhe; Anfangssteiggeschwindigkeit bei 20865 kg 7,0 m/Sek; Überführungsreichweite 2427 km.
Gewichte: Rüstgewicht für Mehrzweckaufgaben 11789 kg, als Wasserbomber 12043 kg; max. Startgewicht an Land 19800 kg, im Wasser 17100 kg; max. Fluggewicht nach Wasseraufnahme 21000 kg.
Zuladung: Zwei Mann Besatzung und, als Transporter, 32 bis 35 Passagiere. Maximale Nutzlast von 4790 kg in Mehrzweckkonfiguration, 6123 kg als Wasserbomber. Für Marine-Patrouillenaufgaben bestehen zwei weitere Stationen für Flugingenieur/Navigator und für zwei Beobachter.
Entwicklungsstand: Erstflug der ersten definitiven CL-415-Ausführung am 6. Dezember 1993. Die Auslieferungen begannen im Oktober 1994. Bisher sind 24 Einheiten bestellt worden: Sécurité Civile 12, Provinz von Quebec 8, SISAM Italien 6 (+ evtl. weitere 6). Bisherige CL-215 mit Kolbenmotoren, wovon insgesamt 125 hergestellt wurden, können umgerüstet werden. Bisher haben die Provinz Quebec und die spanische Marine von dieser Möglichkeit Gebrauch gemacht.
Bemerkungen: Die CL-415 ist eine modifizierte, turbopropgetriebene Ausführung des Basismodells CL-215 (siehe Ausgabe 1987). Sie besitzt neben neuen Triebwerken ein verbessertes Wassertanksystem. Im übrigen wurden die Aerodynamik optimiert, u.a. durch Anbringen von sog. Winglets und ein EFIS-Cockpit installiert. Für zivile wie militärische Überwachungs- und Rettungseinsätze sowie für Passagier- und Frachttransporte bietet Bombardier die Version CL-415M an. Bisher sind aber für diese Ausführung keine Bestellungen eingegangen.
Hersteller: Bombardier (Canadair), Station Centreville, Montreal, Quebec, Kanada.

Abmessungen: Spannweite 28,60 m, Länge 19,82 m, Höhe (an Land) 8,98 m, Flügelfläche 100,33 m².

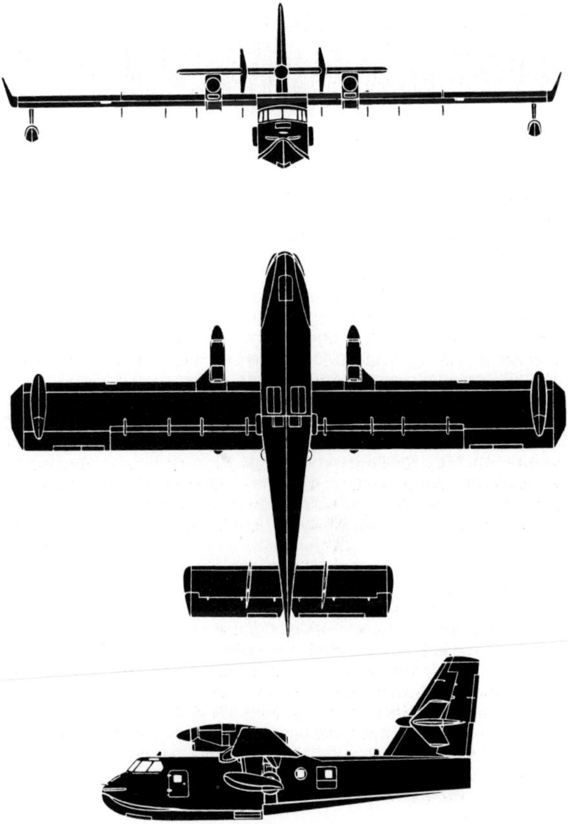

BOMBARDIER (CANADAIR) REGIONAL JET

Ursprungsland: Kanada.
Kategorie: Regionalverkehrsflugzeug.
Triebwerke: Zwei Mantelstromtriebwerke General Electric CF34-3A1 von je 3959 kp (38,83 kN) Leistung oder 4182 kp (41,0 kN) inkl. automatischem Reserveschub.
Leistungen: Max. Reisegeschwindigkeit 851 km/h auf 10975 m oder Mach 0,8; Langstrecken-Reisegeschwindigkeit 786 km/h auf 10975 m oder Mach 0,74; Anfangssteiggeschwindigkeit 17,8 m/Sek; Steigzeit auf 10670 m 23 Min; Dienstgipfelhöhe 12497 m; Reichweite mit max. Nutzlast 1566 km; max. Reichweite 2628 km, Version -100ER 2940 km.
Gewichte: Leergewicht 13655 kg; max. Startgewicht (RJ Series 100) 21635 kg, Version mit grösserer Reichweite (RJ Series 100ER) 23245 kg.
Zuladung: Zwei Piloten und in Standardausführung 50 Passagiere in Viererreihen. Max. Nutzlast von 6295 kg.
Entwicklungsstand: Die erste Vorserienmaschine nahm die Flugerprobung am 10. Mai 1991 auf. Die Auslieferungen begannen im vierten Quartal 1992 an Lufthansa Cityline. Bis Ende 1996 waren 170 fest bestellt (+ Optionen).
Bemerkungen: Der Regional Jet oder kurz RJ ist eine Abwandlung des Firmenflugzeugs Challenger. Der Rumpf ist um 3,25 m vor und 2,84 m hinter dem Flügel verlängert, die Flügelfläche vergrösserte man um rund 15 %. Verschiedene weitere Änderungen waren nötig, um aus einem Geschäftsreiseflugzeug ein Regionalverkehrsflugzeug zu machen. Die Grundausführung wird als Series 100, diejenige mit grösserer Reichweite als Series 100ER bezeichnet. Ebenfalls erhältlich sind eine Geschäftsreiseversion der 100ER sowie seit 1994 die Ausführung 100LR (Long Range) mit einem auf 23995 kg angehobenen Abfluggewicht und einer maximalen Reichweite von 3500 km. Die Lancierung der für 72 Passagiere verlängerten CRJ-X wurde kürzlich beschlossen.
Hersteller: Bombardier (Canadair), Station Centreville, Montreal, Quebec, Kanada.

Abmessungen: Spannweite 21,44 m, Länge 26,95 m, Höhe 6,30 m, Flügelfläche 48,31 m^2.

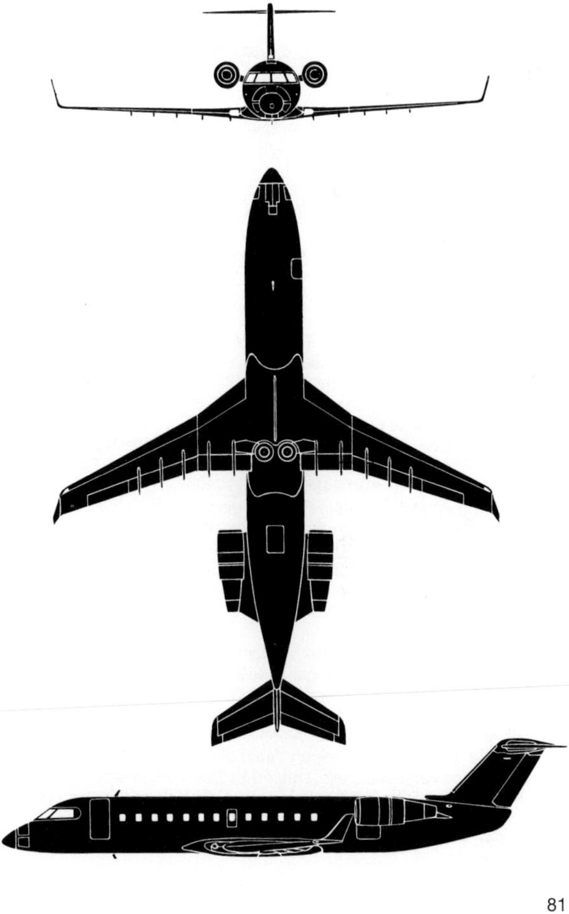

BOMBARDIER (CANADAIR) CHALLENGER 604

Ursprungsland: Kanada.
Kategorie: Firmenflugzeug.
Triebwerke: Zwei Mantelstromtriebwerke General Electric CF34-3B von je rund 4180 kp (41,0 kN) Standschub.
Leistungen: Max. Reisegeschwindigkeit 880 km/h (Mach 0,83); Dienstgipfelhöhe 12500 m; Reichweite bei Mach 0,82 6150 km, bei optimaler Reisegeschwindigkeit bis zu 7500 km.
Gewichte: Leergewicht 12080 kg; max. Abfluggewicht 21860 kg.
Zuladung: Zwei Piloten sowie zwischen fünf und bis zu 19 Passagiere in Dreierreihen; max. Nutzlast 2435 kg.
Entwicklungsstand: Der erste Prototyp dieser weiterentwickelten Version der Challenger 601 nahm die Flugerprobung am 17. März 1995 auf. Erste Ablieferungen an Kunden im Februar 1996. Bei einem monatlichen Ausstoss von zwei Einheiten sind bisher rund 25 Maschinen der Ausführung 604 gebaut worden. Canadair hat von den früheren Versionen der Challenger insgesamt 331 hergestellt: 84 600, 66 601-1A, 134 601-3A, 47 601-3R.
Bemerkungen: Gegenüber den Vorgängern ist die 604 strukturell verstärkt, um bei gleichen oder sogar besseren Start- und Landeleistungen erheblich weiter fliegen zu können. Dafür hat Canadair auch die Treibstoffkapazität erhöht und ein neues Fahrwerk vorgesehen mit verbessertem Antiblockiersystem. Die Avionik wurde ebenfalls aufdatiert und verfügt über sechs EFIS-Anzeigen. Auch die Wirtschaftlichkeit sowie die Wartung sollen verbessert sein. Unter den Geschäftsreiseflugzeugen der gleichen Kategorie hat die Challenger 604 die Kabine mit den grössten Innenmassen (Länge 8,61 m, Breite 2,49 m, Höhe 1,85 m).
Hersteller: Bombardier (Canadair), Station Centreville, Montreal, Quebec, Kanada.

Abmessungen: Spannweite 19,61 m, Länge 20,85 m, Höhe 6,30 m, Flügelfläche 48,31 m^2.

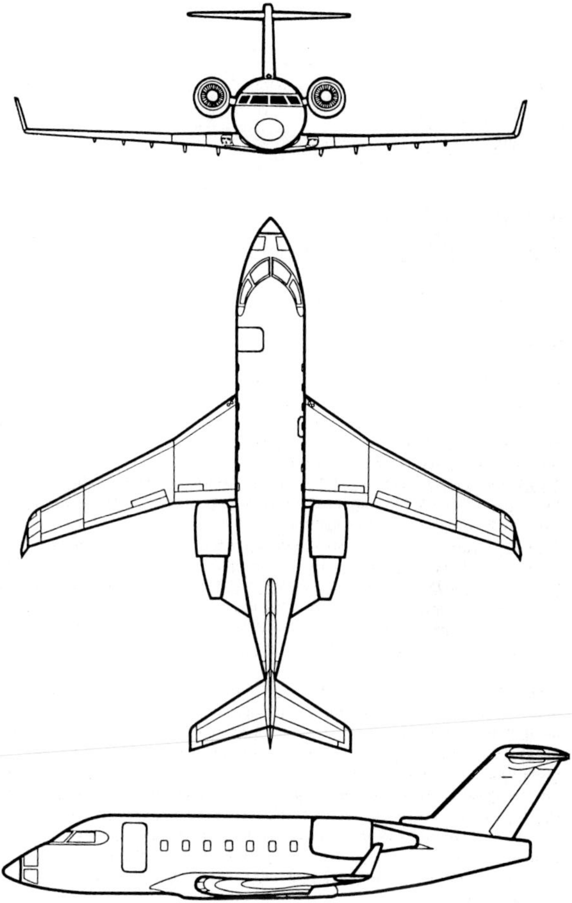

BOMBARDIER (CANADA) GLOBAL EXPRESS

Ursprungsland: Kanada.
Kategorie: Firmenflugzeug.
Triebwerke: Zwei Mantelstromtriebwerke BMW/Rolls-Royce BR710-48-C2 von je 6690 kp (65,6 kN) Standschub.
Leistungen (geschätzt): Max. Reisegeschwindigkeit 935 km/h; Langstrecken-Reisegeschwindigkeit 880 km/h; Dienstgipfelhöhe 15545 m; Reichweite mit acht Passagieren 11700 km, max. Reichweite 12038 km.
Gewichte: Leergewicht 22000 kg; max. Startgewicht 41278 kg.
Zuladung: Zwei Piloten und je nach Innenausstattung 8, 15 oder 19 Passagiere; max. Nutzlast 3400 kg.
Entwicklungsstand: Der erste von vier Prototypen begann mit der Flugerprobung am 13. Oktober 1996. Mit den Auslieferungen wird Anfang 1998 begonnen. Bisher sind rund 40 Einheiten bestellt worden.
Bemerkungen: Mit der Global Express deckt Bombardier das oberste Segment der jetgetriebenen Firmenflugzeuge ab. Nebst gegenüber der Challenger grösserer Kabine und Zuladung, wurde besonderes Gewicht auf bisher unübertroffene Reichweitenleistungen bei hoher Reisegeschwindigkeit gelegt. So kann beispielsweise die Strecke Buenos Aires – London non-stop zurückgelegt werden. Ein völlig neu konstruierter superkritischer Flügel mit einer Pfeilung von 35 Grad und einem sog. Walfischprofil zusammen mit weiteren Verfeinerungen am Rumpf verhelfen der Global Express zu besonders guter Aerodynamik. Im Cockpit ist ein vollintegriertes Multifunktionssystem Honeywell Primus 2000XP eingebaut.
Hersteller: Bombardier (Canadair), Station Centreville, Montreal, Quebec, Kanada.

Abmessungen: Spannweite 28,01 m, Länge 30,17 m, Höhe 7,62 m, Flügelfläche 94,94 m².

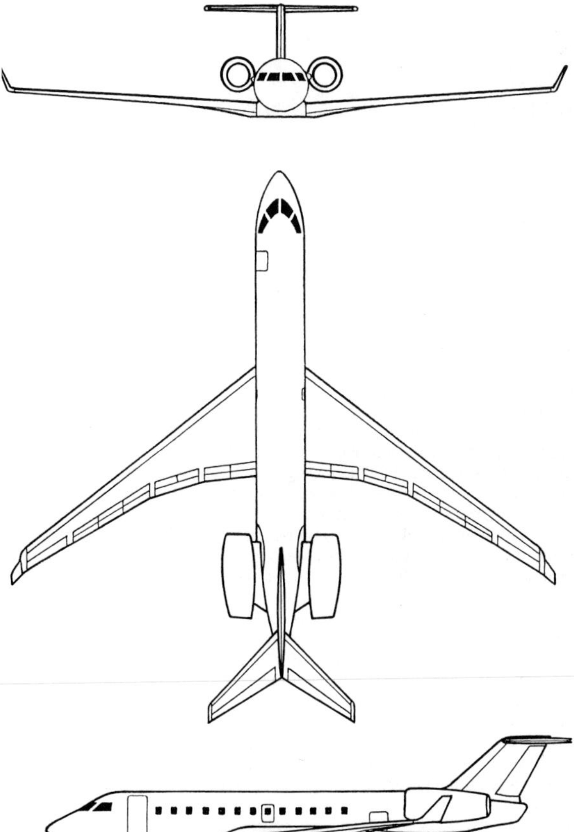

BOMBARDIER (DE HAVILLAND CANADA) DASH 8-400

Ursprungsland: Kanada.
Kategorie: Regionalverkehrsflugzeug.
Triebwerke: Zwei Propellerturbinen Pratt & Whitney Canada PW150 von je 5040 WPS (3760 kW).
Leistungen (geschätzt): Max. Reisegeschwindigkeit 648 km/h; ökonom. Reisegeschwindigkeit 565 km/h; max. Reiseflughöhe 7620 m; Dienstgipfelhöhe 7620 m; Reichweite mit max. Nutzlast 1710 km, mit max. Treibstoffzuladung 2400 km.
Gewichte: Rüstgewicht 15580 kg; max. Startgewicht 27000 kg.
Zuladung: Zwei Piloten und Standard-Innenausstattung für 70 Passagiere in Viererreihen. Max. Nutzlast 6370 kg.
Entwicklungsstand: Die erste Dash 8-400 startet Ende 1997 zum Erstflug. Zurzeit wird nur die Version -300 produziert, und zwar monatlich deren drei. Ende 1996 waren 513 Dash 8 bestellt (+ 107 Optionen) und über 440 an rund 70 Kunden ausgeliefert. Von der -400 sind bisher etwa 10 Einheiten in Auftrag gegeben worden.
Bemerkungen: Die Dash 8-400 ist eine nochmals vergrösserte Ausführung des Grundmusters Dash 8. Gegenüber der Dash 8-300 (siehe Ausgabe 1996) unterscheidet sie sich durch den 4,60 m längeren Rumpf, leistungsfähigere Triebwerke und ein verstärktes Flügelmittelstück. Neue, besonders lärmarme Sechsblattrotoren von Dowty sind rund 20 cm weiter vom Rumpf entfernt plaziert worden. Die Dash 8-300 ist in mehreren Untervarianten weiterhin in Produktion. Als neueste davon fliegt eine Marinepatrouillenversion. Sie ist dazu mit einem 360° -Überwachungsradar sowie einem nach vorne ausgerichteten Infrarot-Sichtgerät unter dem Rumpf ausgestattet und kann dank Zusatztanks bis zu 8 Stunden im Einsatz bleiben. Mehrere weitere Ausführungen der Dash 8 erfüllen militärische Spezialaufgaben.
Hersteller: Bombardier (The de Havilland Aircraft of Canada Ltd.), Downsview, Ontario, Kanada.

Abmessungen: Spannweite 28,12 m, Länge 32,60 m, Höhe 8,30 m, Flügelfläche 62,10 m².

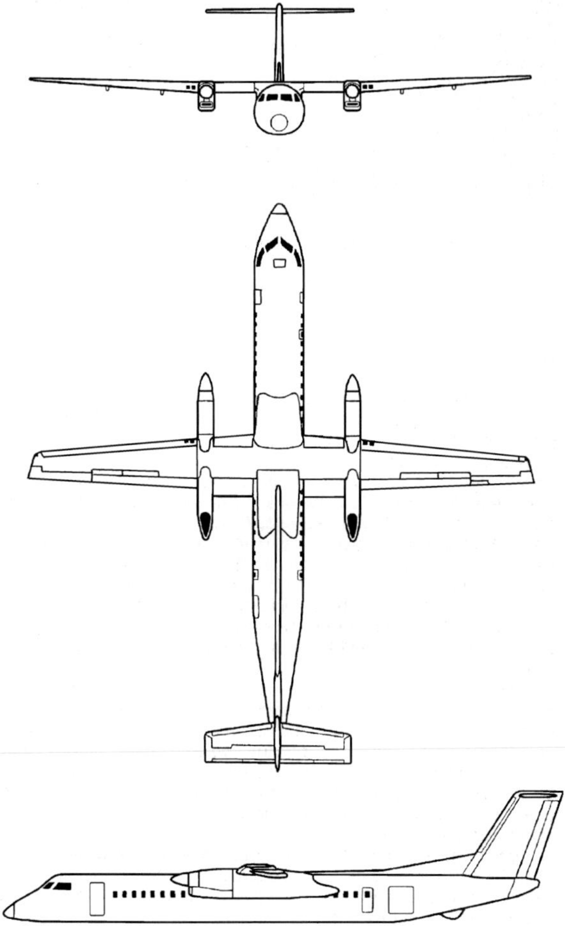

BOMBARDIER (LEARJET) 60

Ursprungsland: USA.
Kategorie: Firmenflugzeug.
Triebwerke: Zwei Mantelstromtriebwerke Pratt & Whitney Canada PW305A von je 2090 kp (20,5 kN) Standschub.
Leistungen: Höchstgeschwindigkeit 884 km/h auf 9150 m (Mach 0,81); max. Reisegeschwindigkeit 858 km/h; ökonomische Reisegeschwindigkeit 843 km/h; Dienstgipfelhöhe 15550 m; max. Reichweite mit Langstreckengeschwindigkeit auf 13410 m Höhe und VFR-Reserven 5075 km; Reichweite mit vier Passagieren und IFR-Reserven 4450 km.
Gewichte: Rüstgewicht 6470 kg; max. Startgewicht 10319 kg, als Option 10480 kg.
Zuladung: Zwei Mann Besatzung und je nach Inneneinrichtung zwischen sechs und neun Passagiere. Nutzlast 1005 kg.
Entwicklungsstand: Erstflug des noch mit Garrett TFE731-Triebwerken ausgerüsteten Erprobungsträgers am 18. Oktober 1990 (Umbau des ursprünglichen Modell 55-Prototypen). Der Erstflug nach Umrüstung mit den PW305-Triebwerken erfolgte am 13. Juni 1991. Das erste Serienflugzeug nahm die Flugerprobung am 15. Juni 1992 auf. Beginn der Ablieferungen im Januar 1993. Rund 85 Einheiten wurden bisher bestellt.
Bemerkungen: Die Learjet 60 ist das bisher grösste und leistungsfähigste Muster der Learjet-Familie und basiert auf der 55. Von ihr übernimmt sie den Flügel, das T-Leitwerk, die grossen Deltafinnen unter dem hinteren Rumpfausläufer sowie die Winglets. Der Rumpfdurchmesser bleibt gleich, hingegen ist die Kabine um 109 cm länger und wesentlich komfortabler eingerichtet. Dank abgesenktem Kabinenboden ist eine durchgehende Stehhöhe von 1,75 m möglich. Die Inneneinrichtung kann wesentlich flexibler den Kundenwünschen angepasst werden. Der hintere, nur von aussen zugängliche Gepäckraum ist erheblich grösser. Die Besatzung verfügt über ein vollintegriertes Glascockpit mit vier EFIS-Bildschirmen.
Hersteller: Bombardier (Learjet Inc.), Wichita, Kansas, USA.

Abmessungen: Spannweite 13,34 m, Länge 17,88 m, Höhe 4,47 m, Flügelfläche 24,57 m².

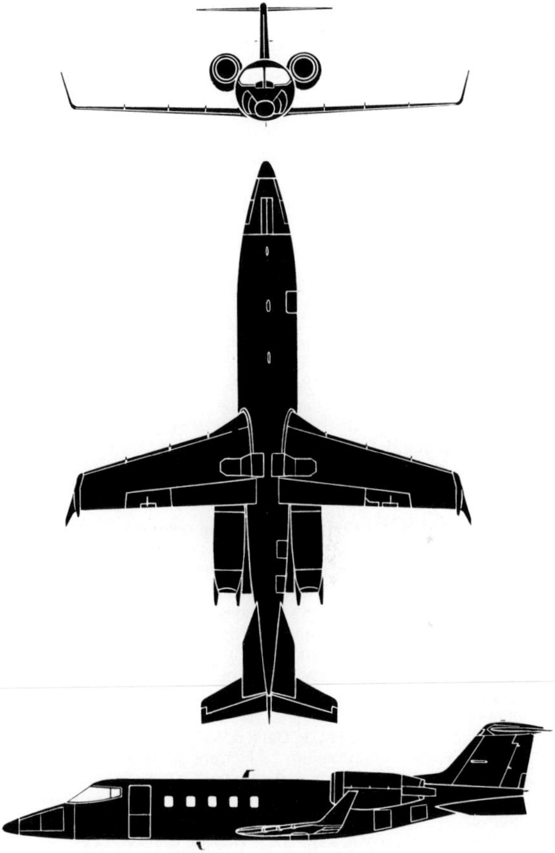

BOMBARDIER (LEARJET) 45

Ursprungsland: USA.
Kategorie: Firmenflugzeug.
Triebwerke: Zwei Mantelstromtriebwerke Garrett TEF731-20 von je 1590 kp (15,5 kN) Leistung.
Leistungen (geschätzt): Max. Reisegeschwindigkeit 860 km/h; norm. Reisegeschwindigkeit 770 km/h; Dienstgipfelhöhe 15545 m; max. Reichweite mit zehn Passagieren 4074 km.
Gewichte: Leergewicht 5307 kg; max. Startgewicht 8845 kg.
Zuladung: Zwei Piloten und in der Kabine normalerweise acht, maximal zehn Passagiere.
Entwicklungsstand: Erstflug des ersten von drei Learjet 45-Prototypen am 7. Oktober 1995. Im Frühjahr 1997 soll mit den Kundenablieferungen begonnen werden. Der Bestellungseingang beläuft sich auf rund 55 Einheiten.
Bemerkungen: Die Version 45 ist das erste unter der neuen Regie von Bombardier entwickelte Modell und wird in Co-Operation mit Shorts (Rumpf und Heck), de Havilland Canada (Flügel) und Learjet (Systeme und Endmontage) hergestellt. Grössenmässig ist sie zwischen der Learjet 31A und der Learjet 60 (siehe Seiten 88/89) angesiedelt. Der Hersteller versucht mit diesem Muster eine optimale Kombination zwischen Preis, Flugleistungen, Kabinengrösse und Betriebskosten zu erzielen. Obwohl die Rumpflänge in etwa jener der Learjet 60 entspricht, ist die Kabine mit 6,02 m etwas länger, bietet aber mit 1,55 m nicht deren durchgehende Stehhöhe. Bei einer Bestuhlung für acht Fluggäste sind alle Sitze um 180 Grad drehbar. Dank des elektronischen Triebwerkmanagements FADEC kann bei um 15 Prozent gesteigerter Reiseleistung der spezifische Treibstoffverbrauch gleichzeitig um elf Prozent verringert werden. Zu diesen Leistungen verhilft auch ein völlig neu konstruierter Flügel.
Hersteller: Bombardier (Learjet Inc.), Wichita, Kansas, USA.

Abmessungen: Spannweite 14,56 m, Länge 17,68 m, Höhe 4,29 m.

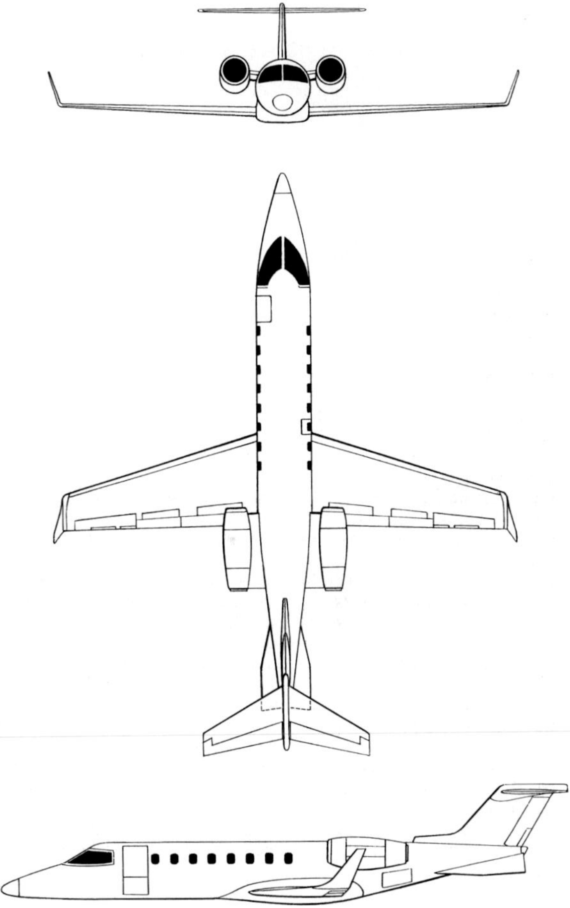

BRITISH AEROSPACE HAWK 100/200

Ursprungsland: Grossbritannien.
Kategorie (100): Zweisitziger Fortgeschrittenentrainer und leichter Erdkämpfer; (200): Einsitziges Mehrzweckkampfflugzeug.
Triebwerke: Ein Mantelstromtriebwerk Rolls-Royce/Turboméca Adour 871 von 2650 kp (26,0 kN) Standschub.
Leistungen (200): Höchstgeschwindigkeit 1021 km/h oder Mach 0,83; max. Reisegeschwindigkeit 1019 km/h auf Meereshöhe; ökonom. Reisegeschwindigkeit 796 km/h auf 12500 m; max. Anfangssteiggeschwindigkeit 58,5 m/Sek; Dienstgipfelhöhe 15250 m; taktischer Einsatzradius 322 km mit acht 227-kg-Bomben; Überführungsreichweite mit zwei 860-l- und einem 590-l-Zusatztank 3606 km, ohne Zusatztank 892 km.
Gewichte: Leer (100) 3970 kg, (200) 4510 kg; max. Startgewicht (100) 8500 kg, (200) 9101 kg.
Bewaffnung (200): Zwei 25-mm-Aden- oder zwei 27-mm-Mauser-Kanonen und maximal 3493 kg externe Waffenlasten, verteilt auf vier Flügel- und eine Rumpfstation.
Entwicklungsstand: Erstflug des Prototypen der Version 200 am 19. Mai 1986, des technisch gleichwertigen, bereits dem Serienstandard entsprechenden Doppelsitzers 100 1990. Bis Ende 1996 sind folgende Bestellungen für beide Versionen (100/200) eingegangen: Abu Dhabi 18 (100), Australien 32+, Brunei 8/8, Indonesien 8/32, Oman 4/8, Malaysia 10/18, Quatar Saudi Arabien 20/0. Von allen Varianten (inkl. T-45, siehe Seiten 194/195) sind rund 820 Exemplare von 15 Luftwaffen bestellt worden.
Bemerkungen: Die Hawk 200 (siehe Foto), (Version 100 siehe auch Ausgabe 1992/93 und Silhouette daneben) ist eine spezialisierte Erdkampf- und Mehrzweckversion des zweisitzigen Basis- und Fortgeschrittenentrainers Hawk und vereinigt in sich die für die Hawk 100 geleistete Entwicklungsarbeit und damit auch 80 % aller Bauteile des Doppelsitzers. Die Instrumentierung umfasst eine Inertial-Navigationsanlage, einen Laser-Entfernungsmesser und ein computergesteuertes Feuerleitgerät.
Hersteller: British Aerospace PLC, Military Aircraft Division, Warton, Preston, Lancashire, Grossbritannien.

Abmessungen: Spannweite inkl. Lenkwaffen 9,94 m, Länge 11,38 m, Höhe 4,16 m, Flügelfläche 16,69 m².

CESSNA 172R Skyhawk

Ursprungsland: USA.
Kategorie: Sport- und Reiseflugzeug.
Triebwerke: Ein luftgekühlter Vierzylinder-Boxermotor Textron-Lycoming O-360-L2A von 160 PS (119 kW) Leistung.
Leistungen: Höchstgeschwindigkeit auf Meereshöhe 228 km/h; Anfangssteiggeschwindigkeit 3,55 m/Sek; Reichweite mit max. Treibstoffzuladung 1621 km.
Gewichte: Leergewicht 649 kg; max. Start- und Landegewicht 1089 kg.
Zuladung: Pilot und drei Passagiere; Nutzlast 443 kg.
Entwicklungsstand: Bis 1986 wurden rund 38000 Exemplare gebaut und danach die Produktion eingestellt. Eine neue, überarbeitete Version fliegt seit 16. April 1996. Erste Auslieferungen an Kunden im Januar 1997. In diesem Jahr sollen insgesamt 660 Maschinen hergestellt werden, bereits ab 1998 rechnet man, den Ausstoss pro Monat auf 100 Cessna 172 steigern zu können. Die Cessna 182S Skylane fliegt seit dem 16. Juli 1996 (Auslieferung ab Februar 1997) und die Turbo 206 Stationair seit September 1996 (Auslieferung ab Juli 1997).
Bemerkungen: In der Grundauslegung weicht die neue Ausführung nur wenig vom Ursprungsmuster ab. Hingegen ist die Avionik völlig neu. Zudem sind teilweise neue Werkstoffe verwendet worden. Der aktuelle Verkaufspreis beläuft sich für die Cessna 172R auf US$ 124500.–, für die Cessna 182S auf US$ 190600.–. Diese Ausführung ist dank des Textron-Lycoming-Triebwerks IO 540-AB1A5 von 230 PS (1969 kW) leistungsstärker. Als dritte im Bunde schliesst die sechssitzige Turbo 206 die Palette von Cessna-Leichtflugzeugen nach oben ab. Diese stärkste Ausführung besitzt einen turbogeladenen Textron-Lycoming-TIO-580-Motor.
Hersteller: Cessna Aircraft Company, Wichita, Werk Independence, Kansas, USA.

Abmessungen: Spannweite 10,92 m, Länge 8,20 m, Höhe 2,68 m.

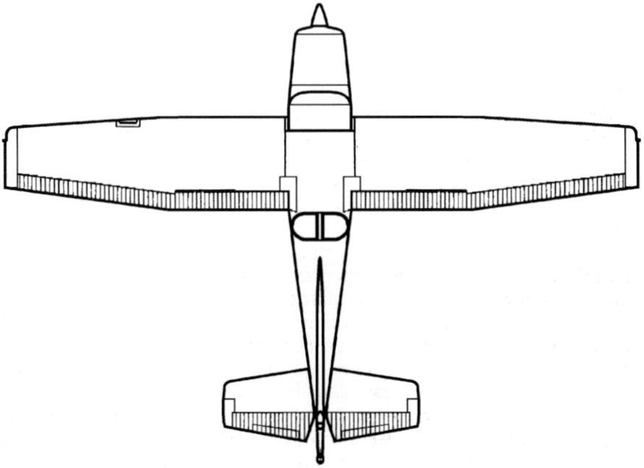

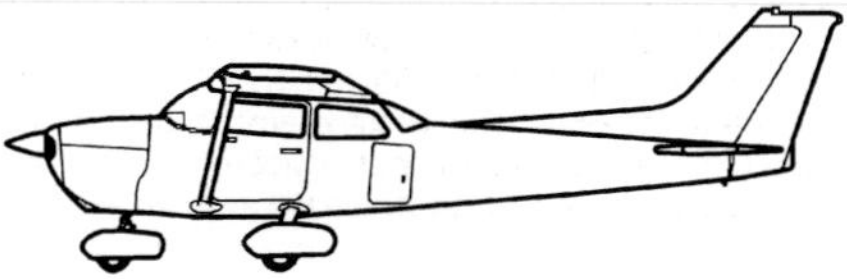

CESSNA 208 GRAND COMMANDER

Ursprungsland: USA.
Kategorie: Mehrzweckflugzeug.
Triebwerke: Eine Propellerturbine Pratt & Whitney Canada PT6A-114A von 675 WPS (503 kW) Leistung.
Leistungen: Max. Reisegeschwindigkeit 337 km/h auf 3050 m, 295 km/h auf 6095 m; Anfangssteiggeschwindigkeit 4,9 m/Sek; Dienstgipfelhöhe 7620 m; max. Reichweite mit 45 Min. Reserven 1677 km auf 3050 m.
Gewichte: Leergewicht 1861 kg; max. Startgewicht 3969 kg.
Zuladung: Pilot und in der Standardausführung neun Passagiere oder 1587 kg Fracht.
Entwicklungsstand: Der Prototyp der 208 flog erstmals am 9. Dezember 1982; Beginn der Kundenablieferungen im Februar 1985. Die militärische Variante U-27A wurde 1986 eingeführt. Die verbesserte Version 208B nahm am 3. März 1986 die Flugerprobung auf, gefolgt von der Grand Commander 1991. Im März 1996 wurde die 750. Caravan aller Versionen geliefert. Hauptabnehmerin ist die Federal Express mit 266 Einheiten (davon 235 der Version 208B).
Bemerkungen: Die neueste Variante der um 1,22 m verlängerten Cessna 208B, die Grand Commander, verfügt über ein stärkeres Triebwerk und entsprechend verbesserte Flugleistungen. Auch eine Ausführung mit Schwimmern ist erhältlich. Die Soloy Corp. hat eine Cessna 208B mit zwei Propellerturbinen Pratt & Whitney PT6A-25 von zusammen 1330 WPS (990 kW) ausgerüstet (Erstflug am 13. September 1995), die über ein gemeinsames Untersetzungsgetriebe auf einen einzigen Propeller wirken. Gleichzeitig wird dieser als Caravan 208B «Pathfinder 21» bezeichnete 15-Plätzer um 1,80 m verlängert und das Abfluggewicht auf 5700 kg erhöht.
Hersteller: Cessna Aircraft Company, Wichita, Kansas, USA.

Abmessungen: Spannweite 15,87 m, Länge 12,67 m, Höhe 4,52 m, Flügelfläche 25,96 m².

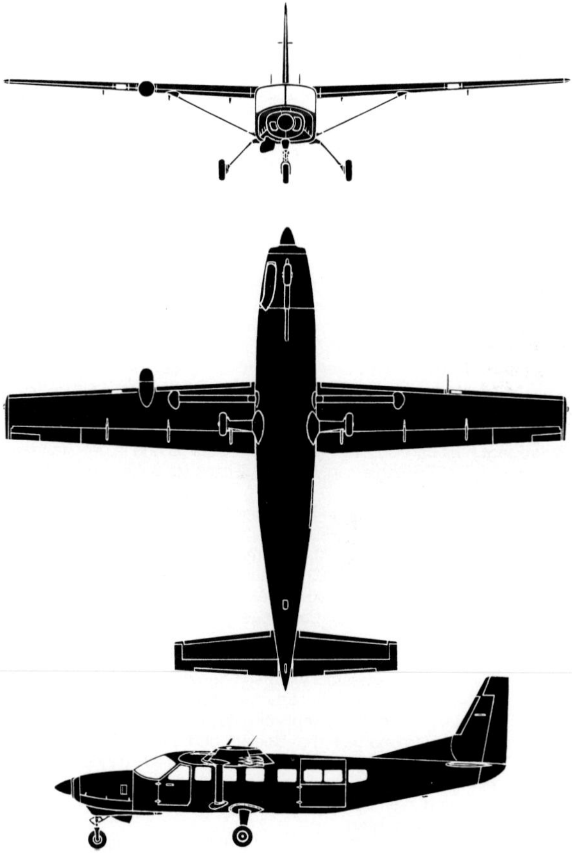

CESSNA 525 CITATIONJET

Ursprungsland: USA.
Kategorie: Firmenflugzeug.
Triebwerke: Zwei Mantelstromtriebwerke Williams International FJ44 von je 861 kp (8,45 kN) Standschub.
Leistungen: Max. Reisegeschwindigkeit 704 km/h auf 10670 m; ökonom. Reisegeschwindigkeit 570 km/h auf 11885 m; Anfangssteiggeschwindigkeit 18 m/Sek; Dienstgipfelhöhe 12495 m; Reichweite mit max. Nutzlast und 45 Min. Reserven 1992 km, mit max. Treibstoffzuladung und IFR-Reserven 2600 km.
Gewichte: Leergewicht 2599 kg; max. Startgewicht 4536 kg.
Zuladung: Pilot und Copilot/Passagier im Cockpit und in der Standardausführung fünf Passagiere in vier Einzelsitzen vis-à-vis und einem Sitz quer zur Flugrichtung.
Entwicklungsstand: Die erste 525 CitationJet nahm die Flugerprobung am 29. April 1991 auf, die zweite, bereits dem Serienstandard entsprechende Maschine, folgte am 20. November 1991. Nach Erhalt der FAA-Zulassung am 16. Oktober 1992 begannen die ersten Ablieferungen im März 1993. Bisher sind über 200 Einheiten bestellt. Von den Vorgängern Citation 500 und Citation I wurden insgesamt 352 bzw. 345 Maschinen produziert.
Bemerkungen: Die 525 hat die Nachfolge der Citation I angetreten, die seit 1985 nicht mehr hergestellt wird. Von der weiterentwickelten Citation II übernimmt sie die ganze Struktur des Vorderrumpfes, während Flügel, Rumpfheck und Höhenleitwerk völlig neu konstruiert sind. Die Flügel wurden in Zusammenarbeit mit Boeing und der NASA entwickelt. Gegenüber der Citation I weist sie bei einem um 840 kg kleineren Leergewicht ein höheres Kabinenvolumen auf. Dank des geringeren Treibstoffbedarfs und verbesserter Aerodynamik kann die CitationJet schneller und weiter fliegen.
Hersteller: Cessna Aircraft Company, Wichita, Kansas, USA.

Abmessungen: Spannweite 14,26 m, Länge 12,98 m, Höhe 4,18 m, Flügelfläche 22,30 m².

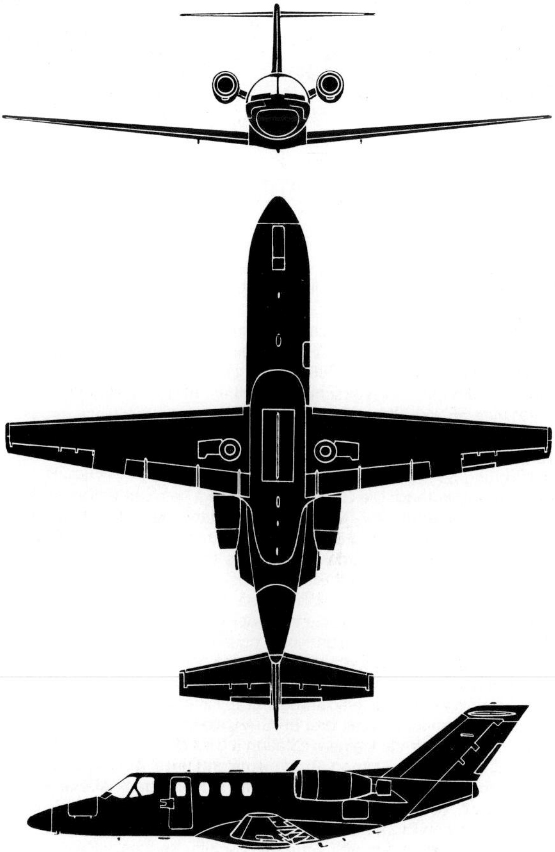

CESSNA 560 CITATION ULTRA/BRAVO

Ursprungsland: USA.
Kategorie: Firmenflugzeug.
Triebwerke: Zwei Mantelstromtriebwerke Pratt & Whitney (Ultra) JT15D-5D von je 1380 kp (13,54 kN) bzw. (Bravo) PW530A von je 1250 kp (12,00 kN) Standschub.
Leistungen (Ultra): Max. Reisegeschwindigkeit bei einem Fluggewicht von 5897 kg 791 km/h auf 10060 m; max. Anfangssteiggeschwindigkeit 18,54 m/Sek; Gipfelhöhe 13700 m; Steigzeit auf 13110 m 29 Min; Reichweite bei ökonom. Reisegeschwindigkeit mit sechs Passagieren und 45 Min Reserven 3558 km.
Gewichte (Ultra): Leergewicht 4060 kg; max. Startgewicht 7390 kg.
Zuladung: Pilot und Copilot/Passagier im Cockpit und Standard-Innenausstattung für acht, max. neun Passagiere.
Entwicklungsstand: Die Citation 5 Ultra fliegt seit September 1994, die Bravo seit 19. April 1995. Der Auftragsbestand beläuft sich derzeit auf rund 130 Einheiten. Als grösster Einzelbesteller hat die amerikanische Executive Aviation 34 Ultras bestellt. Die US Army erhält vorerst zwei Citation 5 Ultras, welche als Siegerin aus dem C-XX-Programm hervorgegangen ist. Der Gesamtbedarf beläuft sich auf 35 Einheiten.
Bemerkungen: Die Ultra basiert auf der Citation 5, die wiederum eine um rund 0,60 m verlängerte und leistungsfähigere Weiterentwicklung der Citation S/II (siehe Ausgabe 1984/85, rund 840 produziert) darstellt. Nebst den stärkeren Triebwerken und der damit verbundenen höheren Zuladung und Reichweitenleistung wurde ein neues Interieur konzipiert. Zudem ist das Cockpit mit drei EFIS-Anzeigen Honeywell Primus 1000 ausgerüstet. Auch die kleinere Citation II wird einer Modellpflege unterworfen. Unter dem Namen Bravo entstand eine Ausführung, die im Rumpf mehr Kopf- und Beinfreiheit offeriert und dank stärkerer Triebwerke auch deutliche Leistungssteigerungen ermöglicht. Sie verfügt über das gleiche Digital-Cockpit der Ultra.
Hersteller: Cessna Aircraft Company, Wichita, Kansas, USA.

Abmessungen: Spannweite 15,90 m, Länge 14,90 m, Höhe 4,75 m, Flügelfläche 31,70 m².

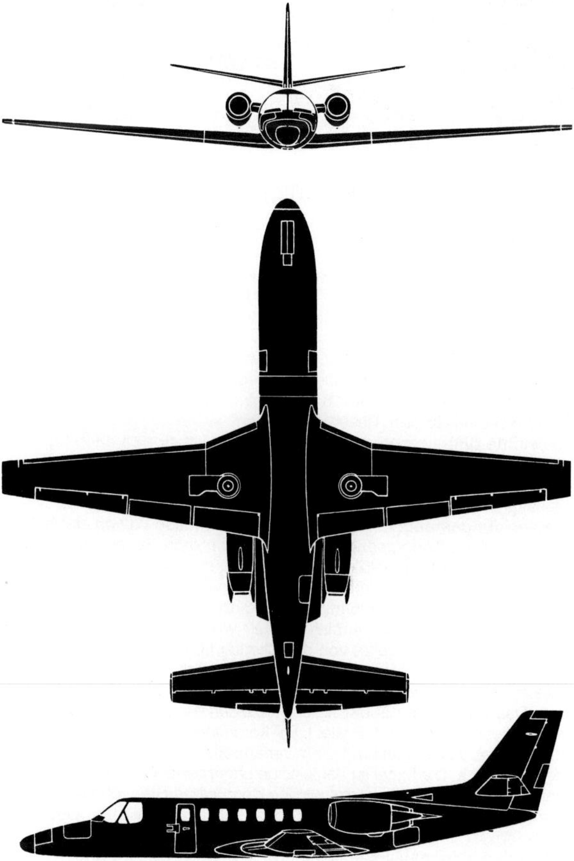

CESSNA 660 CITATION VII/EXCEL

Ursprungsland: USA.
Kategorie: Firmenflugzeug.
Triebwerke: Zwei Mantelstromtriebwerke (VII) Garrett TFE731-3B-100S von je 1655 kp (16,24 kN) oder TFE731-4R-2S von je 1814 kp (17,79 kN) bzw. (Excel) Pratt & Whitney Canada PW545A von je 1650 kp (16,1 kN) Standschub.
Leistungen (Citation VII): Max. Reisegeschwindigkeit auf 10670 m und 8165 kg 885 km/h; Langstrecken-Reisegeschwindigkeit 806 km/h; Anfangssteiggeschwindigkeit 18,8 m/Sek; Dienstgipfelhöhe 15545 m; Reichweite mit 45 Min. Reserven 4077 km.
Gewichte (VII): Standard-Leergewicht 5300 kg, (Excel) 4945 kg; max. Startgewicht (VII) 10850 kg, (Excel) 8480 kg.
Zuladung: Zwei Mann Cockpitbesatzung und normalerweise sechs Passagiere in Einzelsitzen. Max. Zuladung bis neun Passagiere.
Entwicklungsstand: Ein Erprobungsträger Citation VII flog erstmals im Februar 1991. Ende Januar 1992 erhielt die dem Serienstandard entsprechende Version die Zulassung. Von diesen Ausführungen wurden bisher rund 100 Exemplare hergestellt. Die Excel nahm die Flugerprobung am 29. Februar 1996 auf und wird ab Mitte 1997 abgeliefert. Bisher sind mehr als 110 Exemplare bestellt worden.
Bemerkungen: Abgeleitet von der Citation III (siehe Ausgabe 1991/92) verfügt die Citation VII über stärkere Triebwerke und weist deshalb bei gleichen Dimensionen bessere Flugleistungen und grössere Nutzlast auf. Das als Cessna 560XL Excel bezeichnete kostengünstigere Zwischenmuster (Preis ca. 6,6 Mio. US$) kombiniert den ungepfeilten Flügel der Citation V Ultra (um ca. 1,20 m verlängert) mit dem verkürzten Rumpf der Citation X. Die Excel ist das einzige ungepfeilte Firmenflugzeug, welches den Passagieren in der Kabine durchwegs Stehhöhe ermöglicht. Dank stärkeren Triebwerken ist das Leistungsspektrum wesentlich erweitert.
Hersteller: Cessna Aircraft Company, Wichita, Kansas, USA.

Abmessungen: Spannweite (VII) 16,31 m, (Excel) 17,10 m, Länge (VII) 16,90 m (Excel) 15,50 m, Höhe 5,12 m, Flügelfläche 29,0 m².

CESSNA 750 CITATION X

Ursprungsland: USA.
Kategorie: Firmenflugzeug.
Triebwerke: Zwei Mantelstromtriebwerke Allison GMA 3007C von je 2900 kp (28,5 kN) Standschub.
Leistungen: Höchstgeschwindigkeit Mach 0,92; max. Reisegeschwindigkeit auf 11275 m 934 km/h oder Mach 0,88; Langstrecken-Reisegeschwindigkeit 851 km/h; Anfangssteiggeschwindigkeit 22,4 m/Sek; Dienstgipfelhöhe 15545 m; VFR-Reichweite bei Mach 0,82 mit sechs Passagieren und 45 Min. Reserven 6115 km, IFR-Reichweite 5556 km.
Gewichte: Leer 8618 kg; max. Startgewicht 15650 kg.
Zuladung: Zwei Mann Cockpitbesatzung und normalerweise acht, maximal aber bis zu 12 Passagiere in Einzelsitzen und einer dreiplätzigen Couch.
Entwicklungsstand: Das erste von drei Erprobungsmustern nahm die Flugtests am 21. Dezember 1993 auf. Mit den Kundenauslieferungen wurde nach Erhalt der Zulassung im Juni 1996 begonnen. Bis jetzt sind mehr als 35 Bestellungen und 40 Kaufabsichtserklärungen für die Citation X eingegangen.
Bemerkungen: Mit dem Ausgangsmuster Citation III hat die Citation X nur noch den Rumpfquerschnitt gemeinsam. Im übrigen handelt es sich um eine völlig neue Konstruktion. Das Flugzeug erreicht die höchste Reisegeschwindigkeit aller Zivilflugzeuge ausser der Concorde. Es ist mit einem neuartigen und hochentwickelten Flügel versehen, der eine Pfeilung von 35° aufweist, gegenüber 25° bei der Citation III, VI und VII. Als erstes Cessna-Flugzeug verfügt sie über eine servounterstützte Flugsteuerung. Der Rumpfquerschnitt erlaubt durchgehend Stehhöhe. Das Cockpit ist mit dem digitalen EFIS-System Honeywell Primus 2000 ausgerüstet. Die Citation X soll bei Cessna das oberste Segment im Angebot von düsengetriebenen Firmenflugzeugen abdecken.
Hersteller: Cessna Aircraft Company, Wichita, Kansas, USA.

Abmessungen: Spannweite 19,50 m, Länge 19,66 m, Höhe 5,09 m.

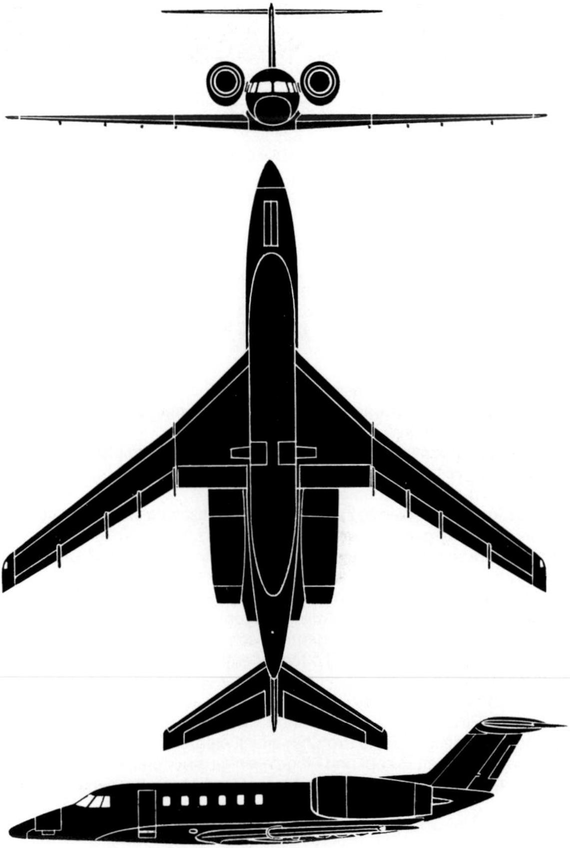

DAEWOO KTX-1 KORINT

Ursprungsland: Südkorea.
Kategorie: Zweisitziger Basistrainer.
Triebwerke: Eine Propellerturbine Pratt & Whitney (Canada) PT6A-62 von 950 WPS (708 kW) Leistung.
Leistungen: Höchstgeschwindigkeit 650 km/h; Dienstgipfelhöhe 11580 m; max. Flugzeit 2,5 Std; Reichweite 1700 km.
Gewichte: (keine Angaben erhältlich)
Bewaffnung: Verschiedene Waffen, hauptsächlich für Trainingseinsätze, an vier Aufhängepunkten unter den Flügeln bis max. 520 kg.
Entwicklungsstand: Der erste von vier Prototypen ist seit Dezember 1991 in der Flugerprobung, der letzte seit Mai 1996. Ein Vorserienmodell folgt im Frühjahr 1988. Sofern bald eine Bestellung der südkoreanischen Luftwaffe eintrifft, dürften die Ablieferungen im Jahr 2000 beginnen.
Bemerkungen: Obwohl der Erstflug schon einige Jahre zurückliegt, wird der Produktionsentscheid offenbar erst in Kürze erwartet, nachdem sich die Beschaffung des Konkurrenzmusters Pilatus PC-9 für die koreanische Luftwaffe zerschlug. Die KTX-1 entwuchs aus dem einheimischen KORINT-Programm für einen leichten Trainer, welches 1988 gestartet wurde. Der vierte Prototyp erhielt aufgrund der bisher gemachten Erfahrungen an Rumpf und Flügeln einige strukturelle und aerodynamische Modifikationen, um die Stabilität und Manövrierbarkeit zu verbessern.
Hersteller: Daewoo Heavy Industries Co. Ltd., Inchon, Werk Changwon, Republik Süd Korea.

Abmessungen: Spannweite 10,40 m, Länge 10,30 m, Flügelfläche 15,50 m².

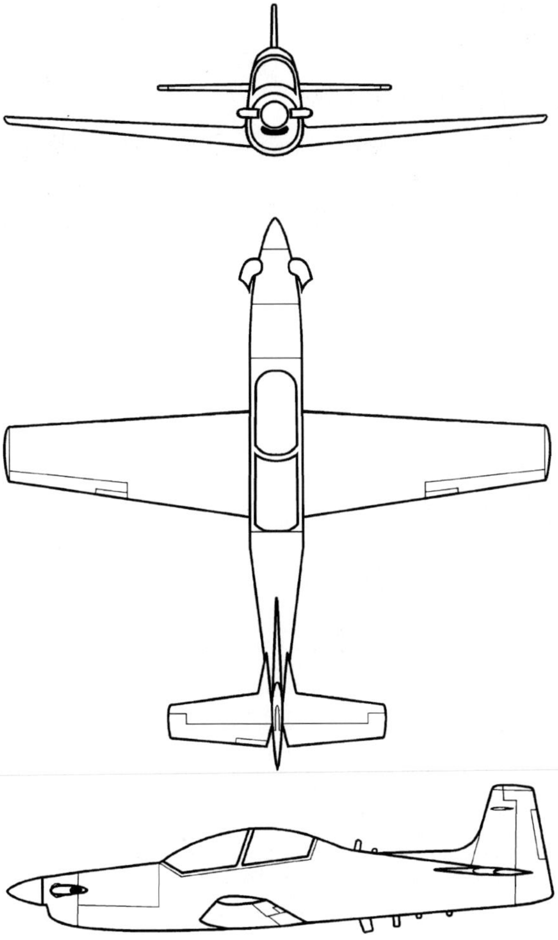

DASSAULT FALCON 900EX

Ursprungsland: Frankreich.
Kategorie: Firmenflugzeug.
Triebwerke: Drei Mantelstromtriebwerke AlliedSignal TFE731-60 von je 2270 kp (22,13 kN) Standschub.
Leistungen: Höchstgeschwindigkeit bei 12250 kg 924 km/h auf 10975 m (Mach 0,87); max. Reisegeschwindigkeit 893 km/h auf 11890 m (Mach 0,84); Langstrecken-Reisegeschwindigkeit 797 km/h auf 11275 m (Mach 0,75); Dienstgipfelhöhe 15550 m; Reichweite mit acht Passagieren 8300 km.
Gewichte: Rüstgewicht 10615 kg; max. Startgewicht 22000 kg.
Zuladung: Zwei Piloten und je nach Innenausstattung 8 bis 15 Passagiere. Maximale Passagierkapazität 19 Personen in Dreierreihen; max. Nutzlast 2185 kg.
Entwicklungsstand: Erstflug des ersten Prototypen des Falcon 900 am 21. September 1984, gefolgt vom ersten Serienflugzeug im März 1986. Die Ablieferungen begannen am 19. Dezember 1986. Die Version 900EX flog erstmals am 1. Juni 1995 und gelangte ab Mitte 1996 (bei Sony Corp.) in Einsatz. Bisher sind über 170 Falcons 900 beider Versionen in Auftrag gegeben worden.
Bemerkungen: Die Falcon 900 ist das grösste Modell in der Mystère-Falcon-Familie von Geschäftsreiseflugzeugen und wird u.a. von mehreren Nationen für Regierungsaufträge eingesetzt, so z.B. Australien, Belgien, Frankreich, Malaysia, Nigeria und Spanien. Zwei Exemplare für Seeüberwachungsaufgaben setzt die Japanese Maritime Safety Agency ein. Mit der neuen Version EX bietet Dassault ein Modell mit nochmals erweiterter Reichweitenleistung an. Um das durch die grössere Treibstoffzuladung erhöhte Abfluggewicht aufzufangen, sind etwas stärkere Triebwerke eingebaut. Zudem gelangt ein neuer Avionik-Kit Honeywell Primus 2000 zur Anwendung. Dieser kann als Option mit einem Head-up-Display ergänzt werden.
Hersteller: Avions Marcel Daussault-Breguet Aviation, Vaucresson, Frankreich.

Abmessungen: Spannweite 19,33 m, Länge 22,21 m, Höhe 7,55 m, Flügelfläche 49,03 m^2.

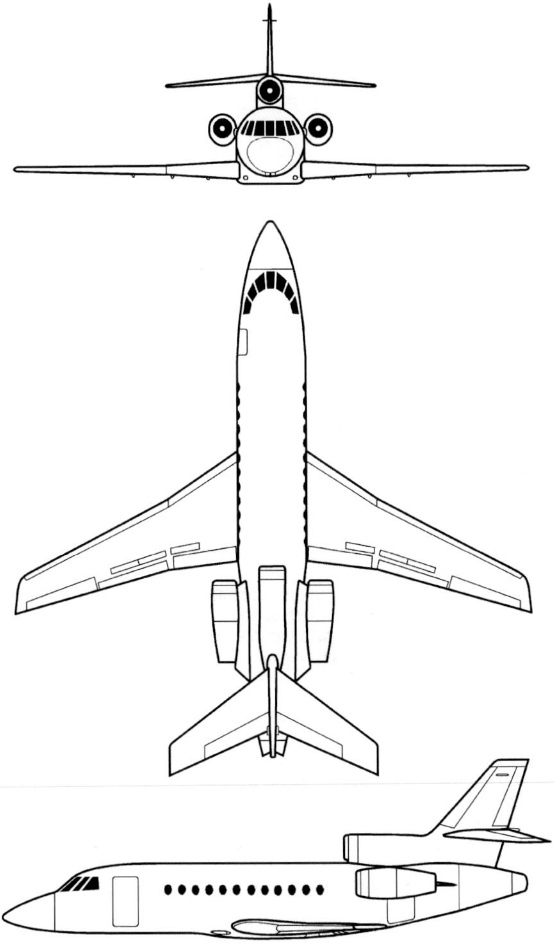

DASSAULT FALCON 2000

Ursprungsland: Frankreich.
Kategorie: Firmenflugzeug.
Triebwerke: Zwei Mantelstromtriebwerke General Electric/Garrett CFE 738 von je 2721 kp (26,7 kN) Standschub.
Leistungen: Max. Reisegeschwindigkeit auf 11890 m 903 km/h (Mach 0,85); Anfangssteiggeschwindigkeit 17,4 m/Sek; Dienstgipfelhöhe 14300 m; Reichweite mit acht Passagieren, max. Treibstoffzuladung und NBAA-Reserven 5550 km, mit max. Nutzlast rund 1850 km.
Gewichte: Rüstgewicht 9435 kg; max. Startgewicht 16239 kg.
Zuladung: Zwei Piloten im Cockpit und je nach Innenausstattung acht bis zwölf Passagiere in der Kabine, bei enger Bestuhlung sogar 19 Passagiere.
Entwicklungsstand: Erstflug des Erprobungsmusters am 4. März 1993. Zulassung und Beginn der Ablieferungen an Kunden im Februar 1995. Bisher sind über 50 Bestellungen/Optionen eingegangen. Monatlich sollen zwei Maschinen hergestellt werden.
Bemerkungen: Die Falcon 2000 verfügt über den gleichen komfortablen Rumpfquerschnitt mit durchgehender Stehhöhe wie die Falcon 900/900B (siehe Seiten 108/109), ist aber um 1,98 m kürzer. Dank nur zwei Triebwerken kann sie deutlich wirtschaftlicher betrieben werden. Das Cockpit ist mit vier CRT EFIS-Displays des Typs Collins Pro Line 4 ausgerüstet. Als Option ist ein Head-up Display (HUD) erhältlich. Neu werden alle Falcon 2000 mit Schubumkehr ausgerüstet. Der Flügel ist mit wenigen Modifikationen von der Falcon 20/200 übernommen. Entgegen der ursprünglichen Absicht, soll die Falcon 2000 nicht die Familie der Falcon 10/100 bzw. 20/200 ersetzen, sondern vielmehr die Angebotslücke zwischen diesen und der dreistrahligen Falcon 50/900 schliessen.
Hersteller: Avions Marcel Dassault-Breguet Aviation, Vaucresson, Frankreich.

Abmessungen: Spannweite 19,33 m, Länge 20,23 m, Höhe 7,10 m, Flügelfläche 49,02 m².

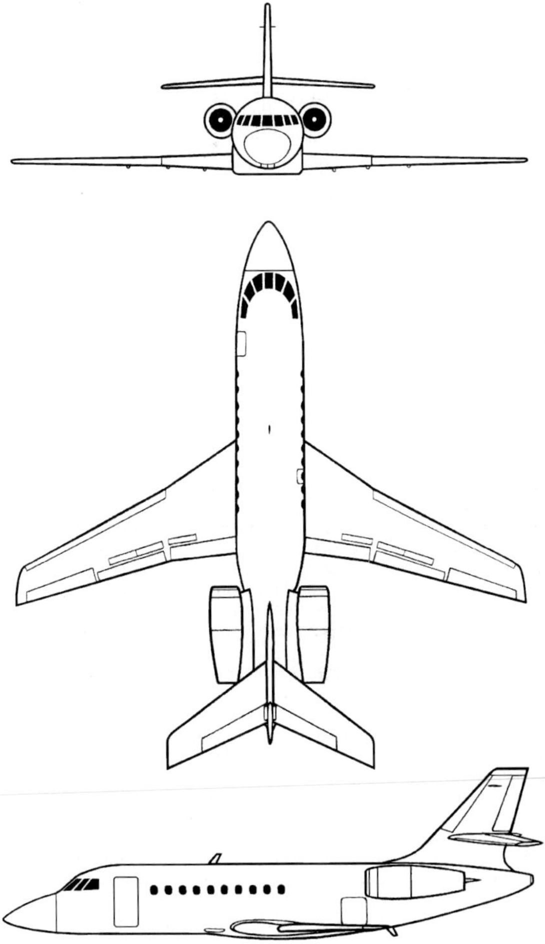

DASSAULT MIRAGE 2000-5

Ursprungsland: Frankreich.
Kategorie: Ein- oder zweisitziges Mehrzweckkampfflugzeug.
Triebwerke: Ein Mantelstromtriebwerk SNECMA M53-P2 von 6558 kp (64,3 kN) Standschub ohne und 9700 kp (95,1 kN) mit Nachbrenner.
Leistungen: Kurzzeitig erreichbare Spitzengeschwindigkeit 2390 km/h oder Mach 2,25 auf über 11000 m; Höchstgeschwindigkeit über längere Zeit 2230 km/h oder Mach 2,1 bzw. 1118 km/h oder Mach 0,912 im Tiefflug; max. Anfangssteiggeschwindigkeit 305 m/Sek; Steigzeit auf 15000 m und Beschleunigung auf Mach 2,0 4 Min; Reichweite mit max. interner und externer Treibstoffzuladung 3355 km; taktischer Einsatzradius mit zwei abwerfbaren 1700-l-Zusatztanks, 1000 kg Waffen 1500 km.
Gewichte: Leergewicht 7500 kg; Startgewicht ohne Aussenlasten 9500 kg; max. Startgewicht 17000 kg.
Bewaffnung: Als Abfangjäger typischerweise zwei 30-mm-DEFA-Kanonen, zwei Kurzstrecken-Luft-Luft-Lenkwaffen Magic und vier mit einem Aktivradar ausgerüstete Mittelstrecken-Luft-Luft-Lenkwaffen Mica. Als Erdkämpfer Waffenlasten bis zu 6500 kg, verteilt auf fünf Rumpf- und vier Flügelstationen.
Entwicklungsstand: Der erste zweisitzige Prototyp der Mirage 2000-5-Version flog erstmals am 24. Oktober 1990. Taiwan hat 60 Einheiten (Ablieferung ab Mitte 1996), Quatar 12 bestellt. Frankreich wird 37 heutige Mirage 2000 in diese Version umbauen. Von allen Mirage 2000-Varianten sind bisher etwa 610 Einheiten bestellt worden.
Bemerkungen: Die Mirage 2000-5 ist eine verbesserte Mehrzweckvariante mit neuem Multifunktionsradar RPY und modernisiertem Cockpit. Dank dieser Ausrüstung können im Luftkampf gleichzeitig acht Ziele kontinuierlich verfolgt werden. Weiter verfügt diese Ausführung über hochentwickelte EloKa-Geräte, die sowohl gegnerische Radare wie auch den Start von Abwehrraketen erkennen und bekämpfen können. Schliesslich wurde die Struktur verstärkt.
Hersteller: Avions Marcel Dassault-Breguet Aviation, Vaucresson, Frankreich.

Abmessungen: Spannweite 9,13 m, Länge 14,36 m, Höhe 5,02 m, Flügelfläche 41,00 m².

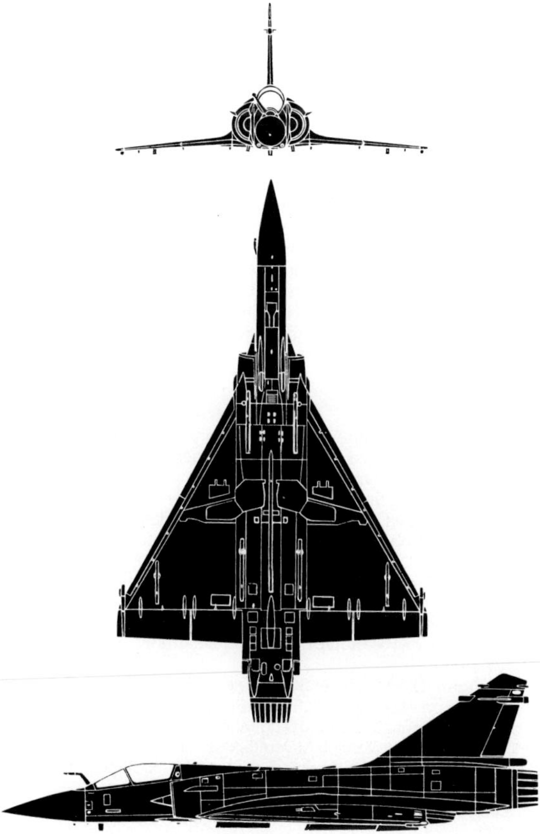

DASSAULT RAFALE B/M

Ursprungsland: Frankreich.
Kategorie: Zweisitziges Mehrzweckkampflugzeug/Einsatztrainer (B bzw. F2), einsitziger, bordgestützter Abfangjäger und Mehrzweckkampfflugzeug (M bzw. F1).
Triebwerke: Zwei Mantelstromtriebwerke SNECMA M88-2 von je 4966 kp (48,7 kN) Standschub ohne und 7438 kp (72,9 kN) mit Nachbrenner.
Leistungen (geschätzt): Höchstgeschwindigkeit 2124 km/h über 10975 m (Mach 2,0), 1390 km/h im Tiefflug (Mach 1,15); taktischer Einsatzradius in Abfangmission mit acht Mica Luft-Luft-Lenkwaffen, einem Zusatztank von 1700 l unter dem Rumpf und je einem von 1300 l unter den Flügeln 1853 km, bei einem Einsatzprofil hoch-tief-tief-hoch mit 12 250-kg-Bomben, vier Mica-Lenkwaffen und Zusatztanks von insgesamt 4300 l 1093 km.
Gewichte: Rüstgewicht (B) 8600, (M) 9800 kg; max. Startgewicht 19500 bis 21500 kg.
Bewaffnung: Eine 30-mm-GIAT-DEFA-Kanone und eine Waffenlast von 6000 kg, max. 8000 kg, verteilt auf 13 Aufhängepunkte unter Rumpf und Flügeln sowie an den Flügelenden.
Entwicklungsstand: Erstflug des ersten von vier Prototypen (Rafale C) am 19. Mai 1991, des zweiten als Marineversion Rafale M (siehe Silhouette) am 12. Dezember 1991. Der Doppelsitzer-Prototyp Rafale B folgte im Frühjahr 1993. Der vierte Prototyp Rafale M 02 schliesslich fliegt seit 8. November 1993. Nach heutiger Planung erhalten die französische Luftwaffe 235 Rafale B (neu als F2 bezeichnet), die französische Marine nur noch 60 Rafale M (neu als F1 bezeichnet), und zwar erst ab 2000. Abgesehen von den Prototypen sind vorläufig aber erst acht Rafales bestellt worden.
Bemerkungen: Die Marineversion Rafale M ist mit den Landversionen Rafale B (Doppelsitzer) und C (Einsitzer) strukturell zu 95 % identisch. Um den harten Einsatz ab Flugzeugträgern auszuhalten, wurden aber einzelne Elemente der Version M verstärkt, so dass das Leergewicht um rund 750 kg höher liegt. Völlig neu und wesentlich kräftiger ausgelegt ist das Fahrwerk für Katapultkräfte von bis zu 120 t!
Hersteller: Avions Marcel Dassault-Breguet Aviation, Vaucresson, Frankreich.

Abmessungen: Spannweite inkl. Lenkwaffen an den Flügelspitzen 10,90 m, Länge 15,30 m, Höhe 5,18 m, Flügelfläche 45,00 m².

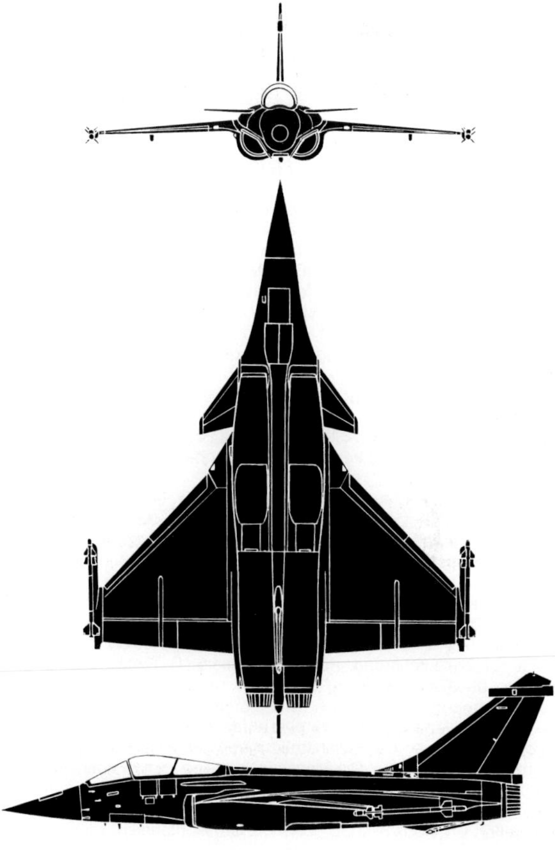

EH INDUSTRIES EH 101

Ursprungsland: Grossbritannien und Italien.
Kategorie: U-Boot-Jäger sowie ziviler und militärischer Transporthubschrauber.
Triebwerke: Drei Gasturbinen (RN) Rolls-Royce-Turboméca RTM 322 von je 2312 WPS (1566 kW) oder (italienische Marine) General Electric T700-GE-T6A von je 1714 WPS (1278 kW) oder CT7-6A1 von je 2000 WPS (1491 kW) Leistung.
Leistungen (CT7-6): Max. Fluggeschwindigkeit 308 km/h; typische Reisegeschwindigkeit 272 km/h; Schwebehöhe mit Bodeneffekt 2745 m, ohne Bodeneffekt 1675 m; max. Flughöhe 4600 m; Reichweite mit 30 Passagieren 926 km; Überführungsreichweite mit Zusatztanks 1760 km.
Gewichte: Rüstgewichte ASW-Ausführung 9275 kg, Militärversion 9000 kg, Zivilausführung 8993 kg; max. Startgewicht ASW-Ausführung 13530 kg, übrige 14288 kg.
Zuladung: Zwei Piloten und 30 Passagiere; max. Nutzlast 6700 kg.
Bewaffnung: Zwei Leichtgewichttorpedos Stingray und die Möglichkeit, Antischiffslenkwaffen der Exocet-Harpoon-Klasse mitzuführen.
Entwicklungsstand: Die erste von neun Entwicklungs- und Versuchsmaschinen flog erstmals am 9. Oktober 1987. Das erste Serienmuster wurde am 6. März 1996 fertiggestellt. Grossbritannien hat bisher 60 (44 ASW für RN, 22 Mehrzweckversion für RAF), Italien 16 für die Marine (+ 8 Optionen; 8 ASW, 4 AEW und 4 Mehrzweckversion) bestellt. Erstkunde für Zivilausführung: Polizei von Tokyo (1). Erste Auslieferungen sind für 1998/99 vorgesehen.
Bemerkungen: Obwohl noch nicht einmal im Einsatz, stellt die Royal Navy bereits Ueberlegungen für eine aufdatierte ASW-Version an. Nebst Verbesserungen an der Zellenstruktur soll die Missions- und Abwehrfähigkeit erhöht werden. Die Mehrzweckversion verfügt über eine Laderampe am Heck. Eine dank kleiner Tragflächen wesentlich schnellere Variante wird derzeit geprüft.
Hersteller: EH Industries Ltd., London, Grossbritannien.

Abmessungen: Rotordurchmesser 18,59 m, Rumpflänge 19,51 m, Höhe inkl. Rotorkopf 5,21 m.

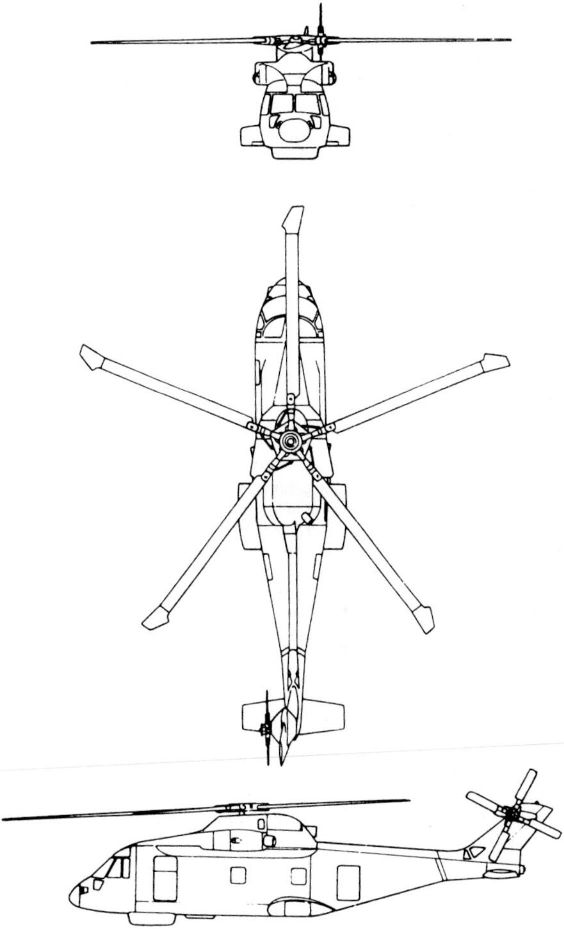

EMBRAER EMB-120ER BRASILIA

Ursprungsland: Brasilien.
Kategorie: Regionalverkehrs- und Firmenflugzeug.
Triebwerke: Zwei Propellerturbinen Pratt & Whitney Canada PW118A von je 1800 WPS (1342,9 kW) Leistung.
Leistungen: Höchstgeschwindigkeit 608 km/h auf 6100 m; max. Reisegeschwindigkeit 574 km/h auf 7620 m; Langstrecken-Reisegeschwindigkeit 483 km/h auf 7620 m; Anfangssteiggeschwindigkeit 10,77 m/Sek; Dienstgipfelhöhe 9755 m; max. Reichweite mit 30 Passagieren 1460 km.
Gewichte: Leergewicht 7070 kg; max. Startgewicht 11990 kg.
Zuladung: Zwei Piloten und Innenausstattungen für 24, 26 oder 30 Passagiere in Dreierreihen mit versetztem Mittelgang. Kombinierte Passagier-/Frachtversion für 19 Passagiere und 1100 kg Fracht. Als Frachter 4000 kg.
Entwicklungsstand: Drei Prototypen, die am 27. Juli 1983, am 21. Dezember 1983 und am 9. Mai 1984 erstmals flogen. Beginn der Ablieferungen im August 1985. Das erste Firmenflugzeug wurde an UTC im September 1986 geliefert. Ende 1996 waren von 30 verschiedenen Bestellern rund 340 Maschinen in Auftrag gegeben. Die 300. Brasilia wurde im Oktober 1995 geliefert.
Bemerkungen: Die oben beschriebene Ausführung für grössere Reichweiten EMB-120ER wird seit 1991 angeboten und ist ebenfalls als Nachrüstsatz für ältere Maschinen erhältlich. 1994 wurde die erste Kombiversion EMB-120QC (Quick Change) ausgeliefert. Diese kann innert kürzester Zeit vom Passagier- zum Frachtflugzeug umgerüstet werden. Auch eine reine Frachtversion EMB-120 Cargo ist erhältlich. Die Bezeichnung EMB-120ERX steht für die neueste Ausführung, die eine Fülle von Detailverbesserungen aufweist, u.a. bezüglich Passagierkomfort, Wirtschaftlichkeit und Wartung sowie Aerodynamik.
Hersteller: EMBRAER (Emprêsa Brasileira de Aeronautica SA), Sao José dos Campos, Brasilien.

Abmessungen: Spannweite 19,78 m, Länge 20,00 m, Höhe 6,35 m, Flügelfläche 39,43 m^2.

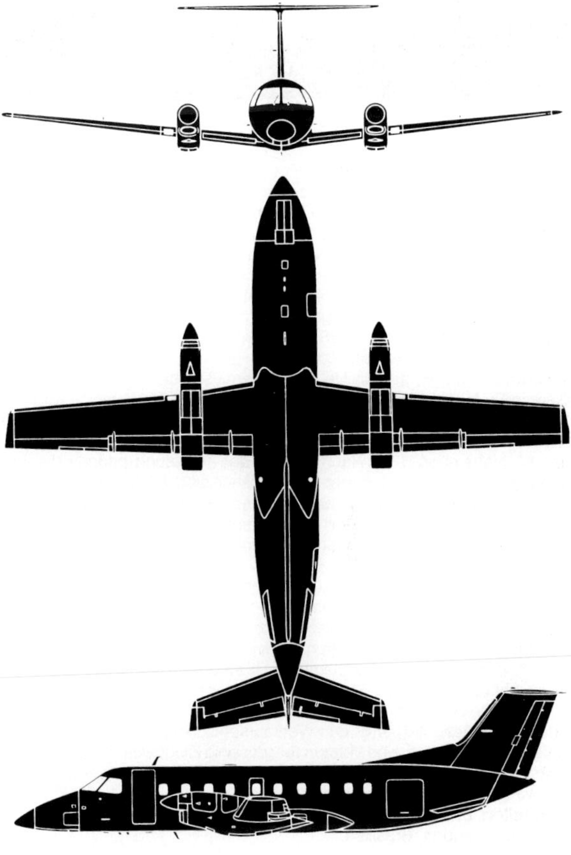

EMBRAER EMB-145 AMAZON

Ursprungsland: Brasilien.
Kategorie: Regionalverkehrsflugzeug.
Triebwerke: Zwei Mantelstromtriebwerke Allison GMA 3007A von 3391 kp (33,00 kN) Standschub.
Leistungen: Max. Reisegeschwindigkeit 811 km/h auf 10668 m; Dienstgipfelhöhe 11270 m; Zeit um 9100 m zu erreichen 16 Min; Reichweite mit max. Treibstoffzuladung 2648 km, mit max. Passagierzuladung 1612 km; Version -ER mit 50 Passagieren bis zu 2220 km.
Gewichte: Leergewicht 11585 kg; max. Startgewicht 19300 kg, (-ER 20600 kg).
Zuladung: Zwei Piloten und je nach Innenausstattung bis zu 50 Passagiere in Dreierreihen mit Mittelgang. Max. Nutzlast 5515 kg.
Entwicklungsstand: Der erste Prototyp nahm die Flugerprobung am 11. August 1995 auf, gefolgt vom ersten von drei Vorserienmaschinen am 17. November 1995. Nach Erteilen der Zulassung begann die Einsatzbereitschaft im Dezember 1996. Bisher sind 81 Bestellungen und 357 Optionen von 17 Airlines eingegangen. Grösster Einzelauftraggeber ist die Continental Express mit 25 Festbestellungen und 175 Optionen. Die monatliche Produktion von zwei Einheiten wird ab Mitte 1997 auf vier ansteigen.
Bemerkungen: Die EMB-145 ist besonders dafür ausgelegt worden, längere Streckenabschnitte, beispielsweise in dünnerbesiedelten Regionen, schneller und komfortabler bedienen zu können. Mehrere Firmen auf der ganzen Welt partizipieren an der Entwicklung. Die Rumpfgrundkonstruktion sowie andere Elemente sind von der EMB-120 übernommen, während es sich in den anderen Bereichen um eine völlige Neukonstruktion handelt. Generell wurde auf einfache, kostengünstige Auslegung geachtet, um den Verkaufspreis niedrig zu halten. Von Anfang an wird auch eine Version für grössere Reichweiten EMB-145ER (Extended Range) angeboten. Schliesslich wird für die brasilianische Luftwaffe eine AEW-Ausführung mit Ericson Eneye-Radar entwickelt.
Hersteller: EMBRAER (Emprêsa Brasileira de Aeronautica SA), Sao José dos Campos, Brasilien.

Abmessungen: Spannweite 20,04 m, Länge 29,87 m, Höhe 6,71 m, Flügelfläche 51,18 m².

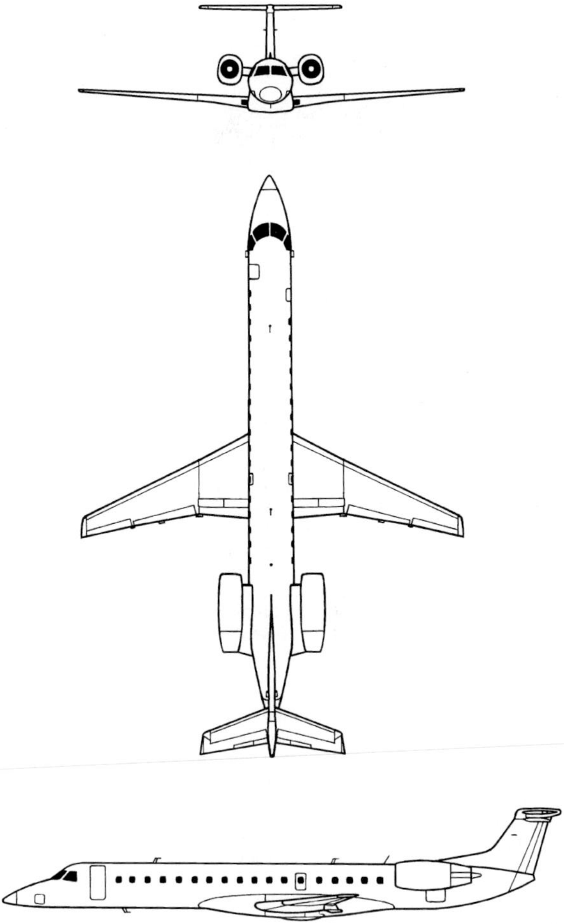

EMBRAER EMB-312 ALX

Ursprungsland: Brasilien.
Kategorie: Leichtes einsitziges (A-29) bzw. zweisitziges (AT-29) Erdkampf- und Überwachungsflugzeug.
Triebwerke: Eine Propellerturbine Pratt & Whitney Canada PT6A-68 von 1600 WPS (1190 kW) Leistung.
Leistungen (EMB-312H Super Tucano): Höchstgeschwindigkeit 563 km/h; max. Reisegeschwindigkeit 535 km/h; Anfangssteiggeschwindigkeit 22 m/Sek; Dienstgipfelhöhe 11600 m; Reichweite auf 9140 m mit 30 Min. Reserven 1500 km; max. Flugdauer 4 Std. 40 Min.
Gewichte (EMB-312 H Super Tucano): Leergewicht 2390 kg; max. Startgewicht unbewaffnet 3160 kg, mit Waffenlast 3790 kg.
Bewaffnung: Fünf Aufhängestationen unter dem Rumpf und unter den Flügeln für eine Vielzahl von verschiedenen Waffenlasten.
Entwicklungsstand: Die beiden Erprobungsträger EMB-312H Super Tucano werden in ALX-Prototypen umgebaut. Der erste nahm die Flugerprobung offenbar 1996 auf. Die brasilianische Luftwaffe plant, etwa 100 ALX (Ein- und Zweisitzer) zu beschaffen.
Bemerkungen: Die ALX wurde auf private Initiative von EMBRAER aus der im JPATS-Wettbewerb ausgeschiedenen Super Tucano (siehe Foto) entwickelt. Sie unterscheidet sich von ihr hauptsächlich durch eine missionsbezogene Ausrüstung: Angriffs- und Navigationselektronik, GPS, Head-up-Display, Multifunktionsbildschirme, punktuell verstärkte Zellenstruktur. Das Cockpit ist gepanzert und druckbelüftet. Die Besatzung kann mit Night-vision-goggles (NVG) ausgestattet werden. Der Zweisitzer AT-29 verfügt zusätzlich über ein nach vorne gerichtetes FLIR-Gerät. So ausgerüstet, soll die ALX primär zur Bekämpfung von Drogenschmugglern und Guerillas in der Amazonasregion eingesetzt werden. Dabei wird sie mit der AWACS-Version der EMB-145 (siehe Seiten 120/121) zusammenarbeiten.
Hersteller: EMBRAER (Emprêsa Brasileira de Aeronautica SA), Sao José dos Campos, Brasilien.

Abmessungen: Spannweite 11,14 m, Länge 11,42 m, Höhe 3,90 m, Flügelfläche 19,40 m^2.

EUROCOPTER TIGER/GERFAUT

Ursprungsland: Frankreich und Bundesrepublik Deutschland.
Kategorie: Zweisitziger Panzerabwehr- und Erdkampfunterstützungs-Hubschrauber.
Triebwerke: Zwei Gasturbinen MTU/Rolls-Royce/Turboméca MTR 390 von je 1285 WPS (958 kW) Leistung.
Leistungen: Höchstgeschwindigkeit 315 km/h; max. Reisegeschwindigkeit 280 km/h; normale Reisegeschwindigkeit 250 km/h; max. Schrägsteiggeschwindigkeit 10+m/Sek; Dienstgipfelhöhe 3960 m; Schwebehöhe ohne Bodeneffekt 2000+m; Flugdauer 2,85 Std.
Gewichte: Leer 3300 kg; normales Startgewicht 5800 kg; max. Überlast 6000 kg.
Bewaffnung (HAP): 30-mm-Kanone, bis zu 68 ungelenkte Raketen und vier Mistral-Luft-Luft-Lenkwaffen; (HAC): Acht Panzerabwehrlenkwaffen HOT/Trigat und zwei Luft-Luft-Lenkwaffen Mistral; (UHU): Zwei Behälter für je 22 ungelenkte 67-mm-Lenkwaffen, zwei starre 12,7-mm-Kanonen unter den Flügeln und Stinger-Luft-Luft-Lenkwaffen.
Entwicklungsstand: Fünf Prototypen wurden gebaut, wovon der erste am 27. April 1991 erstmals flog und der letzte am 21. Februar 1996 die Flugerprobung aufgenommen hat. Die französische Luftwaffe erhält nach der jüngsten Planung nur noch 120 Maschinen (50 HAC und 70 HAP), die deutsche Armee ab 2001 voraussichtlich 212 Uhu's.
Bemerkungen: Von der Tiger werden drei Versionen gebaut: HAP (Hélicoptère d'Appui Protection = Feuerunterstützung, mit Schützenoptik mittels TV-/Infrarotkamera, Laser-Entfernungsmesser) und HAC (Hélicoptère Anti-Char = Panzerabwehrhubschrauber zusätzlich mit Osiris-Sichtsystem) für die französische Armee und UHU (Unterstützungshubschrauber, Ausrüstung weitgehend baugleich mit der HAC-Version) für die deutsche Armee. Die Zelle besteht zu über 75 % aus Verbundwerkstoffen. Zur Abschirmung von elektromagnetischen Einflüssen und zum Blitzschutz sind grosse Teile des Rumpfes mit einem Kupfer-Bronze-Gitter versehen. Die Panzerabwehrversion erhält ein auf dem Rotormast montiertes Visier mit Kamera.
Hersteller: Eurocopter Hubschrauber GmbH, München, BRD .

Abmessungen: Rotordurchmesser 13,00 m, Rumpflänge 14,00 m, Höhe 3,81 m.

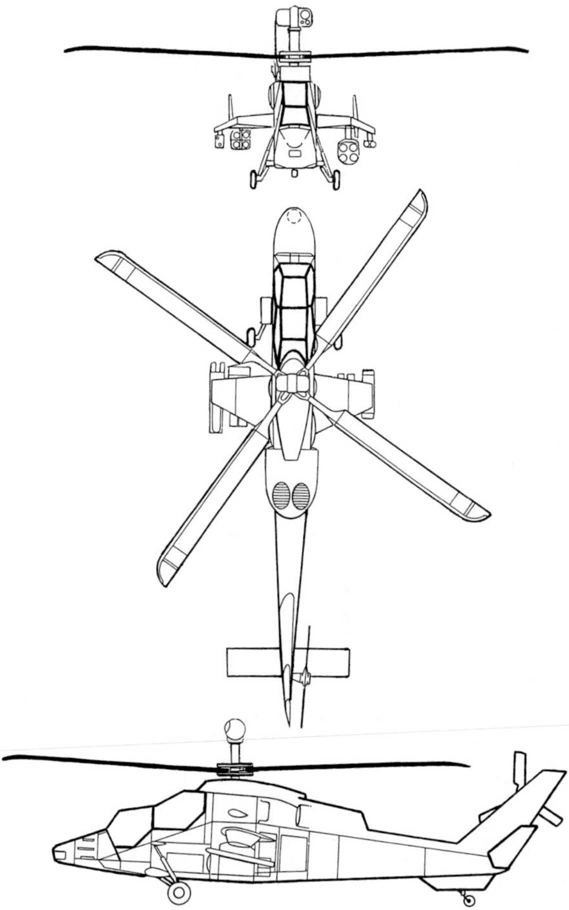

EUROCOPTER AS 332 SUPER PUMA MK.II / AS 532 COUGAR MK. II

Ursprungsland: Frankreich.
Kategorie: Mittelschwerer ziviler (AS 332) und militärischer (AS 532) Mehrzweckhubschrauber.
Triebwerke: Zwei Gasturbinen Turboméca Makila 1A2 von je 1959 WPS (1461 kW) Leistung.
Leistungen (AS 532): Höchstgeschwindigkeit 315 km/h; Reisegeschwindigkeit 276 km/h auf Meereshöhe; max. Schrägsteiggeschwindigkeit 6,5 m/Sek; Schwebehöhe mit Bodeneffekt 2500 m, ohne Bodeneffekt 1600 m; Reichweite mit Standardtreibstoffzuladung 647 km.
Gewichte: Leer 4650 kg; max. Startgewicht 9500 kg, mit Aussenlast 10000 kg.
Zuladung: Zwei Piloten und 24 Passagiere oder 29 Soldaten (AS 532). Max. Nutzlast 4140 kg.
Entwicklungsstand: Erstflug des Prototyps am 6. Februar 1987. Von allen Super Puma-Varianten sind bis heute rund 470 Maschinen in Auftrag gegeben worden, davon rund zwei Drittel durch 31 militärische bzw. paramilitärische Organisationen. Neueste Besteller: Saudi Arabien 12 (SAR-Version), Spanien 15, Türkei weitere 30, davon 19 SAR-Version (Lizenzbau). Die AS 332/532 wird in Indonesien in Lizenz gebaut.
Bemerkungen: Die AS 332 Super Puma Mk.II ist die zivile und die AS 532 Cougar Mk.II die militärische Ausführung des gleichen Ausgangsmusters. Gegenüber der Mk.I-Version unterscheidet sich die Mk.II-Variante durch etwas längere Hauptrotorblätter und einen verlängerten Heckkonus. Die gegenwärtig produzierte Zivilausführung heisst AS 332L2 und wurde im April 1992 zuerst an Bristow Helicopters geliefert. Weitere Ausführungen: AS 532MC für SAR-Aufgaben und AS 532SC für ASW-Einsätze, AS 532UC für taktische Einsätze, ausgerüstet mit 20-mm-Kanonen und Raketenwerfer sowie Transportversion AS 532U2, welche auch zur Evakuation von Verwundeten geeignet ist (sechs liegende und sechs sitzende Verletzte). Die mit einem Thomson-CSF-Radar ausgerüstete AS 532UL Horizon für Gefechtsfeldaufklärung erhält die französische Armee in vier Exemplaren ab Juni 1996.
Hersteller: Eurocopter (Aérospatiale), Werk Marignane, La Courneuve, Frankreich.

Abmessungen: Rotordurchmesser 16,20 m, Rumpflänge inkl. Heckrotor 16,79 m, Höhe inkl. Rotorkopf 4,60 m.

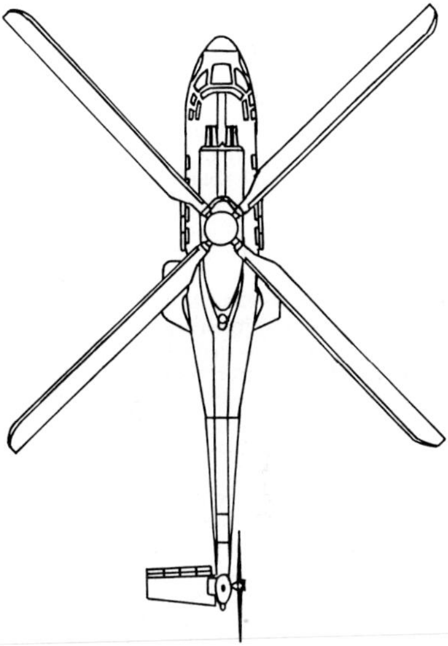

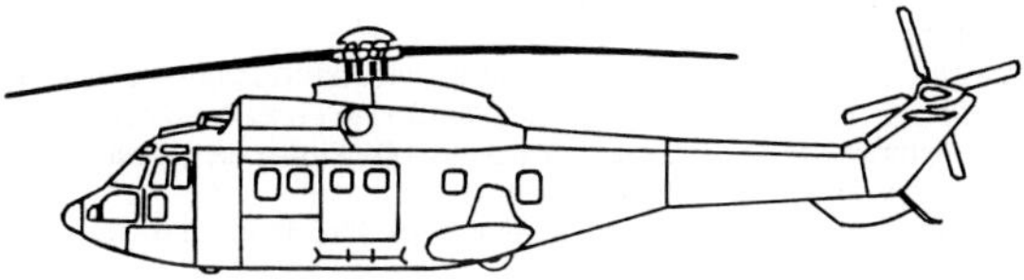

EUROCOPTER AS 350 ECUREUIL/AS 550 FENNEC

Ursprungsland: Frankreich.
Kategorie: Leichter ziviler und militärischer Mehrzweckhubschrauber.
Triebwerke: Eine Gasturbine Turboméca Arriel 1D1 von 740 WPS (540 kW) Leistung.
Leistungen (AS 550 bei 2200 kg): Höchstgeschwindigkeit 287 km/h; Reisegeschwindigkeit 249 km/h auf Meereshöhe; max. Schrägsteiggeschwindigkeit 10,1 m/Sek; Schwebehöhe mit Bodeneffekt 4050 m, ohne Bodeneffekt 3400 m; Reichweite mit normaler Treibstoffzuladung 686 km.
Gewichte: Leer 1180 kg; max. Startgewicht 2350 kg, mit Aussenlast 2500 kg.
Zuladung: Sechs Personen. Max. Nutzlast 1115 kg.
Bewaffnung (AS 550A2): 20-mm-GIAT-Kanone, zwei 7,62-mm-Maschinengewehr- bzw. 68-mm-Raketenbehälter; (AS 550C2): HeliTow-Antitank-Lenkwaffensystem Saab/Emerson.
Entwicklungsstand: Die gegenwärtig neueste Ausführung AS 350BA wird seit 1992 angeboten. Von den zahlreichen bisher entwickelten Varianten sind rund 1800 Exemplare bestellt und zum grössten Teil ausgeliefert worden. Lizenzbau in Brasilien bei Helibras als HB 350 (200+) sowie voraussichtlich in Rumänien bei IAR .
Bemerkungen: Die AS 350 Ecureuil ist die zivile, die AS 550 Fennec die militärische Variante des gleichen Grundmusters. In den USA wird unter der Bezeichnung Astar eine Ausführung mit Textron Lycoming LTS 101-600A-3-Triebwerk sowie die SuperStar mit dem Arriel 1D-Triebwerk angeboten. Von der militärischen Fennec sind erhältlich: AS 550U2 Mehrzwecktransporter; AS 550A2 Feuerunterstützungs- und Nahkampfversion; AS 550C2 Panzerbekämpfer. Bei der AS 550M2 bzw. AS 550S2 handelt es sich um eine unbewaffnete bzw. bewaffnete Marineausführung. Ab 1997 wird eine leistungsfähigere Ausführung AS350B3 mit Arriel 2-Triebwerk von 858 WPS (639 kW) Leistung erhältlich sein. Die zweimotorige AS355, von der weitere 600 Einheiten gebaut wurden, ist in der Ausgabe 1995 beschrieben.
Hersteller: Eurocopter (Aérospatiale), Werk Marignane, La Courneuve, Frankreich.

Abmessungen: Rotordurchmesser 10,69 m, Rumpflänge inkl. Heckrotor 12,94 m, Höhe inkl. Rotorkopf 3,14 m.

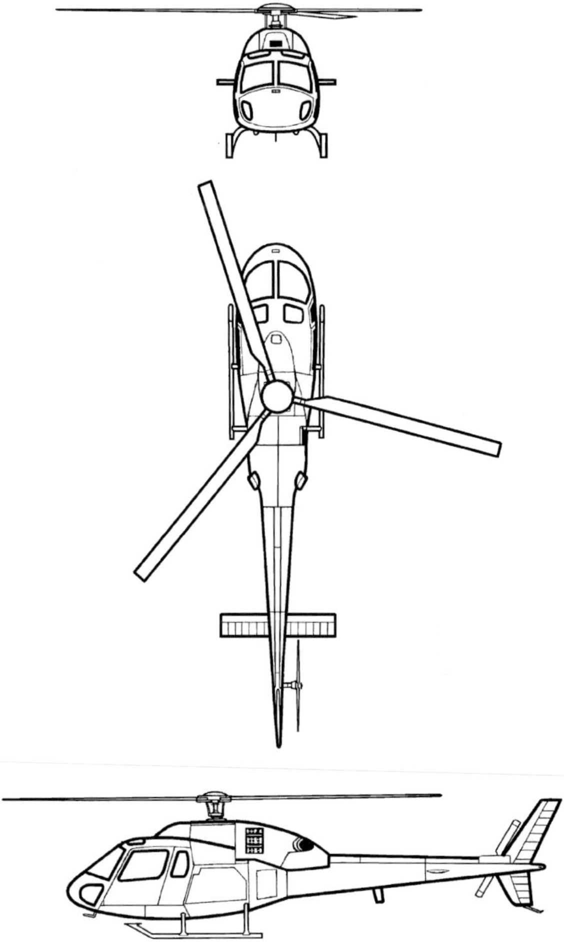

EUROCOPTER AS 365N2 DAUPHIN 2/AS 565 PANTHER

Ursprungsland: Frankreich.
Kategorie: Ziviler und militärischer Mehrzweckhubschrauber.
Triebwerke: Zwei Gasturbinen Turboméca (AS 365N2) Arriel 1C2 von je 733 WPS (547 kW) bzw. (AS 565) Arriel 1M1 von je 783 WPS (584 kW) Leistung.
Leistungen (AS 365N2): Höchstgeschwindigkeit 296 km/h; max. Durchschnittsreisegeschwindigkeit 283 km/h auf Meereshöhe; ökonom. Reisegeschwindigkeit 260 km/h; max. Schrägsteiggeschwindigkeit 7,0 m/Sek; Schwebehöhe mit Bodeneffekt 2550 m, ohne Bodeneffekt 1800 m; Reichweite 897 km auf Meereshöhe.
Gewichte (AS 365N2): Leer 2254 kg; max. Startgewicht 4250 kg.
Zuladung: Ein bis zwei Piloten und max. 13 Passagiere; max. Nutzlast 2010 kg.
Bewaffnung (AS 565AA): Zwei 20-mm-GIAT-M621-Kanonen in Behältern, Mistral-Luft-Luft-Lenkwaffen oder Behälter mit ungelenkten 68-mm bzw. 2,75-inch-Raketen.
Entwicklungsstand: Die derzeitige Produktionsversion AS 365N2 ist seit 1990 erhältlich. Bis heute sind von allen Varianten inkl. Lizenzbau rund 640 Einheiten bestellt worden. 50 Exemplare wurden als Harbin Z-9 in China hergestellt sowie weitere bei Helibras in Brasilien als MH-1. Militärische Besteller bisher: Brasilien 36 AS 565UA, Frankreich 15 AS 565F/MA, Irland 5 AS 565MA, Israel 4 AS 565MA, Saudi Arabien 4 AS 565MA, 20 AS 565SA, Vereinigte Arabische Emirate 7 AS 565SA.
Bemerkungen: Die derzeitige Produktionsversion ist die AS 365N2 (siehe Silhouette) mit stärkeren Triebwerken, höherem Abfluggewicht und neugestalteten Türen. Auch von diesem Muster ist eine Mehrzahl von militärischen Ausführungen erhältlich. In naher Zukunft soll die Variante SA 365N3 verfügbar sein, ausgerüstet mit Arriel 2-Triebwerken, einem fünfblättrigen Spheriflex-Rotor sowie EFIS-Systemen.
Hersteller: Eurocopter (Aérospatiale), Werk Marignane, La Courneuve, Frankreich.

Abmessungen: Rotordurchmesser 11,94 m, Rumpflänge inkl. Heckrotor 11,63 m, Höhe inkl. Rotorkopf 3,52m, inkl. Seitenleitwerk 3,98 m.

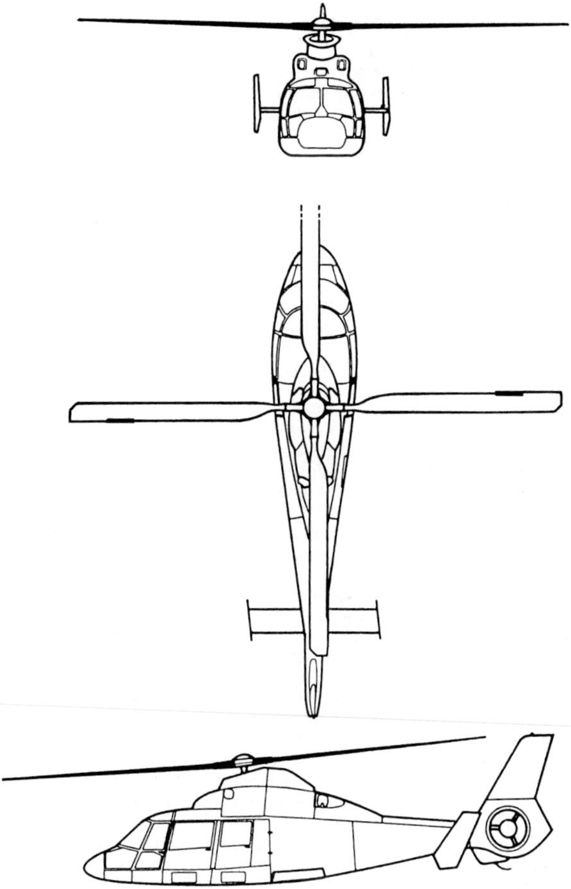

EUROCOPTER EC 120

Ursprungsland: Frankreich, Volksrepublik China und Singapur.
Kategorie: Leichter ziviler Mehrzweckhubschrauber.
Triebwerke: Eine Gasturbine Turboméca Arrius 1F von 503 WPS (375 kW) Leistung.
Leistungen (geschätzt): Höchstgeschwindigkeit 250 km/h; max. Reisegeschwindigkeit 240 km/h; Dienstgipfelhöhe 6100 m; Schwebehöhe mit Bodeneffekt 1220 m, ohne Bodeneffekt 1040 m; Reichweite 700 km.
Gewichte: Max. Startgewicht 1550 kg.
Zuladung: Pilot und vier Passagiere. Max. Nutzlast 700 kg.
Entwicklungsstand: Für die Erprobung sind drei Prototypen vorgesehen, deren erster am 9. Juni 1995 in die Luft ging. Der zweite folgte am 17. Juli 1996. Die Zulassung wird für Anfang 1997 erwartet. Der aktuelle Bestellungsstand ist nicht bekannt.
Bemerkungen: An der Gemeinschaftsentwicklung EC 120 nehmen teil: Eurocopter als technischer Leiter mit 61 % Anteil (Konzeption, Elektronik, dynamische Komponenten, Endmontage und Zertifizierung), CATIC/HAMC 24 % (ganze Rumpfstruktur) und Singapore Technologies 15 % (Rotorheck, Verbundwerkstoffstruktur, Kabinentüren). Die Zelle dieses nach neuesten Erkenntnissen konstruierten Hubschraubers besteht weitgehend aus Verbundwerkstoffen. Dank des Spheriflex-Hauptrotors und des neu entwickelten ummantelten Fenestron-Heckrotors werden ausgezeichnete Flugleistungen bei geringem Geräuschpegel erwartet. Mit der EC 120 will man das untere Ende des Hubschraubermarktes abdecken und erhofft sich dank tiefem Anschaffungspreis und sehr günstigen Betriebskosten eine grosse Abnehmerzahl.
Hersteller: Eurocopter (Aérospatiale), CATIC/HAMC (China National Aero-Technology Import an Export Corp./Harbin Aircraft Manufacturing Comp.) und Singapore Aerospace, Paris, Frankreich.

Abmessungen: Rotordurchmesser 10,20 m, Rumpflänge 11,54 m, Höhe 3,27 m.

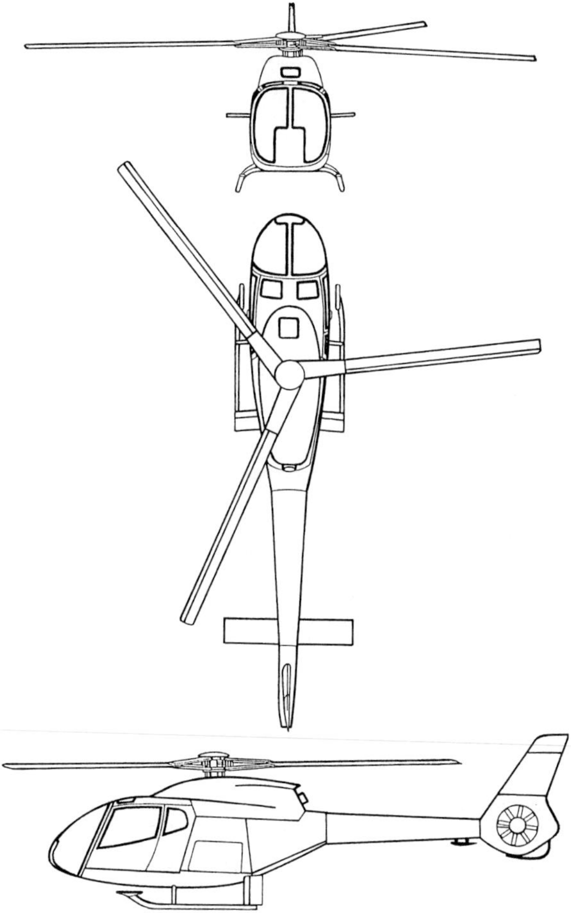

EUROCOPTER (MBB) EC 135

Ursprungsland: Bundesrepublik Deutschland.
Kategorie: Leichter Mehrzweckhubschrauber.
Triebwerke: Zwei Gasturbinen Turboméca TM 319-1B1 Arrius von je 510 WPS (380 kW) oder Pratt & Whitney Canada PW206B von je 506 WPS (377 kW) Leistung.
Leistungen: Höchstgeschwindigkeit 287 km/h; max. Reisegeschwindigkeit 270 km/h auf 1500 m; ökonom. Reisegeschwindigkeit 240 km/h; max. Schrägsteiggeschwindigkeit 9,23 m/Sek; Dienstgipfelhöhe 6096 m; Schwebehöhe mit Bodeneffekt 4750, ohne 4100 m; max. Reichweite 855 km.
Gewichte: Leer 1300 kg; max. Startgewicht mit Aussenlast 2700 kg.
Zuladung: Sechs bis sieben Personen; max. Nutzlast 1250 kg.
Entwicklungsstand: Der erste eigentliche Prototyp EC 135 fliegt seit 15. Februar 1994, gefolgt vom zweiten, mit PW206B-Triebwerken ausgerüstet, am 16. April 1994. Ablieferung des ersten Serienmusters an die Deutsche Rettungsflugwacht am 31. Juli 1996. In diesem Jahr wurden 10, 1997 sollen 20 EC 125 hergestellt werden. Bisher sind rund 40 Bestellungen bekanntgegeben worden, u.a. von der deutschen ADAC als Rettungshubschrauber und der Bayerischen Polizei (9).
Bemerkungen: Die EC 135 ist eine direkte Weiterentwicklung und zugleich die Serienausführung des Erprobungsträgers für neueste Technologien Bo 108 (siehe Ausgabe 1992/93). Sie weist folgende wesentliche Neuentwicklungen auf: Haupt- und Heckrotor aus Faserverbundwerkstoffen ohne jegliche Gelenke; Übertragungswelle mit speziellen Vibrationsdämpfern, Zellenstruktur aus Kunststoff, Fenestron-Heckrotor usw. Der Rotorkopf besitzt keine Blattlager mehr. Die Verstellung der einzelnen Rotorblätter geschieht durch elastische Verformung der Kunststoff-Blattwurzel. Rotornabe und Rotormast sind in einem einzigen Stück geschmiedet. Gegenüber der Vorgängerin Bo 105LS verfügt die EC 135 über um 15 % höhere Nutzlast, 45 % mehr Reichweite, geringeres Lärmniveau (80,2 dB(A) Aussenlärmemission) und um 23 % reduzierte Betriebskosten. Derzeit wird an der Entwicklung einer Version EC 635 für militärische Einsätze gearbeitet.
Hersteller: Eurocopter Hubschrauber, MBB Division, München, BRD.

Abmessungen: Rotordurchmesser 10,20 m, Rumpflänge 10,02 m, Höhe inkl. Rotorkopf 3,23 m, Höhe über alles 3,90 m.

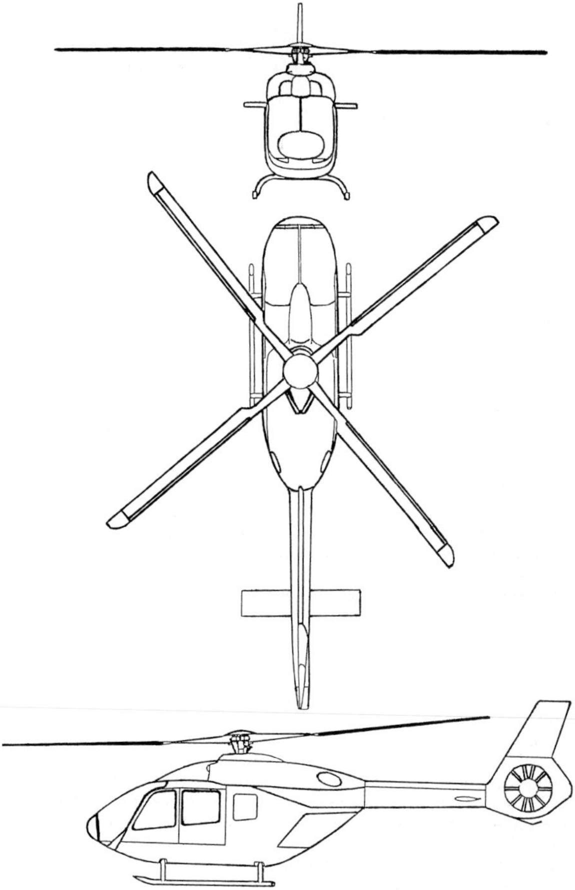

EUROCOPTER (MBB/KAWASAKI) BK 117

Ursprungsland: Bundesrepublik Deutschland und Japan.
Kategorie: Mehrzweckhubschrauber.
Triebwerke: Zwei Gasturbinen Textron Lycoming LTS101-750B-1 von je 592 WPS (441,5 kW) oder Turboméca Arriel 1-E von je 660 WPS (492 kW) Leistung.
Leistungen (bei einem Fluggewicht von 3350 kg mit LTS101-750B-1): Höchstgeschwindigkeit 278 km/h auf Meereshöhe; max. Reisegeschwindigkeit 248 km/h; max. Schrägsteiggeschwindigkeit 9,7 m/Sek; Schwebehöhe mit Bodeneffekt 2925 m, ohne Bodeneffekt 2285 m; Reichweite mit normaler Treibstoffzuladung 570 km; Überführungsreichweite mit 200-l-Zusatztank 740 km.
Gewichte: Leer 1727 kg; max. Startgewicht 3350 kg.
Zuladung: Acht bis zwölf Personen; max. Nutzlast 1510 kg.
Entwicklungsstand: Erstflug des Ausgangsmusters am 13. Juni 1979. Beginn der Auslieferungen der Serienversion BK 117 A-1 Anfang 1981. Bis heute sind über 300 BK 117 weltweit im Einsatz.
Bemerkungen: Die BK 117 entstand in gemeinsamer Entwicklungsarbeit zwischen MBB (BRD) und Kawasaki (Japan) und wird zusammen so produziert, dass jeder Partner die Bauteile, die er entwickelt hat, auch serienmässig herstellt. Neben den Endmontagen in der BRD und in Japan findet ein Zusammenbau auch bei MBB Helicopter Canada in Fort Erie (Kanada) und, unter Lizenzvertrag, bei IPTN in Indonesien (als NBK 117) statt. Seit Ende 1994 ist die BK 117 B-2 erhältlich, welche über verbesserte Lycoming LTS101-750B-1-Triebwerke, ein überarbeitetes Kühlsystem und über einen neuen Heckrotor verfügt. Ein Erprobungsträger mit im Rotorkopf kreuzförmig integrierter Radarantenne (vorläufig nur als Attrappe, siehe Foto) soll auch bei schlechtestem Wetter die Einsatzfähigkeit ermöglichen.
Hersteller: Eurocopter Hubschrauber, MBB Division, München, BRD, sowie Kawasaki Heavy Industries Ltd, Gifu, Japan.

Abmessungen: Rotordurchmesser 11,00 m, Rumpflänge 9,91 m, Höhe inkl. Rotorkopf 3,36 m.

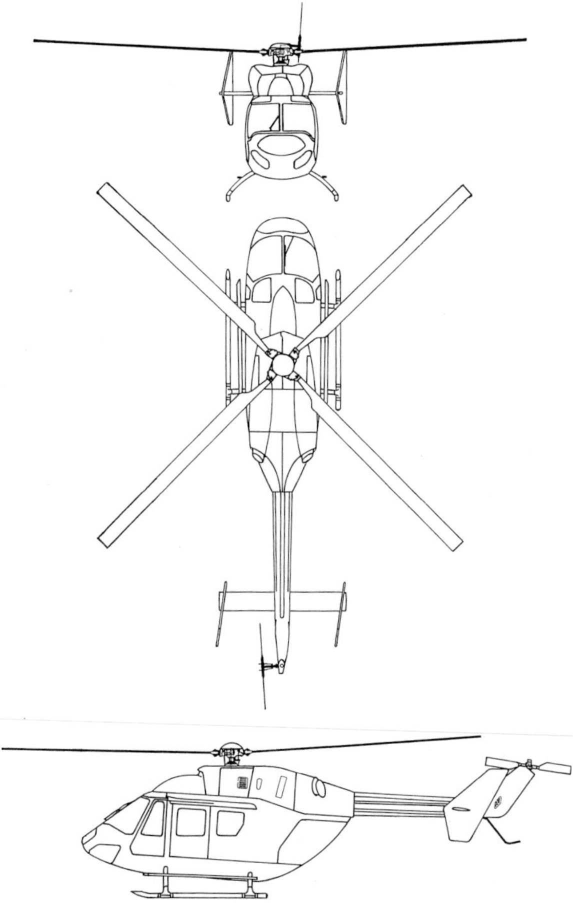

EUROFIGHTER EFA

Ursprungsland: Grossbritannien, BRD, Italien und Spanien.
Kategorie: Einsitziger Abfang- und Luftüberlegenheitsjäger.
Triebwerke: Zwei Mantelstromtriebwerke Eurojet EJ200 von je rund 6100 kp (60 kN) Standschub ohne und 9185 kp (90 kN) mit Nachbrenner.
Leistungen (geschätzt): Höchstgeschwindigkeit über 10975 m 1915 – 2020 km/h oder Mach 1,8 bis 1,9; Aktionsradius mit je zwei Luft-Luft-Lenkwaffen AIM-120 und AIM-132 inkl. Aussentanks 1390+ km; Überführungsreichweite mit zwei Aussentanks 3700 km.
Gewichte (geschätzt): Leer 9750 kg; normales Startgewicht 15300 kg; max. Startgewicht 21000 kg.
Bewaffnung: Eine 27-mm-Mauser-Kanone im Rumpf und eine Zusammensetzung von sechs Kurzstrecken-Luft-Luft-Lenkwaffen AIM-132 und vier Mittelstrecken-Luft-Luft-Lenkwaffen AIM-120. Max. Waffenlast 6500 kg.
Entwicklungsstand: Der erste (deutsche) Prototyp nahm am 27. März 1994, der zweite (britische) am 6. April 1994 die Flugerprobung auf. Das dritte (italienische) Versuchsmuster flog erstmals am 4. Juni 1995. Sie ist die erste Maschine, die mit dem neuen EJ2000-Mantelstromtriebwerk ausgerüstet ist. Bis Ende 1996 befanden sich alle sieben Prototypen in der Erprobung. Die ersten Serienflugzeuge stehen nach neuester Planung im Jahr 2000 zur Verfügung. Folgende Beschaffungszahlen sind zurzeit vorgesehen: Grossbritannien 232, Bundesrepublik Deutschland 180, Italien 120, Spanien 76.
Bemerkungen: Die EFA (European Fighter Aircraft) wird als Ein- wie als Doppelsitzer durch ein Konsortium, bestehend aus Grossbritannien (British Aerospace 33 %), Deutschland (DASA 33 %), Italien (Alenia 21 %) und Spanien (CASA 13 %), entwickelt. Die ersten zwei Prototypen wurden noch mit Turbo Union RB199-122-Triebwerken ausgestattet. Die Prototypen zwei und sieben sind Doppelsitzer (Hersteller DASA und CASA). Die Muster fünf und sechs (Hersteller DASA und BAe) wurden als die eigentlichen Avionik-Erprobungsträger eingesetzt.
Hersteller: EFA, München, Bundesrepublik Deutschland.

Abmessungen: Spannweite 10,95 m, Länge 15,96 m, Höhe ca. 4,00 m, Flügelfläche 50,00 m².

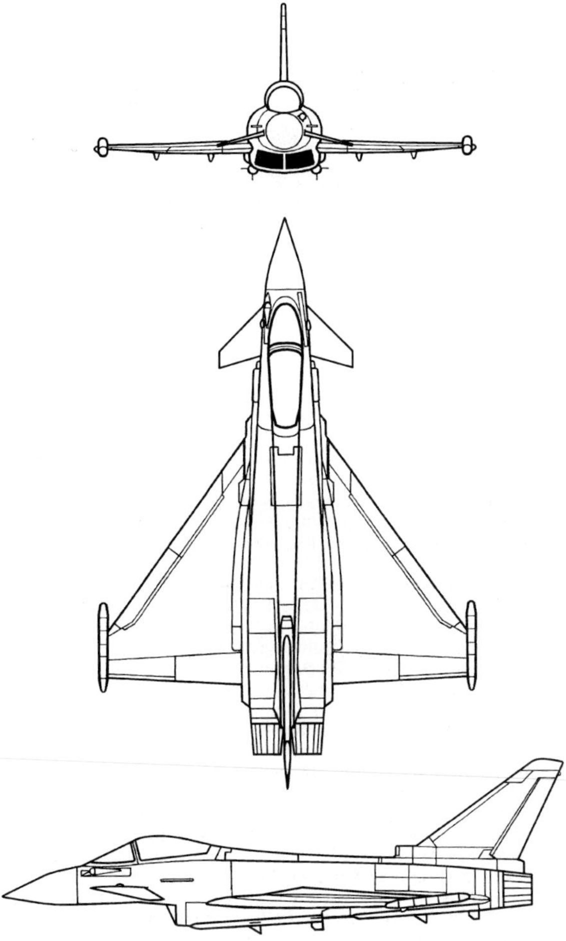

FAIRCHILD/DORNIER 328-120

Ursprungsland: Bundesrepublik Deutschland (USA).
Kategorie: Regionalverkehrsflugzeug.
Triebwerke: Zwei Propellerturbinen Pratt & Whitney Canada PW119B von je 2180 WPS (1625 kW) Leistung.
Leistungen: Max. Reisegeschwindigkeit 620 km/h auf 7620 m; Anfangssteiggeschwindigkeit 12,34 m/Sek; Dienstgipfelhöhe 9450 m; Reichweite mit max. Nutzlast 1850 km; max. Reichweite mit 16 Passagieren 2780 km.
Gewichte: Rüstgewicht 9175 kg; max. Startgewicht 13990 kg.
Zuladung: Zwei Piloten und 30 bis 33 Passagiere in Dreierreihen mit Mittelgang. Max. Nutzlast 3690 kg.
Entwicklungsstand: Der Erstflug des ersten von vier Erprobungsmustern erfolgte am 6. Dezember 1991. Das erste Serienmuster wurde am 21. Oktober 1993 der Air Engiadina übergeben. Bis Ende 1996 sind Aufträge für 98 Einheiten (plus 44 Optionen) von 22 Gesellschaften eingegangen, über 60 davon waren ausgeliefert.
Bemerkungen: Die Do 328 ist für ihre Klasse eine extrem schnelle Maschine und in der Auslegung des kreisförmigen Rumpfes mit Druckkabine sehr auf Komfort der Passagiere bedacht. Sie weist einen superkritischen Flügel neuester Technologie auf. Damit kann von kurzen und unvorbereiteten Pisten gestartet und gelandet werden. Die Do 328 ist das erste kommerzielle Flugzeug, welches über einen Druckspant aus Kunststoff verfügt (Kevlar kombiniert mit karbonverstärktem Plastik). Ein Erprobungsträger mit Wasserstoffantrieb soll Ende 1998 fliegen. Die folgenden drei Weiterentwicklungen sind vorgesehen: 328-300 (Erstflug Herbst 1997) mit weitgehend identischen Dimensionen der 328-120, aber mit zwei unter den Flügeln aufgehängten Turbofantriebwerken; 328-700 als Turbopropversion mit verlängertem Rumpf und modifiziertem Flügel für bis zu 50 Passagiere; 328-500 wie Version -700 aber mit Turbofantriebwerken.
Hersteller: Fairchild Aircraft, San Antonio, Texas, USA/Dornier GmbH, Wessling, BRD.

Abmessungen: Spannweite 20,98 m, Länge 21,28 m, Höhe 7,20 m, Flügelfläche 40,00 m².

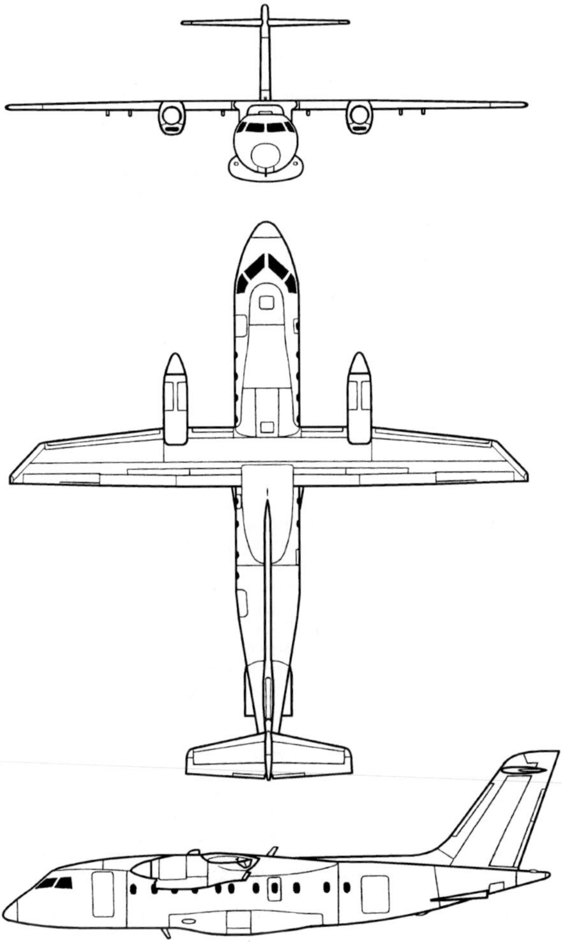

GROB G 115T

Ursprungsland: Bundesrepublik Deutschland.
Kategorie: Grundschultrainer.
Triebwerke: Ein luftgekühlter Sechszylinder-Boxermotor Textron Lycoming AEIO-540-D4A5 von 260 PS (194 kW) Leistung.
Leistungen: Höchstgeschwindigkeit auf Meereshöhe 330 km/h; max. Reisegeschwindigkeit 305 km/h auf 2500 m; Anfangssteiggeschwindigkeit 7,11 m/Sek; Reichweite mit 45 Min. Reserve 1310 km.
Gewichte: Max. Startgewicht 1300 kg.
Entwicklungsstand: Erstflug des Ausgangsmusters G 115A im November 1985, der G 115T am 11. Juni 1992. Die Vereinigte Arabische Republik hat vorerst 12 Exemplare G 115TA (+ 12 Optionen) bestellt. Erstauslieferung Anfang 1997. Von den früheren Modellen wurden an verschiedene Besteller über 100 Einheiten verkauft, u.a. zur Grundausbildung der Royal Navy-Piloten.
Bemerkungen: Die auch für Akrobatikeinsätze (+6/-4G) geeignete G 115 ist vollständig aus Verbundwerkstoffen hergestellt, welche besonders hitze- und ermüdungsbeständig sein sollen und eine Lebensdauer von bis zu 15000 Std. ermöglichen. Folgende Versionen sind derzeit erhältlich: G 115C und D mit festem Fahrwerk und einem Triebwerk der Leistungsklasse 160 bis 180 PS (119 bis 134 kW); G 115T mit dank des leistungsfähigeren Motors besseren Flugleistungen und Einziehfahrwerk. Die G 115TA für die Vereinigten Arabischen Emiraten verfügt zusätzlich noch über eine Klimaanlage.
Hersteller: Grob Luft- und Raumfahrt GmbH & Co. KG., Mindelheim, BRD.

Abmessungen: Spannweite 10,00 m, Länge 8,20 m, Höhe 2,57 m, Flügelfläche 13,13 m².

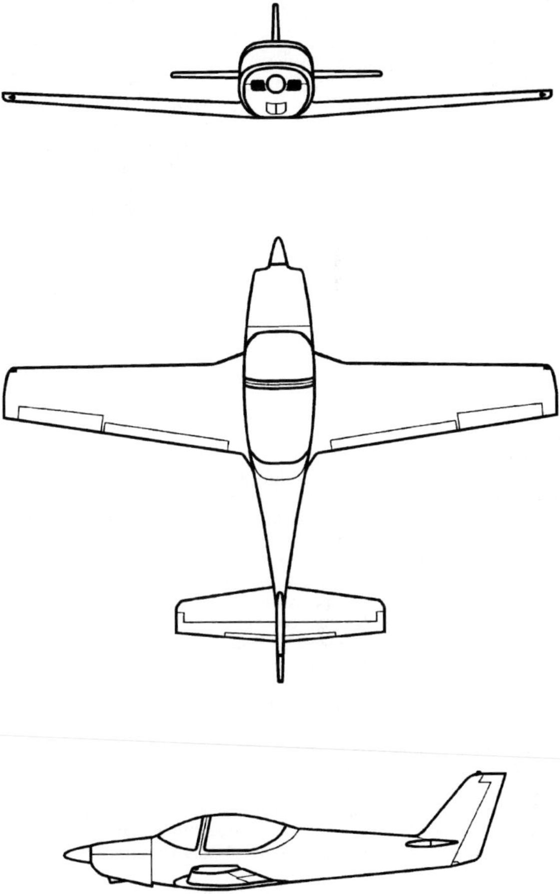

GULFSTREAM AEROSPACE GULFSTREAM IV-SP

Ursprungsland: USA.
Kategorie: Firmen- und Mehrzweckflugzeug für zivile und militärische Aufgaben.
Triebwerke: Zwei Mantelstromtriebwerke Rolls-Royce Tay 611-8 von je 6282 kp (61,6 kN) Standschub.
Leistungen: Max. Reisegeschwindigkeit 943 km/h auf 9450 m; Langstrecken-Reisegeschwindigkeit 850 km/h auf 13715 m; max. Anfangssteiggeschwindigkeit 20,93 m/Sek; Dienstgipfelhöhe 13715 m; Reichweite mit max. Treibstoffzuladung, acht Passagieren und IFR-Reserven 7820 km, mit max. Nutzlast und IFR-Reserven 6845 km.
Gewichte: Leergewicht 19278 kg; max. Startgewicht 33839 kg.
Zuladung: Zwei bis drei Besatzungsmitglieder und je nach Innenausstattung 12, 14 oder bis 19 Passagiere; (C-20G) 26 Passagiere oder max. 2950 kg Fracht.
Entwicklungsstand: Die erste Gulfstream IV begann mit der Flugerprobung am 19. September 1985, die Gulfstream IV-SP fliegt seit Anfang 1993. Bisher sind von der Version IV über 300 Einheiten bestellt worden, darunter sieben als C-20G bezeichnete Combi Frachter für USN/USMC. Bis zu 20 ähnliche, als U-4 bezeichnete Mehrzweck-Gulfstreams IV-MPA laufen der japanischen Luftwaffe seit 1996 zu. Die Jahresproduktion beläuft sich auf etwa 24 Einheiten.
Bemerkungen: Die Version -SP (= Special Performance) stellt eine Unterausführung der Gulfstream IV dar. Dank eines erhöhten Abfluggewichtes sind die Reichweitenleistungen nochmals verbessert. Da auch das maximale Landegewicht angehoben wurde, ist sie besser in der Lage, mehrere Etappen mit Zwischenlandung ohne Auftanken zu absolvieren. Das digitale Cockpit sowie auch die Inneneinrichtung wurden überarbeitet. Schliesslich weisen auch Wirtschaftlichkeit und Wartungsfreundlichkeit höhere Werte auf. Ebenfalls erhältlich ist eine militärische Ausführung SRA-4 für elektronische Überwachungs- und Aufklärungseinsätze. Zwei mit SIGINT-Systemen ausgelegte Gulfstreams IV hat die schwedische Luftwaffe erhalten.
Hersteller: Gulfstream Aerospace Corp. (Tochterfirma von Chrysler Corp.), Savannah, Georgia, USA.

Abmessungen: Spannweite 23,72 m, Länge 26,90 m, Höhe 7,60 m, Flügelfläche 88,29 m².

GULFSTREAM AEROSPACE GULFSTREAM V

Ursprungsland: USA.
Kategorie: Langstrecken-Firmenflugzeug.
Triebwerke: Zwei Mantelstromtriebwerke BMW/Rolls-Royce BR 170 von je 6690 kp (65,6 kN) Standschub.
Leistungen: Max. Reisegeschwindigkeit 925 km/h; Langstrecken-Reisegeschwindigkeit 851 km/h. Anfangssteiggeschwindigkeit 21,3 m/Sek; Dienstgipfelhöhe 15500 m; Reichweite mit max. Treibstoffzuladung und acht Passagieren unter Beachtung der IFR-Reserven 12046 km.
Gewichte: Rüstgewicht 21228 kg; max. Startgewicht 40370 kg.
Zuladung: Zwei Piloten im Cockpit und normalerweise 13 bis 15, max. 19 Passagiere. Max. Nutzlast 2950 kg.
Entwicklungsstand: Der erste Prototyp fliegt seit 28. November 1995. Vier Maschinen nehmen an der Flugerprobung teil. Die ersten Auslieferungen begannen Ende 1996. Bisher sind rund 70 Einheiten, darunter auch von einigen Regierungen als Staatsflugzeuge, bestellt worden.
Bemerkungen: Gulfstreams neuestes Modell ist das erste Firmenflugzeug, welches Reichweitenleistungen unter Normalbetrieb von über 10000 km anbietet. Dazu wurde das Ausgangsmuster Gulfstream IV vollständig überarbeitet. Der Rumpf weist eine Streckung von 2,40 m auf und bietet somit einen wesentlich höheren Passagierkomfort mit grösserer Gepäckzuladung. Die Kabine misst nun 15,30 m. Höhe mit 1,90 m und Breite mit 2,20 m blieben gegenüber der Gulfstream IV hingegen gleich. Völlig neu wurde der Flügel konstruiert, um ihn für die erforderlichen Reichweiten zu optimieren. Es gelangt das digitale Avionik-System Honeywell SPZ-8000 mit sechs Multifunktionsbildschirmen zum Einbau.
Hersteller: Gulfstream Aerospace Corp. (Tochterfirma von Chrysler Corp.), Savannah, Georgia, USA.

Abmessungen: Spannweite 28,50 m, Länge 29,40 m, Höhe 7,70 m.

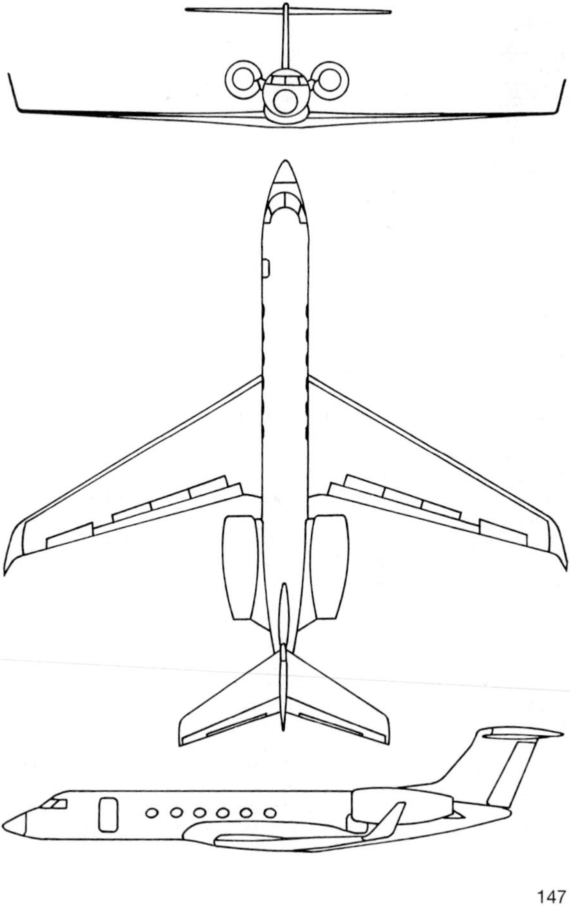

HAL ALH

Ursprungsland: Indien.
Kategorie: Ziviler und militärischer Mehrzweckhubschrauber.
Triebwerke: Zwei Gasturbinen Turboméca TM 333-2B von je 1000 WPS (746 kW) Leistung.
Leistungen: Höchstgeschwindigkeit 280 km/h auf Meereshöhe; Reisegeschwindigkeit 245 km/h; max. Schrägsteiggeschwindigkeit 9,0 m/Sek; Dienstgipfelhöhe 6000 m; Schwebehöhe ohne Bodeneffekt 3000 m+; Reichweite mit einer Nutzlast von 700 kg 400 km auf Meereshöhe, max. Reichweite 800 km.
Gewichte: Leer (Luftwaffenversion) 2216 kg, (Marineversion) 2352 kg; max. Startgewicht (Luftwaffenversion) 4000 kg, (Marineversion) 5000 kg.
Zuladung: Zwei Piloten und bis zu 14 Passagiere. Max. Nutzlast als Aussenlast 1500 kg.
Entwicklungsstand: Der erste von vier Prototypen nahm die Flugerprobung im August 1992 auf, gefolgt vom zweiten am 18. April 1993. Die indische Armee hat kürzlich 100 Einheiten (+ 200 Optionen) der verschiedenen Versionen bestellt. Die ersten Maschinen befinden sich in Produktion und werden ab 1998 abgeliefert. Monatsproduktion anfänglich drei ALH.
Bemerkungen: Die ALH (Advanced Light Helicopter) wurde von HAL mit Unterstützung der deutschen MBB (heute Teil von Deutsche Aerospace) entwickelt. Verschiedene Varianten sind vorgesehen: (Armee) Truppentransporter und Nachschubhubschrauber, Antitank- und Minenlegemissionen, alle ausgerüstet mit einem Kufenfahrwerk; (Marine) Verbindungs- und Evakuationsaufgaben sowie SAR- und ASW-Aufträge, ausgerüstet mit einem einziehbaren Dreipunkt-Radfahrwerk, faltbarem Haupt- und Heckrotor und Sonar; (Luftwaffe) Rettungshubschrauber, Mehrzwecktransporter. Auch eine Zivilversion für normalerweise bis zu 12 Passagiere wird angeboten. Haupt- wie Heckrotor sind gelenklos aus Faserverbundwerkstoffen, der Rumpf besteht nebst Aluminium aus Karbon und Kevlar. Der vierte Prototyp (Marineausführung, Erstflug 22. Januar 1996) ist mit einer Gasturbine LHTEC CTS800 ausgerüstet.
Hersteller: HAL Hindustan Aeronautics Ltd., Bangalore, Indien.

Abmessungen: Rotordurchmesser 13,20 m, Rumpflänge 12,89 m, Höhe inkl. Rotorkopf 3,76 m.

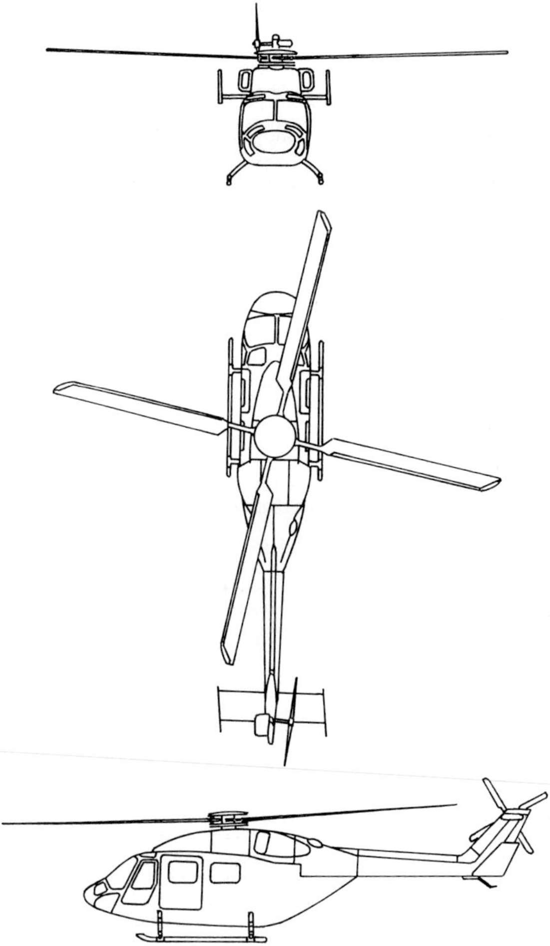

HAL LCA

Ursprungsland: Indien.
Kategorie: Ein- und zweisitziger leichter Mehrzweckjäger.
Triebwerke (Prototyp): Ein Mantelstromtriebwerk General Electric F404-F2J3 mit 8210 kp (80,50 kN) Standschub mit Nachbrenner; (Serienmaschinen) ein Mantelstromtriebwerk Kaveri GTX-35VS von rund 5000 kp (50,0 kN) Standschub ohne und 8500 kp (83,4 kN) mit Nachbrenner.
Leistungen (geschätzt): Höchstgeschwindigkeit in grossen Höhen Mach 1,6+; Dienstgipfelhöhe über 15000 m.
Gewichte: Leergewicht ca. 5500 kg; Startgewicht ohne Aussenlasten 8500 kg.
Bewaffnung: Eine doppelläufige 23-mm-Kanone GSh-23 mit 220 Schuss sowie an sieben Aufhängepunkten Waffenlasten bis zu 4000 kg.
Entwicklungsstand: Der erste von zwei Erprobungsträgern TD-1 wurde am 17. November 1995 aus der Montagehalle gerollt und soll nach mehreren Verzögerungen nun die Flugerprobung in der zweiten Hälfte 1997 beginnen. Anschliessend folgen fünf Vorserienmaschinen, drei Einsitzer, ein Doppelsitzer sowie eine Marineausführung. Mit der Indienststellung ist ab ca. 2003 zu rechnen. Die indische Luftwaffe will als Ersatz der MiG-21 bis zu 200 Einheiten beschaffen.
Bemerkungen: Die LCA ist das erste indische Projekt eines Jagdflugzeuges. Das Projekt begann schon 1987. Mit dem Erstflug 1997 wird es sich nun konkretisieren. Dank kleiner Abmessungen und Verwendung von modernsten Verbundwerkstoffen und Aluminium/Lithium sowie Titan, kann die LCA sehr leicht gehalten werden. Die Elektronik wird in Zusammenarbeit mit der israelischen IAI entwickelt und basiert zum Teil auf jener der israelischen Lavi (siehe Ausgabe 1987/88). Die LCA verfügt über ein Multifunktions-Dopplerradar. Das Fly-by-Wire-System entsteht gemeinsam mit der amerikanischen Lockheed Martin (Marietta).
Hersteller: Hindustan Aeronautics Ltd./ADA Aeronautical Development Agency, Bangalore, Indien.

Abmessungen: Spannweite 8,20 m, Länge 13,20 m, Höhe 4,40 m.

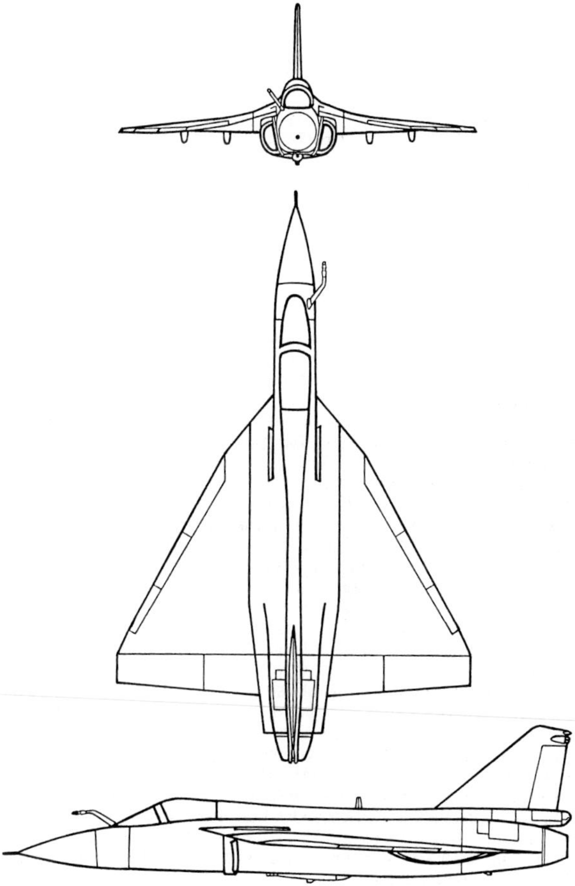

IAI 1125 ASTRA SPX

Ursprungsland: Israel.
Kategorie: Firmenflugzeug.
Triebwerke: Zwei Mantelstromtriebwerke AlliedSignal TFE732-40R von je 1930 kp (20 kN) Standschub.
Leistungen: Max. Reisegeschwindigkeit 867 km/h; Langstrecken-Reisegeschwindigkeit 796 km/h; Anfangssteiggeschwindigkeit 18,8 m/Sek; Dienstgipfelhöhe 13715 m; Reichweite mit max. Treibstoffzuladung, vier Passagieren und IFR-Reserven (SP) 5053 km, (SPX) 5900 km.
Gewichte: Leergewicht (SP) 5998 kg, (SPX) 6032 kg; max. Startgewicht (SP) 10659 kg, (SPX) 11179 kg.
Zuladung: Zwei Mann Cockpitbesatzung und je nach Inneneinrichtung normal sechs bis maximal neun Passagiere; max. Nutzlast 1510 kg.
Entwicklungsstand: Der Prototyp der Version SP fliegt seit 1989, jener der SPX seit 16. August 1994. Die Auslieferungen der SPX begannen im Januar 1996. Beide Ausführungen SP und SPX werden gleichzeitig angeboten. Die USAF hat vorerst zwei als C-38 bezeichnete SPX (+ 2 Optionen) als schnelle Verbindungstransporter bestellt. Die indische Luftwaffe soll sechs für ELINT-Aufgaben erhalten. 1996 wurden rund 15 SPX hergestellt.
Bemerkungen: Die SP (= Special Performance) verfügt über eine überarbeitete Inneneinrichtung und aerodynamische Verbesserungen zur Erhöhung der Dienstgipfelhöhe und der Reichweitenleistung. Zudem ist das Cockpit vollständig überarbeitet und mit EFIS-Anzeigen ausgerüstet worden. Sie verfügt über TFE731-3A-Triebwerke von je 1680 kp (16,46 kN) Leistung. Die Version SPX erreicht dank eines neuen Flügels und leistungsfähigeren Triebwerken eine mit Mach 0,82 wesentlich höhere Reisegeschwindigkeit und grössere Reichweiten.
Hersteller: Israel Aircraft Industries Ltd., Galaxy Aerospace, Ben-Gurion International Airport, Israel.

Abmessungen: Spannweite 16,05 m, Länge 16,94 m, Höhe 5,54 m, Flügelfläche 29,40 m^2.

IAI/ASTRA GALAXY

Ursprungsland: Israel.
Kategorie: Firmenflugzeug.
Triebwerke: Zwei Mantelstromtriebwerke Pratt & Whitney Canada PW306A von je 2850 kp (25,34 kN) Leistung.
Leistungen (geschätzt): Höchstgeschwindigkeit 870 km/h; Langstrecken-Reisegeschwindigkeit 800 km/h; max. Reichweite 6850 km.
Gewichte (geschätzt): Leergewicht 8030 kg; max. Startgewicht 15170 kg.
Zuladung: Zwei Piloten und normalerweise acht Passagiere in Komfortausführung oder bis zu 19 Personen in Dreierbestuhlung mit Mittelgang.
Entwicklungsstand: Vier Prototypen sind im Bau. Die erste soll im vierten Quartal 1997 die Flugerprobung aufnehmen. Bereits seien für 30 Galaxies Depotzahlungen erfolgt. Es ist geplant, jährlich zwischen 18-24 Maschinen in Israel herzustellen, welche die Innenausführung durch die Galaxy Aerospace in den USA erhalten.
Bemerkungen: Während der Flügel weitgehend von der SPX (siehe Seiten 152/153) übernommen wurde, verfügt die Galaxy über einen völlig neu konstruierten, wesentlich grösseren Rumpf. Mit einer Länge von 7,13 m, einer Breite von 2,13 m und einer Höhe von 1,90 m (Innenmasse) wird er wesentlich höheren Ansprüchen gerecht. Hersteller des Rumpfes als Unterauftragnehmer ist die französische SOGERMA in Rochefort. Die Galaxy soll als Ausgangsmuster für eine ganze Familie von Modellen dienen. Im Vordergrund stehen dabei Commuterversionen für 30 bis 50 Passagiere.
Hersteller: Israel Aircraft Industries Ltd., Galaxy Aerospace, Ben-Gurion International Airport, Israel.

Abmessungen: (Noch keine Angaben erhältlich).

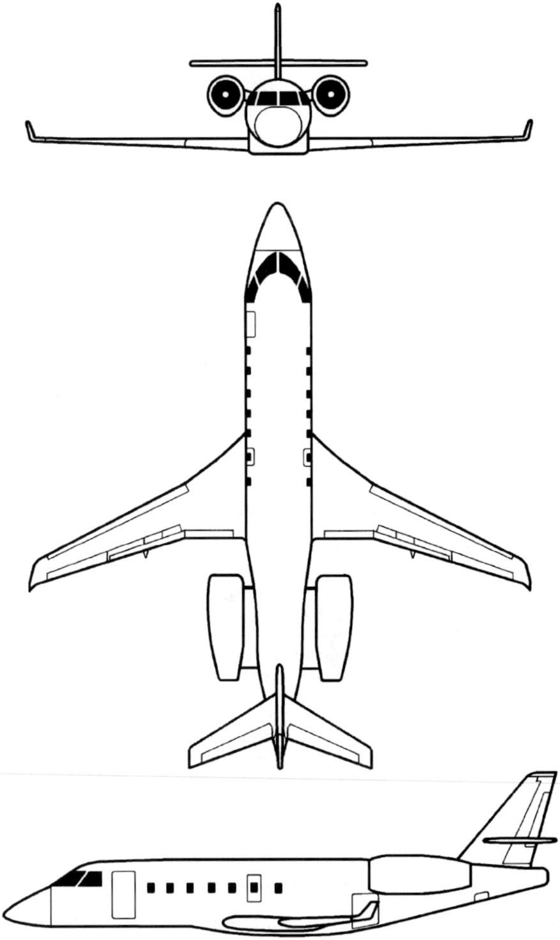

ILJUSCHIN IL-76MF

Ursprungsland: Russland.
Kategorie: Schwerer ziviler wie militärischer Mittel- und Langstreckentransporter.
Triebwerke: Vier Mantelstromtriebwerke Aviadvigatel/Perm PS-90A-76 von rund 16000 kp (157,8 kN) Standschub.
Leistungen (geschätzt): Höchstgeschwindigkeit 850 km/h auf 10000 m; max. Reisegeschwindigkeit 800 km/h auf 9000 bis 13000 m; Langstrecken-Reisegeschwindigkeit 750 km/h; Anfangssteiggeschwindigkeit 9,0 m/Sek; Dienstgipfelhöhe ca. 15500 m; Reichweite mit max. Nutzlast von 52000 kg 4500 km, mit 40000 kg 5200 km.
Gewichte: Max. Startgewicht 200000 bis 210000 kg.
Zuladung: Normalerweise sechs Mann Besatzung, einschliesslich zwei Lademeister und ein Navigator in der verglasten Rumpfnase unter dem Cockpit. Max. Nutzlast je nach Einsatzzweck zwischen 40000 und 52000 kg.
Entwicklungsstand: Die neueste Version Il-76MF hat den Erstflug am 1. August 1995 absolviert. Die russische Luftwaffe wird eine noch unbekannte Anzahl ab 1996 beschaffen. Zwei sind vorerst bestellt worden. Zivile Aufträge fehlen noch. Von den früheren Varianten der Il-76 sind bisher rund 900 Maschinen hergestellt worden.
Bemerkungen: Die Il-76MF stellt eine wesentlich verbesserte Variante der Il-76 (siehe Ausgabe 1994) dar. Nebst neuen und deutlich leistungsfähigeren Mantelstromtriebwerken mit hohem Nebenstromverhältnis, wurde der Rumpf um 6,60 m verlängert. Dadurch können im um rund 30 % vergrösserten Frachtraum statt drei inskünftig vier Container geladen werden. Die max. Nutzlast steigt um rund 5000 kg. Zudem ist die Wirtschaftlichkeit wesentlich besser. Der spezifische Treibstoffverbrauch soll etwa 25 bis 30 % geringer als bei der Il-76T sein. Schliesslich ist das Cockpit so überarbeitet worden, dass die Cockpit-Besatzung auf 4 Personen reduziert werden kann. Unter der Bezeichnung Il-76DMP wurde 1990 eine Variante der Il-76T für Feuerlöscheinsätze mit einer Nutzlast von 44000 kg Wasser entwickelt.
Hersteller: OKB Sergei V. Iljuschin, Chkalow Werk, Taschkent, Usbekistan und Khodinka-Moskau, Russland.

Abmessungen: Spannweite 50,50 m, Länge 53,19 m, Höhe 14,76 m, Flügelfläche 300 m².

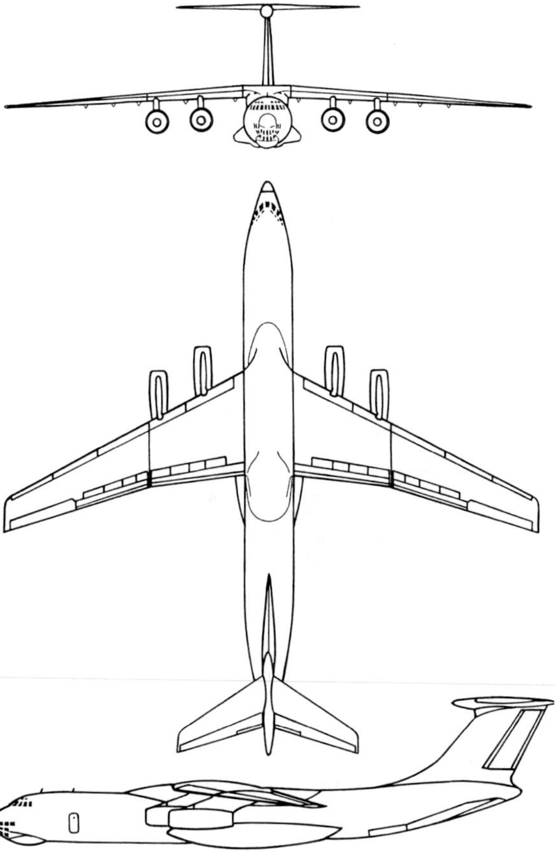

ILJUSCHIN IL-96M/-300

Ursprungsland: Russland.
Kategorie: Langstreckenverkehrsflugzeug.
Triebwerke: Vier Mantelstromtriebwerke (Il-96M) Pratt & Whitney PW2337 von je 17350 kp (170,1 kN) bzw. (Il-96-300) Aviadvigatel/Perm PS-90A von je 16000 kp (156,90 kN) Standschub.
Leistungen (Schätzung): Max. Reisegeschwindigkeit 900 km/h auf 12000 km; normale Reisegeschwindigkeit 850 bis 870 km/h auf 9000 bis 12000 m; Dienstgipfelhöhe 13100 m; Reichweite mit max. Nutzlast (Il-96-300) 7500 km, (Il-96M) 11482 km, mit 30000 kg (Il-96-300) 9000 km.
Gewichte: Rüstgewicht (Il-96-300) 117000 kg, (Il-96M) 132400 kg; max. Startgewicht (Il-96-300) 216000 kg, (Il-96M) 270000 kg.
Zuladung (Il-96-300/Il-96M): Drei/zwei Mann Cockpitbesatzung und drei verschiedene Inneneinrichtungen z.B. für 22/18 Erstklasse-, 40/44 Businessklasse- und 173/250 Zweitklassepassagiere oder in Einheitsklasse 300/375 Passagiere. Max. Nutzlast (Il-96-300) 40000 kg, (Il-96T) 58000 kg.
Entwicklungsstand: Der Prototyp der Ausführung Il-96M (Umbau der ersten Il-96-300) flog erstmals noch unter der Bezeichnung Il-96-350 am 6. April 1993. Bisher sind von der Passagierausführung 29 (+ 5 Optionen) und von der davon abgeleiteten Frachtversion Il-96T 3 Maschinen bestellt worden. Das erste Serienflugzeug der Il-96M fliegt seit Dezember 1995. Für die Il-96-300 gingen bisher 20 Aufträge (+ 10 Optionen) ein, darunter auch eine Regierungsmaschine für den russischen Präsidenten. Das erste Exemplar nahm am 14. Juli 1993 bei Aeroflot den Liniendienst auf. Iljuschin plant, jährlich 24 Il-96M herzustellen.
Bemerkungen: Die Il-96M (siehe Silhouette) bzw. T ist eine mit westlichen Triebwerken und Avionik versehene Ausführung für den internationalen Markt. Der Rumpf wurde gegenüber der Il-96-300 um 9,35 m verlängert, das Seitenleitwerk dafür etwas verkleinert. Das Cockpit ist voll digitalisiert und für Zweimannbetrieb eingerichtet. Die preisgünstigere Vorgängerversion Il-96-300 (siehe Foto) bleibt weiterhin im Angebot, vorwiegend für den östlichen Markt. Für diese Ausführung besteht aber auch die Möglichkeit, PW2037-Triebwerke nachzurüsten.
Hersteller: OKB Sergei V. Iljuschin, Moskau, Werk Woronesch, Russland.

Abmessungen: Spannweite inkl. Winglets 60,11 m, Länge 63,94 m, Höhe 15,72 m, Flügelfläche 391,6 m².

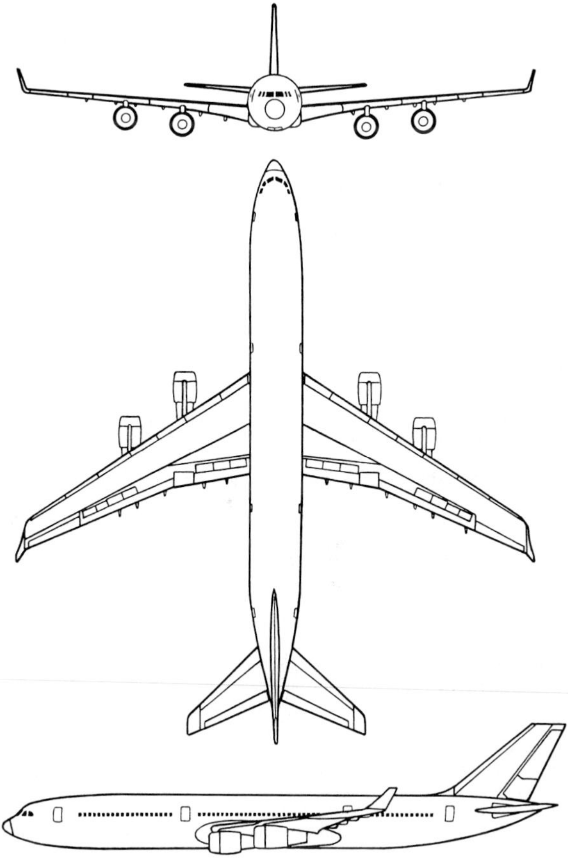

ILJUSCHIN IL-114

Ursprungsland: Russland.
Kategorie: Regionalverkehrsflugzeug und leichter Frachter.
Triebwerke: Zwei Propellerturbinen Isotow TV7-117C von je 2500 WPS (1860 kW) Leistung.
Leistungen: Max. Reisegeschwindigkeit 500 km/h auf 8150 m; Reiseflughöhe 8150 m; Reichweite mit 5400 kg Nutzlast 1000 km, mit 3000 kg Nutzlast 3250 km; max. Reichweite ohne Nutzlast 5800 km.
Gewichte: Leergewicht 13700 kg; max. Startgewicht 21000 kg, als Frachter 23500 kg.
Zuladung: Zwei Piloten und Standardinnenausstattung für 60 Passagiere in Viererreihen mit Mittelgang; als Frachter max. Nutzlast 6500 kg.
Entwicklungsstand: Der erste von fünf Prototypen flog am 29. März 1990. Dieser ging bei einem Unfall am 5. Juli 1993 verloren, worauf man die Erprobung für kurze Zeit einstellte. Das erste Serienflugzeug wurde im Januar 1994 ausgeliefert. Zurzeit sollen mehr als zehn Exemplare fliegen. Die Zulassung steht immer noch aus.
Bemerkungen: Die Il-114 soll hauptsächlich im Binnenluftverkehr bis 1000 km eingesetzt werden, wobei auch Flugplätze mit Graspisten anzufliegen sind. Die Zelle besteht teilweise aus Verbundwerkstoffen, hochentwickelten Aluminiumlegierungen und auch Titaniumteilen. Das Triebwerk soll einen äusserst geringen spezifischen Kraftstoffverbrauch aufweisen und zusammen mit dem neuartigen Sechsblatt-Propeller aus Verbundwerkstoff für ein sehr tiefes Lärmniveau verantwortlich sein. Auch eine Ausführung mit westlichen Triebwerken Allison AE2100, vorwiegend für den westlichen Markt, wird angeboten. Die Frachtausführung verfügt auf der rechten Seite über ein Ladetor von 3,31 m x 1,78 m. Neben einer Küstenüberwachungsvariante Il-114P (Erstflug Mitte 1996) entwickelt Iljuschin auch die Il-114FK für Kartographie- und Aufklärungsaufgaben. Dazu ist sie mit einem völlig überarbeiteten Vorderrumpf mit Glasnase ausgerüstet. Auf der linken Rumpfseite wird ein Seitensichtsradar installiert. Erstflug voraussichtlich 1997.
Hersteller: OKB Sergei V. Iljuschin, Taschkent, Usbekistan und Khodinka-Moskau, Russland.

Abmessungen: Spannweite 30,00 m, Länge 26,31 m, Höhe 9,32 m.

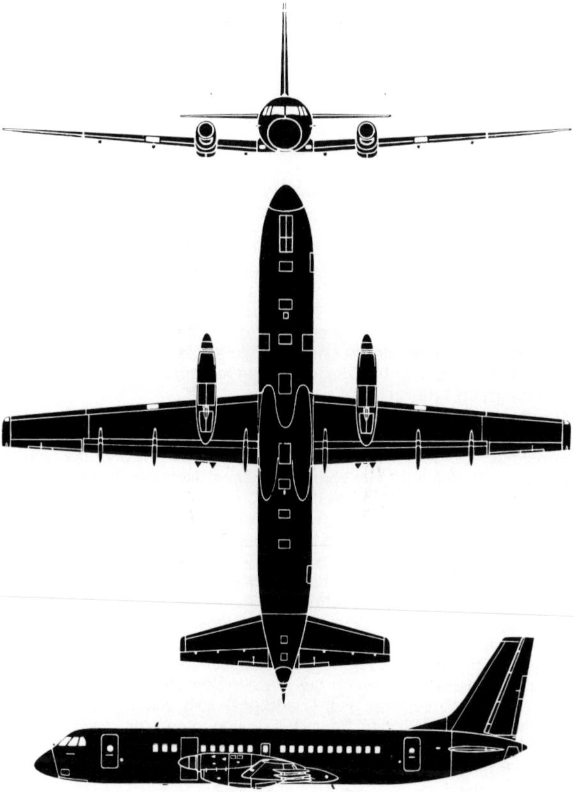

ILJUSCHIN IL-103

Ursprungsland: Russland.
Kategorie: Zweisitziger Anfangstrainer oder fünfsitziges Reiseflugzeug.
Triebwerke: Ein luftgekühlter Sechszylinder-Boxermotor Teledyne Continental IO-360ES von 210 PS (157 kW) Leistung.
Leistungen (geschätzt, als Trainer): Höchstgeschwindigkeit auf 3000 m 265 km/h; Reisegeschwindigkeit 235 km/h; Anfangssteiggeschwindigkeit 8 m/Sek; Reichweite mit drei Passagieren 1240 km.
Gewichte: Leergewicht 720 kg; max. Startgewicht als Trainer 965 kg, als Reiseflugzeug 1400 kg.
Zuladung: Normalerweise vier Personen inkl. Pilot, max. aber fünf Personen. Nutzlast 440 kg.
Entwicklungsstand: Am 17. Mai 1994 nahm der Prototyp die Flugerprobung auf, das erste von vorerst 20 Serienflugzeugen folgte im Januar 1995. In diesem Jahr erhielt die Il-103 auch die russische Zulassung. Jene der USA wird in Kürze erwartet. Bisher sollen Aufträge für rund 80 Il-103 (+ 120 Optionen) eingegangen sein. Iljuschin hofft, über 1000 Il-103 im In- und Ausland absetzen zu können.
Bemerkungen: Bei der Il-103 handelt es sich um einen in konventioneller Ganzmetallbauweise konstruierten Tiefdecker mit festem Dreibein-Fahrwerk. Ursprünglich für einen zivil/militärischen Bedarf an Trainern entwickelt, wird sie nun auch als Reiseflugzeug angeboten. Die Trainingsausführung ist mit zwei Steuerknüppeln und Sichtflug-Instrumentierung ausgerüstet, während die Reiseversion über Steuerhörner verfügt. In Zusammenarbeit mit AlliedSignal wird zudem ein integrales Avionik-Paket westlicher Provenienz angeboten. Als nächste Ausführung ist die Il-103RG mit Einziehfahrwerk geplant.
Hersteller: OKB Sergei V. Iljuschin, Moskau, MAPO-MiG-Werk Lukhowitsy, Russland.

Abmessungen: Spannweite 10,60 m, Länge 7,95 m, Höhe 3,00 m.

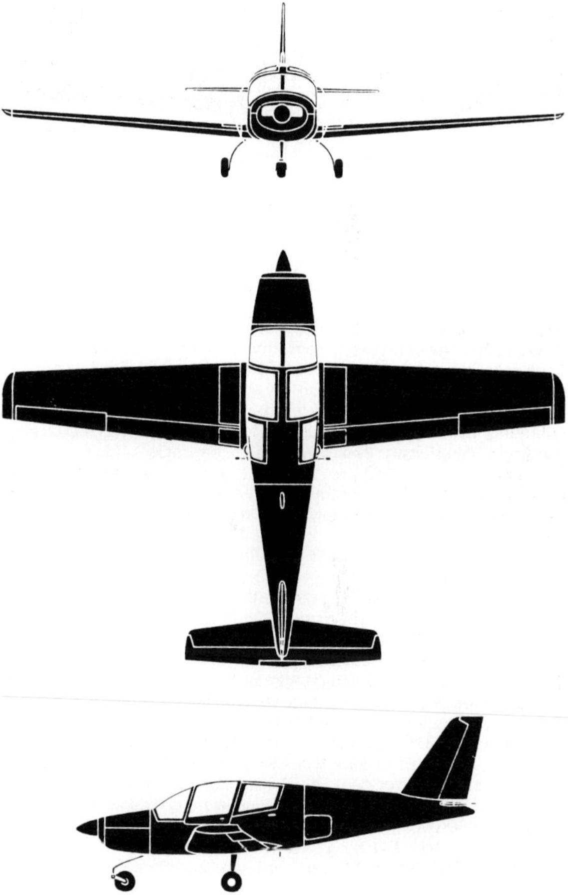

IPTN N-250-100

Ursprungsland: Indonesien.
Kategorie: Regionalverkehrsflugzeug.
Triebwerke: Zwei Propellerturbinen Allison AE 2100C von je 3200 WPS (2386 kW) Leistung.
Leistungen (geschätzt): Max. Reisegeschwindigkeit 610 km/h auf 6100m; ökonom. Reisegeschwindigkeit 556 km/h; Anfangssteiggeschwindigkeit 10 m/Sek; Dienstgipfelhöhe 7620 m; Reichweite mit 50 Passagieren normal 1450 km, als Option 2000 km.
Gewichte: Rüstgewicht 15700 kg; max. Startgewicht 24800 kg.
Zuladung: Zwei Piloten und (N-250) bis zu normal 64, maximal 68 Passagiere in Viererreihen; (N-270) 70 bis 78 Passagiere. Max. Zuladung 6000 kg.
Entwicklungsstand: Der Prototyp mit verkürztem Rumpf N-250 verliess am 10. November 1994 die Montagehalle und führte den Erstflug am 10. August 1995 aus. Der zweite um 1,50 m längere Prototyp N-250-100 flog erstmals im Dezember 1996. Die Auftragslage belief sich Ende 1996 auf etwa 220 Festbestellungen von 33 Gesellschaften aus der ganzen Welt. 1998 soll die Auslieferung (an Merpati) beginnen. Der erste von drei Prototypen der N-270 sollte Ende 1998 in Erprobung aufnehmen und 2000 in Einsatz gelangen.
Bemerkungen: In die N-250 gelangen wie heute üblich zum grossen Teil Verbundwerkstoffe in nicht-tragenden Bereichen zum Einbau. Sie ist mit einem aktiven Fly-by-wire-System ausgerüstet, welches u.a. Höhen-, Seiten- und Querruder sowie die Vorflügel steuert. Im Cockpit sind fünf Kathodenröhren-Displays (CRT) eingebaut. In Mobile, Alabama, USA, wird eine zweite Produktionslinie eingerichtet. Die N-270 ist durch Einsätze hinter und vor dem Flügel insgesamt um rund 3,00 m länger. Flügel wie Fahrwerk sind verstärkt. Dank leistungsfähigerer Triebwerke Allison AE2100C von je 4000 WPS (2980 kW) ist die Nutzlast um 1360 kg höher.
Hersteller: IPTN Industri Pesawat Terbang Nusantara, Bandung, Indonesien.

Abmessungen: Spannweite 28,20 m, Länge 28,15 m, Höhe 8,37 m, Flügelfläche 65,00 m².

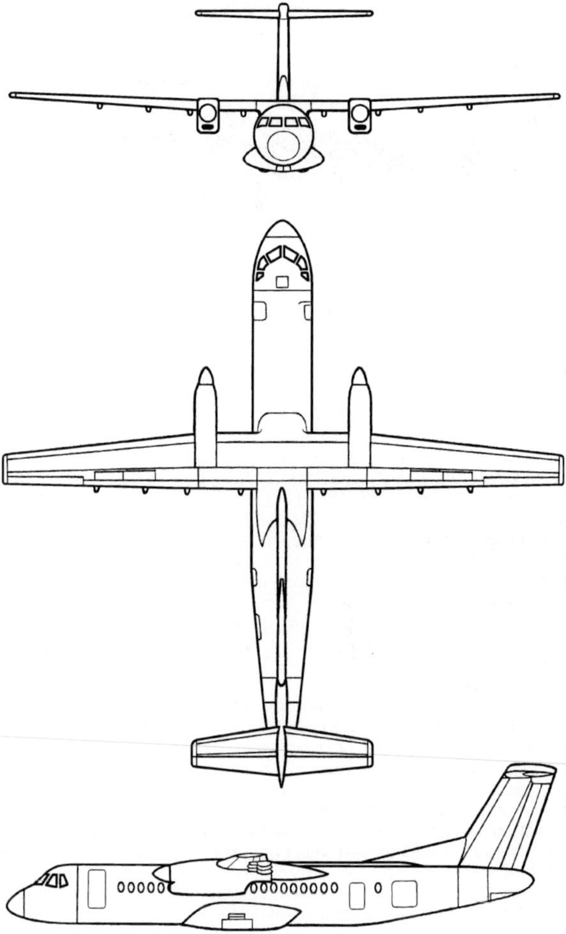

KAMAN K-MAX

Ursprungsland: USA.
Kategorie: Einsitziger Lastenhubschrauber.
Triebwerke: Eine Gasturbine Textron Lycoming T5317A-1 mit einer reduzierten Leistung von 1500 WPS (1119 kW).
Leistungen: Höchstgeschwindigkeit ohne Aussenlasten 185 km/h, mit Aussenlasten 148 km/h; Dienstgipfelhöhe 7620 m; Schwebehöhe mit Bodeneffekt und einer Nutzlast von 2268 kg und Treibstoff für 1,5 Std. 2440 m.
Gewichte: Leer 2132 kg; max. Startgewicht 5216 kg.
Zuladung: Ein Pilot und Aussenlasten ohne Bodeneffekt bis zu 2300 kg, mit Bodeneffekt 2700 kg.
Entwicklungsstand: Der erste von zwei Prototypen startete am 23. Dezember 1991 zum Erstflug. Die Auslieferungen begannen unmittelbar nach der Zulassung vom 30. August 1994. Bis Ende 1995 hat Kaman elf K-Max abgeliefert, darunter je ein Exemplar an die schweizerischen Operators Helog und HeliSuisse. Die Produktion soll bis Ende 1996 ausverkauft gewesen sein.
Bemerkungen: Die K-Max ist ein aussergewöhnlicher, speziell für den Lastentransport ausgelegter Hubschrauber, insbesondere für den Transport von Baumstämmen in unwirtlichen Gegenden. Dazu ist sie sehr einfach und robust konstruiert und die Kabine besonders crash-resistent ausgelegt. Wie bei fast allen bisherigen Kaman-Konstruktionen, gelangt auch hier das Rotorsystem mit zwei gegenläufig ineinandergreifenden gelenklosen Zweiblattrotoren zur Anwendung. Damit kann auf einen Heckrotor verzichtet werden. Dank der ungewöhnlichen Kabinenauslegung geniesst der Pilot eine ausgezeichnete Aussicht nach unten. Die K-Max soll auch als Feuerwehr- bzw. Landwirtschaftshubschrauber mit einem 2500-l-Tank ausgerüstet werden können.
Hersteller: Kaman Aerospace Corp, Bloomfield, Connecticut, USA.

Abmessungen: Rotordurchmesser je 14,70 m, Rumpflänge 15,80 m.

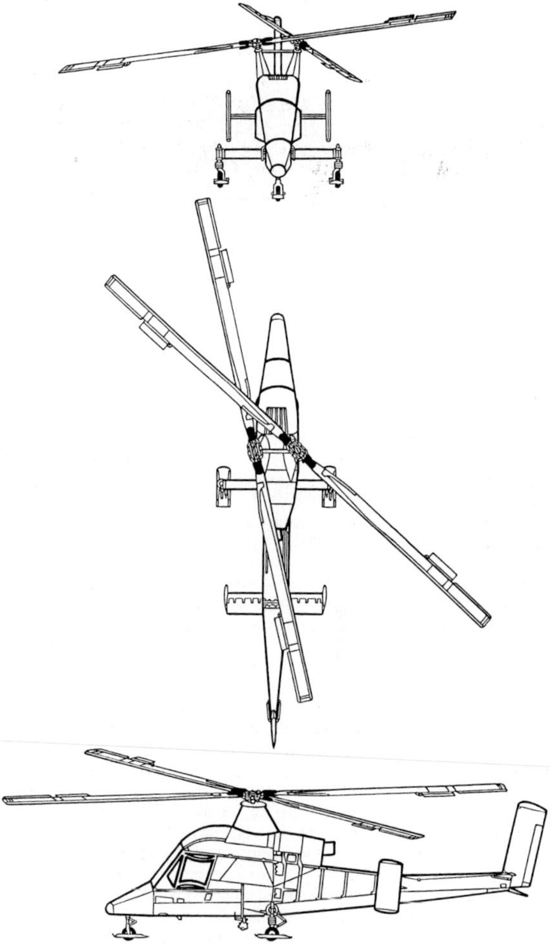

KAMOW KA-50 (HOKUM)

Ursprungsland: Russland.
Kategorie: Einsitziger Kampfhubschrauber.
Triebwerke: Zwei Gasturbinen Klimow (Isotow) TV3-117VK von je 2225 WPS (1660 kW) Leistung.
Leistungen: Höchstgeschwindigkeit in einem Bahnneigungsflug 350 km/h; max. Dauergeschwindigkeit 322 km/h; max. Schrägsteiggeschwindigkeit 10 m/Sek; Schwebehöhe ohne Bodeneffekt 4000 m; Einsatzradius 250 km.
Gewichte (geschätzt): Max. Startgewicht 10800 kg.
Bewaffnung: Eine einläufige 30-mm-Kanone an der rechten Rumpfseite und bis zu 16 Panzerabwehrlenkwaffen AT-9 Whirlwinds oder ungelenkte 80 x 80-mm- bzw. 20 x 130-mm-Raketen an vier Pylonen unter den beiden Stummelflügeln; max. Nutzlast 2500 kg.
Entwicklungsstand: Der Erstflug erfolgte am 27. Juli 1982. Vermutlich sind an Prototypen und Serienhubschraubern rund 20 Einheiten gebaut worden. Die Produktion geht in kleinen Stückzahlen für die russische Armee weiter.
Bemerkungen: Die Ka-50 dient primär für Luftnahunterstützungs-Aufgaben, in zweiter Linie auch für Luftkampfeinsätze. Sie ist als einziger aller bisherigen Kampfhubschrauber als Einsitzer ausgelegt. Die Grundkonzeption aller Kamow-Hubschrauber und der koaxiale, gegenläufige Doppelrotor wurde auch von der Hokum übernommen. Cockpit, Triebwerke, Rotoren und Getriebe sind so gepanzert, dass sie einer Beschiessung mit 20-mm-Geschossen standhalten können. Vermutlich als erster Helikopter der Welt, ist die Ka-50 mit einem Schleudersitz ausgerüstet. Vor dem Ausstieg werden die Koaxialrotoren abgesprengt. Kamow entwickelte unter der Bezeichnung Ka-52 Alligator eine zweisitzige allwettertaugliche Version, da sich gezeigt hat, dass nur ein Pilot mit den vielfältigen Aufgaben überfordert sein kann. Der Prototyp wurde im November 1996 fertiggestellt; Erstflug für Anfang 1997 geplant.
Hersteller: OKB Nikolai I. Kamow, Werk Arsenyew, Moskau, Russland.

Abmessungen: Rotordurchmesser 14,50 m, Rumpflänge bei drehenden Rotoren 16,00 m.

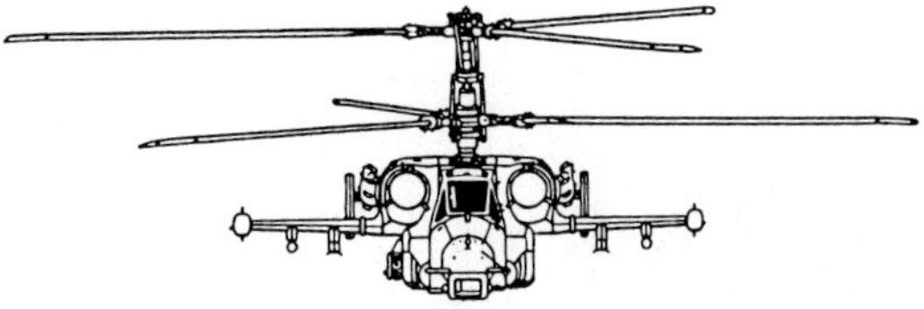

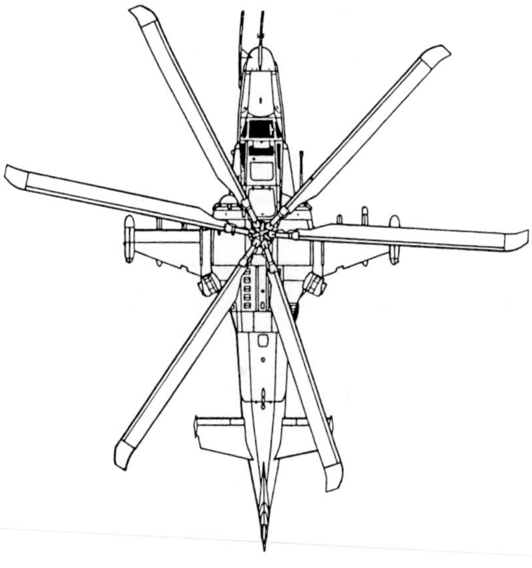

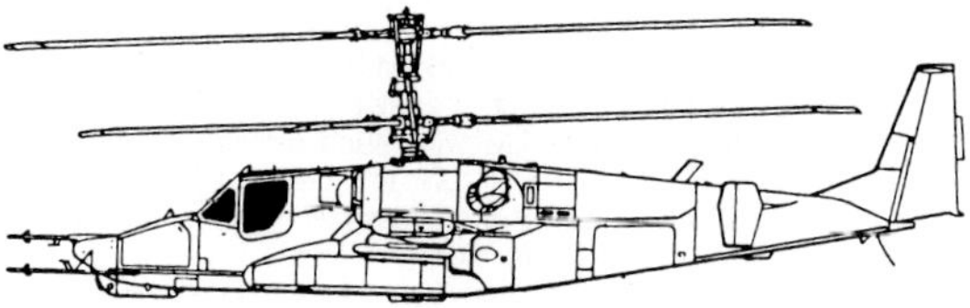

KAMOW KA-62

Ursprungsland: Russland.
Kategorie: Ziviler Mehrzweckhubschrauber.
Triebwerke: Zwei Gasturbinen RKBM/Rybinsk RD-600 von je 1282 WPS (956 kW) bzw. (Ka-62M) General Electric GE CT7-2D von 1625 WPS (1212 kW) Leistung.
Leistungen (nach Angaben des Herstellers): Höchstgeschwindigkeit bei normaler Zuladung 290 km/h; Reisegeschwindigkeit 260 km/h; max. Schrägsteiggeschwindigkeit 13 m/Sek; Dienstgipfelhöhe 5200 m; Schwebehöhe mit Bodeneffekt 2900 m, ohne 2100 m; Reichweite mit max. Nutzlast 345 km, mit 14 Passagieren auf 1220 m 700 km; Reichweite mit 390-l-Zusatztanks 1065 km.
Gewichte: Max. Startgewicht 6500 kg.
Zuladung: Ein bis zwei Mann Besatzung und bis zu 16 Passagiere in vier Reihen. Max. Nutzlast intern 2000 kg, extern 2770 kg.
Entwicklungsstand: Die Konstruktion der Ka-62 begann offenbar bereits 1990. Der erste Prototyp ist zwar fertig erstellt, der Erstflug hätte nach langen Verzögerungen Ende 1995 stattfinden sollen. Ein zweiter Prototyp befindet sich in Bau.
Bemerkungen: In der Auslegung gleicht die Ka-62 der Eurocopter Dauphin 2 (siehe Seiten 130/131), ist aber etwas schwerer. Rund 50 Prozent der Struktur einschliesslich der Rotorblätter sind aus verschiedenen Verbundwerkstoffen. Das Fahrwerk ist einziehbar. Nebst dem Transport von Passagieren ist die Ka-62 auch für Sanitäts- und Frachteinsätze geeignet. Die beiden grossen Gleittüren erleichtern das Ein- und Ausladen. Unter der Bezeichnung Ka-62M wird auch ein Modell mit westlicher Elektronik und Triebwerken CT7-2D angeboten. Diese Version weist einen Fünfblattrotor auf (Ka-62 Dreiblattrotor). Weitere Triebwerkvarianten stehen auch noch zur Diskussion.
Hersteller: OKB Nikolai I. Kamow, Werk Ulan-Ude, Moskau, Russland.

Abmessungen: Rotordurchmesser 13,50 m, Rumpflänge 12,80 m, Höhe inkl. Rotorkopf 3,70 m.

KAWASAKI T-4

Ursprungsland: Japan.
Kategorie: Zweisitziger Trainer.
Triebwerke: Zwei Mantelstromtriebwerke Jshikawajima-Harima F3-IHI-30 von je 1670 kp (16,37 kN) Standschub.
Leistungen: Höchstgeschwindigkeit bei 4700 kg 1038 km/h auf Meereshöhe, 956 km/h auf 10975 m; max. Dauergeschwindigkeit bei 5500 kg 797 km/h; Anfangssteiggeschwindigkeit bei 5500 kg 51 m/Sek; Dienstgipfelhöhe 12200 m; Reichweite ohne Zusatztanks 1297 km, mit zwei 450-l-Zusatztanks 1668 km.
Gewichte: Leer 3700 kg; max. Startgewicht 7500 kg.
Bewaffnung (als Waffentrainer): Ein 7,6-mm-MG-Behälter unter dem Rumpf und zwei Luft-Luft-Lenkwaffen AIM-9L Sidewinder an den beiden Flügelstationen oder bis zu vier 227-kg-Übungsbomben.
Entwicklungsstand: Der erste von vier XT-4-Prototypen ist am 29. Juli 1985 erstmals geflogen, gefolgt vom ersten Serienflugzeug T-4 am 28. Juni 1988. Bei einem Gesamtbedarf der japanischen Luftstreitkräfte von 200 T-4 sind bisher deren 154 beschafft worden. Im Fiskaljahr 1997 stossen voraussichtlich weitere neun dazu. Die japanische Kunstflugstaffel „Blue Impulse“ wurde 1996 mit der T-4 ausgerüstet (siehe Foto).
Bemerkungen: Für die Produktion der T-4 zeichnet Kawasaki als Hauptauftragnehmer verantwortlich. Mitsubishi ist Lieferant von Rumpfmittelteil und -heck, Triebwerkeinläufen und Seitenflosse und Fuji von Rumpfnase und Flügel. Die T-4 ersetzt die Fuji T-1 und die Lockheed T-33 als Schulflugzeug. Sie kann aber auch für eine Reihe anderer Missionen eingesetzt werden, wie z.B. Verbindungs- und Zielschleppaufgaben. Die T-4 ist die erste japanische Eigenentwicklung mit einheimischem Triebwerk seit 25 Jahren. Der japanischen Luftwaffe wird zurzeit eine verbesserte Version der T-4 angeboten, welche auch die Aufgaben des Fortgeschrittenentrainers Mitsubishi T-2 übernehmen könnte.
Hersteller: Kawasaki Heavy Industrie Ltd., Werk Gifu, Japan.

Abmessungen: Spannweite 9,94 m, Länge 13,00 m, Höhe 4,60 m, Flügelfläche 21,00 m².

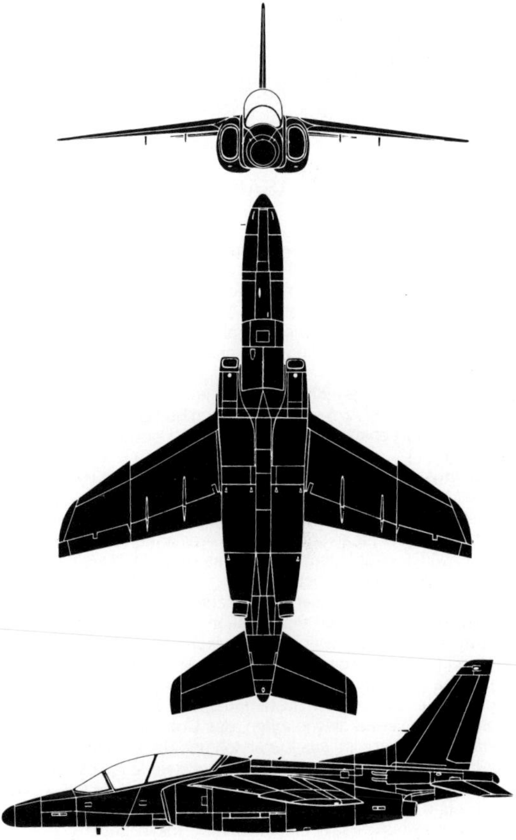

KAWASAKI OH-X

Ursprungsland: Japan.
Kategorie: Zweisitziger leichter Kampf- und Beobachtungshubschrauber.
Triebwerke: Zwei Gasturbinen Mitsubishi XTS-1 von je 800 WPS (597 kW) Leistung.
Leistungen (nach provisorischen Angaben des Herstellers): Maximalgeschwindigkeit im Horizontalflug 260 km/h; Aktionsradius ohne Aussentanks 200 km.
Gewichte: Max. Startgewicht rund 3500 kg.
Bewaffnung: An zwei Auslegern seitlich am Rumpfes vier Kurzstrecken-Luft-Luft-Infrarot-Lenkwaffen Toshiba Type 91 sowie zwei Zusatztanks von je 160 l.
Entwicklungsstand: Der erste von sechs Prototypen (davon zwei nicht fliegende Muster zur statischen Erprobung) absolvierte den Erstflug am 6. August 1996. Man rechnet mit dem Beginn der Auslieferungen frühestens ab 1999. Die japanischen Bodenstreitkräfte haben einen Bedarf von etwa 200 OH-X als Ersatz der Kawasaki/MDD OH-6D angemeldet, die ersten fünf wurden kürzlich bestellt.
Bemerkungen: Einigermassen überraschend wurde Ende 1994 die Existenz dieses Projekts durch Präsentation einer 1 : 1 Attrappe bekannt. Nebst Kawasaki beteiligen sich auch Fuji und Mitsubishi mit je 20 % an der Entwicklung. Die Konzeption der OH-X folgt dem heute üblichen Muster eines schlanken Tandemzweisitzers, wobei der Pilot im Frontcockpit und der Beobachter/Systemoperateur hinten sitzt. Die Zelle ist weitgehend aus Verbundwerkstoffen, das Cockpit gepanzert. Auch der gelenklose Hauptrotor ist aus Kunststoff und der Heckrotor aus Sicherheitsgründen ummantelt. Die Kampfelektronik umfasst u.a. TV, FLIR und Laser-Entfernungsmesser. Mit dieser Ausrüstung ist die OH-X vollständig nacht- und allwettertauglich.
Hersteller: Kawasaki Heavy Industries Ltd., Tokyo, Japan.

Abmessungen: Rotordurchmesser 11,50 m. Weitere Angaben noch nicht erhältlich.

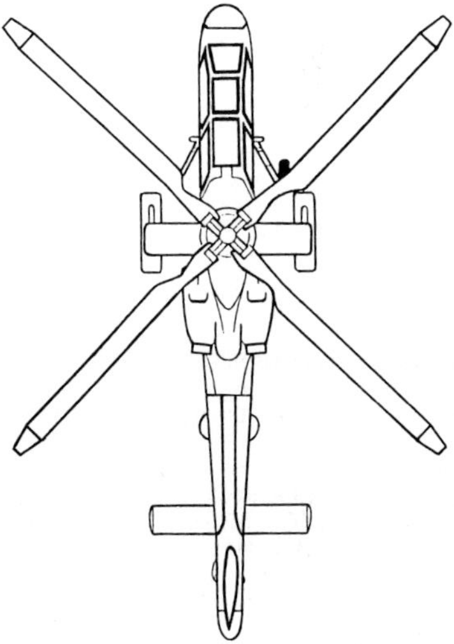

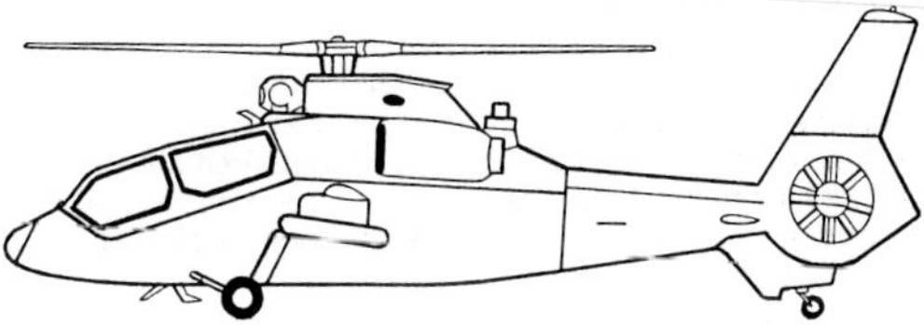

LOCKHEED C-130J HERCULES II

Ursprungsland: USA.
Kategorie: Mittelschwerer militärischer und ziviler Transporter.
Triebwerke: Vier Propellerturbinen Allison AE2100 von je 6000 WPS (4500 kW) Leistung.
Leistungen (geschätzt): Max. Reisegeschwindigkeit 630 km/h, norm. Reisegeschwindigkeit 556 km/h; Anfangssteiggeschwindigkeit 12 m/Sek; Dienstgipfelhöhe 10060 m; Reichweite mit einer Nutzlast von 21625 kg über 2600 km.
Gewichte: Leergewicht (J) 32615 kg, (J-30) 34326 kg; max. Abfluggewicht 79000 kg +.
Zuladung: Zwei Piloten und eine Nutzlast von 22000 kg +.
Entwicklungsstand: Das erste von fünf C-130J-Erprobungsmustern (zwei C-130J und drei C-130J-30) fliegt seit 5. April 1996. Bisherige Bestellungen: RAF 25, RAAF 12 (+ 24 Optionen), RNZAF 8 Optionen, USAF 15. Letztere hat einen Bedarf von 200+ neuen C-130J. Ablieferungen ab 1997 geplant. Weiterer potentieller Besteller: Saudi Arabien.
Bemerkungen: Die Version C-130J ist gegenüber der bisherigen C-130H in wesentlichen Teilen überarbeitet und verbessert worden. Nebst neuen Triebwerken mit Sechsblattrotoren neuester Technologie werden ein völlig neues Zweimann-Cockpit mit vier grossen LCD-Anzeigen und einem HUD eingebaut. Weiter hat Lockheed zur Leistungserhöhung und zur Vereinfachung der Wartung das elektrische System, die Betankungsanlage sowie die gesamte Elektronik neu konzipiert. Alle diese Massnahmen führen dazu, dass bei um 17 % reduziertem Treibstoffverbrauch sowie einer um 15 % höheren Geschwindigkeit die Nutzlast-/Reichweitenleistung um nicht weniger als 61 % verbessert wird. Zudem hat man Teile der Struktur verstärkt. Lockheed entwickelt auch eine zivile Ableitung L-100J. Nebst der Heckladerampe verfügt sie zusätzlich über ein 3,55 m breites Frachttor an der rechten Rumpfvorderseite. Weiter werden zurzeit eine AEW/C- sowie eine Flugbootvariante ins Auge gefasst.
Hersteller: Lockheed Martin Marietta Corp., Marietta, Georgia, USA.

Abmessungen: Spannweite 40,41 m, Länge (C-130J) 32,33 m, (C-130J-30) 34,36 m, Höhe 11,71 m, Flügelfläche 162,12 m².

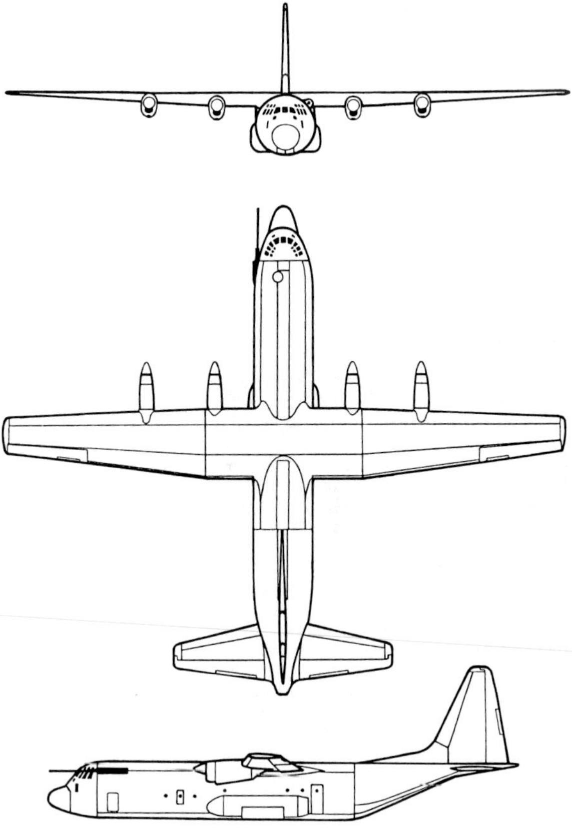

LOCKHEED F-16C/D FIGHTING FALCON

Ursprungsland: USA.
Kategorie: Einsitziger Mehrzweckjäger (F-16C) und zweisitziger operationeller Trainer (F-16D).
Triebwerke: Ein Mantelstromtriebwerk Pratt & Whitney F100-PW-220 von 6518 kp (63,9 kN) Standschub ohne und 10781 kp (105,7 kN) mit Nachbrenner, bzw. General Electric F110-GE-100 von 6359 kp (62,3 kN) Standschub ohne und 13146 kp (128,9 kN) mit Nachbrenner.
Leistungen (F-16C mit F-100): Kurzzeitig erreichbare Höchstgeschwindigkeit 2145 km/h auf 12190 m (Mach 2,02), andauernde Höchstgeschwindigkeit 2007 km/h (Mach 1,89); taktischer Einsatzradius (Einsatzprofil hoch-tief-hoch, ohne Zusatztanks) 580 km mit sechs 227-kg-Bomben; Überführungsreichweite mit max. Zusatztanks 3943 km.
Gewichte (F-16C): Leergewicht 8273 kg; Startgewicht als Abfangjäger mit Luft-Luft-Lenkwaffen 12000 kg; max. Startgewicht 19187 kg.
Bewaffnung: Eine mehrläufige 20-mm-Revolverkanone M61A-1 und, als Abfangjäger, bis sechs Luft-Luft-Lenkwaffen AIM-9L/M, als Erdkämpfer bis zu 5638 kg Aussenlasten.
Entwicklungsstand: Erstflug des YF-16-Prototypen am 20. Januar 1974, des ersten Serienflugzeugs F-16A am 7. August 1978. Am 27. April 1995 wurde die 3500. F-16 abgeliefert. Bisher haben 19 Luftwaffen diesen Typ beschafft (neu oder gebraucht). Seit der letzten Ausgabe sind folgende Zusatzaufträge eingegangen: Aegypten 21, Griechenland 120 (80 F-16A, 40 F-16C), Indonesien voraussichtlich 9, USAF 6.
Bemerkungen: Seit 1991 werden fast ausschliesslich die Varianten F-16C und F-16D (Block 50/52) abgeliefert, die über stärkere Triebwerke und verbesserte Elektronik verfügen (u.a. APG-65(V-5)-Radar, Laserkreisel). Vorläufig werden rund 20 F-16 zu Aufklärern RF-16 modifiziert. Sie sind mit einem rumpfkonformen Behälter TARS (**T**heatre **A**irborne-**R**econnaissance **S**ystem) ausgerüstet, der die Aufklärungsergebnisse im real-time-Verfahren via Video übertragen kann. Lockheed offeriert auch eine Langsteckenversion F-16ES basierend auf der F-16D mit konformen Satteltanks über den Innenflügeln.
Hersteller: Lockheed Martin Marietta Corp., Fort Worth Division, Fort Worth, Texas, USA.

Abmessungen: Spannweite 9,45 m, Länge 15,03 m, Höhe 5,09 m, Flügelfläche 27,87 m^2.

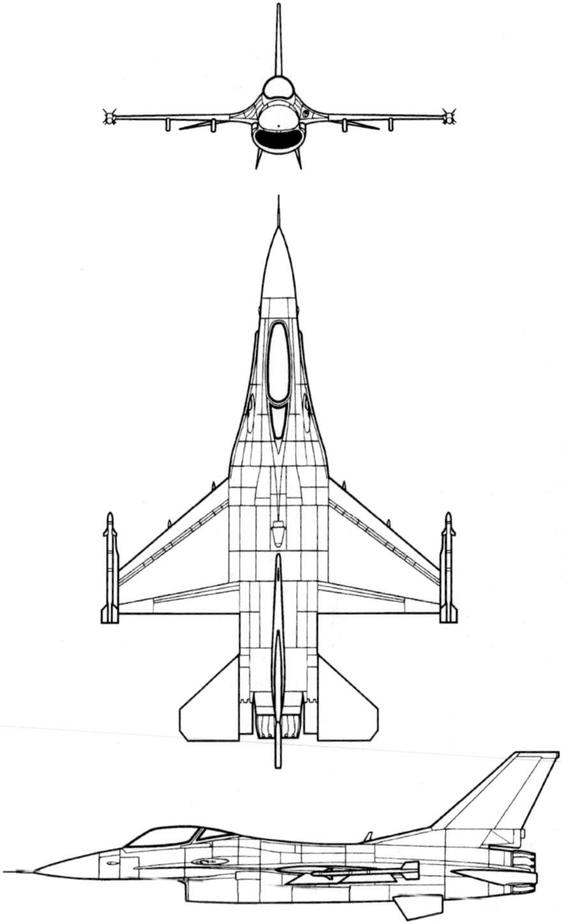

LOCKHEED/BOEING F-22

Ursprungsland: USA.
Kategorie: Luftüberlegenheits- und Mehrzweckkampfflugzeug.
Triebwerke: Zwei Mantelstromtriebwerke Pratt & Whitney YF119-PW-100 mit 15900 kp (156 kN) Standschub mit Nachverbrennung mit schwenkbarem Triebwerkstrahl.
Leistungen (YF-22, geschätzt): Höchstgeschwindigkeit in geringer Höhe 1470 km/h (Mach 1,20) oder 1915 km/h über 10975 m (Mach 1,80); max. Dauergeschwindigkeit 1595 km/h über 10975 m (Mach 1,50); Dienstgipfelhöhe 15240 m; Aktionsradius mit interner Treibstoffzuladung und voller Zahl Luft-Luft-Lenkwaffen 1450 km.
Gewichte (geschätzt): Leergewicht 14365 kg; normal beladen 24950 kg; max. Startgewicht 27216 kg.
Bewaffnung: Eine sechsläufige 20-mm-Revolverkanone und zwei Kurzstrecken-Luft-Luft-Lenkwaffen AIM-9 im zentralen Waffenschacht und vier Mittelstrecken-Luft-Luft-Lenkwaffen AIM-120 je in einem separaten Schacht seitlich am Rumpf. Zudem besteht die Möglichkeit, für Erdkampfeinsätze darin auch spezielle 450-kg-Bomben sowie Lenkwaffen an zwei Aufhängungen unter den Flügeln mitzuführen.
Entwicklungsstand: Der erste von zwei YF-22-Prototypen (siehe Foto) flog am 29. September 1990. Ein überarbeiteter Serienprototyp der F-22 startet im Mai 1997 zum Erstflug. Die Flugerprobung wird neun Flugzeuge umfassen. Mit der Einsatzbereitschaft rechnet man nicht vor 2004. Die USAF plant nun nur noch 442 Maschinen zu beschaffen.
Bemerkungen: Der Serienprototyp (siehe Silhouette) wird in seinen äusseren Konturen einige wesentliche Änderungen erfahren. Diese zielen vor allem darauf, die F-22 schwerer entdeckbar zu machen und die Wendigkeit der Maschine zu verbessern. Aus Kostengründen hat die USAF auf die zweisitzige Ausführung F-22B verzichtet. Angesichts der heute hoch entwickelten Simulatoren erübrige sich eine Einsatztrainerversion. Neu verlangt die USAF, dass dieser Typ auch für Tiefangriffe ausgelegt wird und entsprechende Munition in den Waffenschächten, als auch an Aufhängepunkten unter den Flügeln mitführen kann.
Hersteller: Lockheed Martin Marietta Corp., Marietta, Georgia und Boeing Military Airplanes, Seattle, Washington, USA.

Abmessungen: Spannweite 13,56 m, Länge 18,87 m, Höhe 5,28 m, Flügelfläche 77,1 m^2.

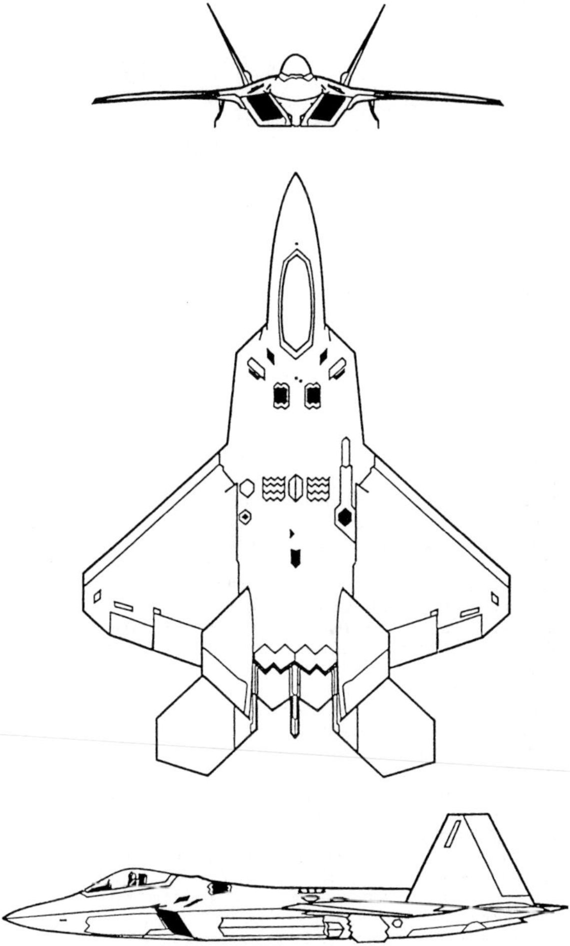

McDONNELL DOUGLAS C-17A GLOBEMASTER III

Ursprungsland: USA.
Kategorie: Schwerer Militärfrachter.
Triebwerke: Vier Mantelstromtriebwerke Pratt & Whitney F117-PW-100 von je 18914 kp (185,5 kN) Standschub.
Leistungen: Max. Reisegeschwindigkeit 818 km/h auf 10975 m (Mach 0,77), 650 km/h in niedriger Höhe: Dienstgipfelhöhe 13700 m; Reichweite mit einer Nutzlast von 58605 kg 5190 km, 5000 km mit einer solchen von 71895 kg sowie 4445 km mit 75750 kg.
Gewichte: Rüstgewicht 122016 kg; max. Startgewicht 263083 kg.
Zuladung: Zwei Piloten und zwei Lademeister. Im 26,82 m langen, 5,49 m breiten und 4,11 m hohen Frachtraum können Nutzlasten bis zu 75000 kg mitgeführt werden. Typische Lasten: Drei Kampfhubschrauber AH-64 oder ein vollausgerüsteter Kampfpanzer M-1 Abrams, bis zu 102 Fallschirmspringer. Einzellasten von 27215 kg oder mehrere Paletten von max. 49895 kg können im Flug abgeworfen werden.
Entwicklungsstand: Der Prototyp flog erstmals am 15. September 1991, gefolgt vom ersten von vier Produktionsprototypen am 19. Mai 1992. Die USAF erhält 120 Einheiten, wovon rund 30 Ende 1996 bereits abgeliefert waren.
Bemerkungen: Das besondere an der C-17A ist die Fähigkeit, schwere Lasten auf strategischen Distanzen direkt in die Nahkampfzone fliegen zu können. Für diese Aufgabe wurde sie sehr robust ausgelegt und ist beispielsweise in der Lage, Lande- und Startbahnen mit einer Länge von nur 915 m zu benützen. Sie kombiniert somit die Aufgaben der C-5/C-141 mit denen der C-130. Das superkritische Tragwerk mit einer Pfeilung von 25 Grad ist mit Winglets und einem angeblasenen Klappensystem ausgerüstet, und das stabile Fahrwerk erlaubt ein Manövrieren mit eigener Kraft am Boden. Eine als KC-17 bezeichnete Tanker-/Transporterversion soll angeboten werden. MDD plant zudem eine Zivilversion MD-17 zu entwickeln, welche dank vereinfachter Ausrüstung rund 6800 kg mehr Nutzlast mitführen könnte.
Hersteller: McDonnell Douglas Corp, Long Beach, Kalifornien, USA.

Abmessungen: Spannweite 50,29 m, Länge 53,04 m, Höhe 16,79 m, Flügelfläche 353 m².

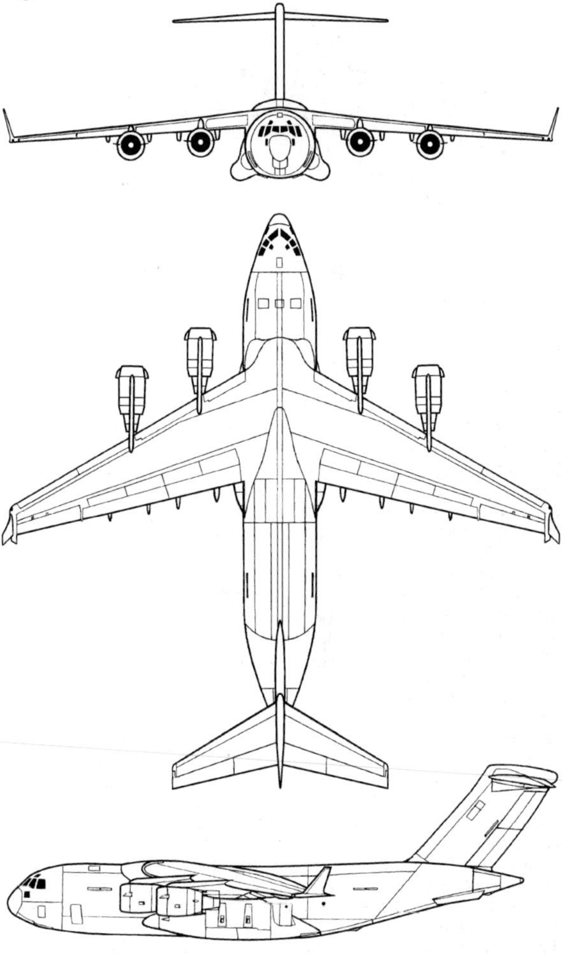

McDONNELL DOUGLAS F-15S EAGLE

Ursprungsland: USA.
Kategorie: Zweisitziger Luftüberlegenheitsjäger und Erdkämpfer.
Triebwerke: Zwei Mantelstromtriebwerke Pratt & Whitney F100-PW-229 von je 8073 kp (79,20 kN) Standschub ohne und 13200 kp (129,4 kN) mit Nachbrenner.
Leistungen: Kurzzeitig erreichbare Spitzengeschwindigkeit 2698 km/h oder Mach 2,54 auf 12190 m; längerdauernde Höchstgeschwindigkeit 2443 km/h oder Mach 2,40 auf 12190 m; Dienstgipfelhöhe 18300 m; max. Aktionsradius 1270 km; Überführungsreichweite 4445 km.
Gewichte: Rüstgewicht 14379 kg; max. Startgewicht 36741 kg.
Bewaffnung: Eine sechsläufige 20-mm-Revolverkanone M61A1 und bis zu 11113 kg Aussenlasten (Erdkampf) bzw. bis zu je vier Luft-Luft-Lenkwaffen AIM-7F Sparrow und AIM-9L Sidewinder oder bis zu acht AIM-120 (Luftüberlegenheitsseinsatz).
Entwicklungsstand: Die erste F-15E begann mit den Testflügen am 11. Dezember 1986, gefolgt vom ersten Serienflugzeug Ende 1987. Ablieferungen an die USAF ab 1988. Die USAF erhielt bis 1993 209 F-15E (6 weitere 1996 geordert). Saudi Arabien bestellte 72 F-15S, Israel 25 F-15E. Produktionsvolumen aller F-15-Ausführungen rund 1400 Einheiten.
Bemerkungen: Die F-15E ist eine für den Erdkampfeinsatz optimierte Ausführung der F-15C (siehe Ausgabe 1986) mit verstärkter Struktur, höheren Beschleunigungslimiten, dreifacher elektrischer Steuerung und für den Allwettereinsatz im Tiefflug ergänzter Avionik (Hughes APG-70-Radar, Infrarotausrüstung FLIR, LANTRIN-Tiefflug-Navigations- und Nachtfluggerät). Bis zu 100 F-15E der USAF sollen für Anti-Radareinsätze modifiziert werden. Diese würden dann AGM-88-Harm-Lenkwaffen mitführen. Die F-15S ist eine von der F-15E abgeleitete Ausführung mit vereinfachter Elektronik. Ein Erprobungsträger F-15B fliegt unter dem Namen ACTIVE (**A**dvanced **C**ontrols **T**echnology for **I**ntegrated **VE**hicles) mit zwei Vektordüsen, dank welcher sehr enge Flugmanöver geflogen werden können (Erstflug am 24. April 1996).
Hersteller: McDonnell Douglas Corp., St. Louis, Missouri, USA.

Abmessungen: Spannweite 13,05 m, Länge 19,43 m, Höhe 5,63 m, Flügelfläche 56,50 m².

McDONNELL DOUGLAS F/A-18C/D HORNET

Ursprungsland: USA.
Kategorie: Einsitziges und zweisitziges bord- oder landgestütztes Mehrzweck- und Erdkampfflugzeug.
Triebwerke: Zwei Mantelstromtriebwerke General Electric F404-GE-400 von je 4810 kp (47,2 kN) Standschub ohne und 7167 kp (70,3 kN) mit Nachbrenner oder F404-GE-402 von je 8028 kp (79 kN) Standschub mit Nachverbrennung.
Leistungen (-GE-400): Höchstgeschwindigkeit mit Luft-Luft-Lenkwaffen an den Flügelspitzen und unter dem Rumpf 1915 km/h oder Mach 1,8 auf 12150 m; Anfangssteiggeschwindigkeit mit halber Treibstoffzuladung und vier Lenkwaffen 304,6 m/Sek; Dienstgipfelhöhe 15240 m; Aktionsradius (Luftpatrouille) ohne Zusatztanks 770 km, mit drei 1192-l-Zusatztanks 1180 km.
Gewichte: Leer 10455 kg; normales Startgewicht für Luftüberlegenheitseinsatz mit halber Treibstoffzuladung und vier Lenkwaffen 16650 kg, als Erdkämpfer 22238 kg; max. Startgewicht 25400 kg.
Bewaffnung: Eine 20-mm-Revolverkanone M61A1 plus je zwei Luft-Luft-Lenkwaffen AIM-7E/F Sparrow und AIM-9G/H Sidewinder oder als Erdkämpfer bis zu 7711 kg Waffenlasten an neun Aufhängepunkten.
Entwicklungsstand: Erstflug der ersten von 11 F/A-18A/B am 18. November 1978. Zurzeit werden nur noch die weiterentwickelten F/A-18C/D produziert, letztere auch als Aufklärungsvariante für das USMC. Die neuesten Bestellungen stammen von: Finnland 57 F/A-18C und 7 F/A-18D, Schweiz 34 F/A-18C/D, Malaysia 8 F/A-18D, Thailand 8, USN/USMC weitere 12. Von allen Ausführungen sind bisher rund 1500 Einheiten von acht Luftwaffen bestellt und zum grossen Teil ausgeliefert worden. Der monatliche Ausstoss beträgt zurzeit vier Hornets.
Bemerkungen: Alle nach November 1989 gelieferten F/A-18C sind allwetter- und nachtkampftauglich und seit Frühjahr 1994 erhalten die neu produzierten Einheiten das leistungsfähigere Bordradar AN/APG-73. Die für Finnland und die Schweiz vorgesehenen F/A-18 sind mit dem leistungsfähigeren Triebwerk GE F404-402 ausgerüstet. An der Entwicklung einer Aufklärungsversion RF-18D für das USMC wird weitergearbeitet.
Hersteller: McDonnell Douglas Corp., St. Louis, Missouri, USA.

Abmessungen: Spannweite 11,43 m, Länge 17,07 m, Höhe 4,67 m, Flügelfläche 36,79 m².

McDONNELL DOUGLAS F/A-18E/F SUPER HORNET

Ursprungsland: USA.
Kategorie: Einsitziges und zweisitziges bord- und landgestütztes Mehrzweck- und Elektronikkampfflugzeug.
Triebwerke: Zwei Mantelstromtriebwerke General Electric F414-GE-400 von je 9978 kp (97,86 kN) Standschub mit Nachverbrennung.
Leistungen (geschätzt): Höchstgeschwindigkeit auf optimaler Höhe Mach 1,8 +; Dienstgipfelhöhe 15240 m; Radius als Abfangjäger mit je zwei Luft-Luft-Lenkwaffen Sidewinder und AMRAAM 760 km, bei Tiefangriffseinsätzen mit vier 450-kg-Bomben, zwei Sidewinders und zwei 1818-l-Aussentanks (hoch-tief-tief-hoch) 722 km.
Gewichte: Leergewicht 10735 kg; max. Startgewicht 23541 kg.
Bewaffnung: Eine 20-mm-Revolverkanone M61A1 und eine Waffenlast verschiedenster Auslegung von über 8000 kg.
Entwicklungsstand: Der erste von sieben Prototypen flog erstmals am 29. November 1995, gefolgt vom zweiten am 16. Dezember 1995. USN und USMC zusammen haben einen Bedarf von rund 1000 F/A-18E/F, aufgeteilt in verschiedenen Ausführungen. Die Auslieferungen sollen 1999 beginnen.
Bemerkungen: Die F/A-18E/F Super Hornet ist eine wesentlich leistungsfähigere Weiterentwicklung der F/A-18C/D Hornet. Die Hauptflügel sind deutlich grösser, der Rumpf wurde um eine zusätzliche Sektion von 86 cm verlängert. Rund ein Drittel der Zelle besteht aus Verbundwerkstoffen, vorwiegend Karbonfaser. Die Triebwerkeinläufe sind rechteckig gestaltet. Im übrigen sind alle Konturen möglichst reflexionsarm ausgelegt, um die Radarsignatur möglichst klein zu gestalten. Dies, obwohl die Super Hornet gegenüber dem Ausgangsmuster um rund 25 % grösser ist. Dank um rund 35 % stärkeren Triebwerken und einer um einen Drittel erhöhten Treibstoffkapazität resultieren in allen Bereichen wesentlich bessere Flugleistungen und insbesondere eine deutlich erhöhte Reichweite. Als Ersatz der EA-6B Prowler, entwickelt MDD eine Ausführung F/A-18C2W für die elektronische Kriegsführung.
Hersteller: McDonnell Douglas Corp., St. Louis, Missouri, USA.

Abmessungen: Spannweite 13,70 m, Länge 18,40 m, Höhe 4,88 m, Flügelfläche 46,45 m².

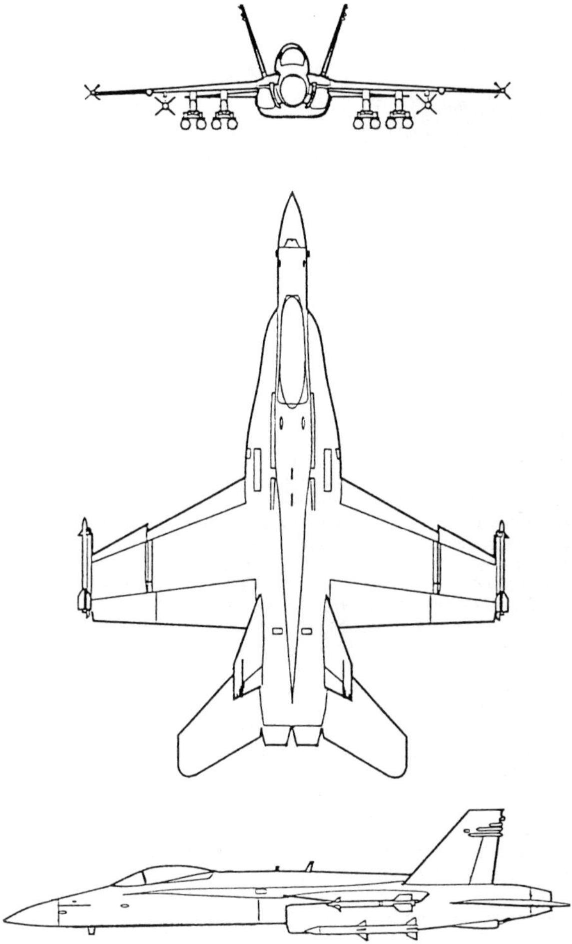

McDONNELL DOUGLAS MD-90

Ursprungsland: USA.
Kategorie: Kurz- und Mittelstrecken-Verkehrsflugzeug.
Triebwerke: Zwei Mantelstromtriebwerke IAE (MD-90-10) V2522-D5 von je 9978 kp (97,86 kN) oder (-30) V2525-D5 von je 11340 kp (111,21 kN) oder (-50) V2528-D5 von je 12700 kp (124,55 kN) Standschub.
Leistungen (-30): Reisegeschwindigkeit 812 km/h auf 10670 m (Mach 0,76); Dienstgipfelhöhe 11277 m; Reichweiten (-10) 4551 km, (-30) 4329 km und (-50) 5600 km.
Gewichte: Rüstgewichte (-10) 36690 kg, (-30) 39375 kg, (-50) 41640 kg; max. Abfluggewichte (-10) 63050 kg, (-30) 70760 kg, (-50) 78245 kg.
Zuladung: Zwei Mann Cockpitbesatzung und typische Inneneinrichtungen für (-10) 114, (-30, -50) 158 und (-55) 187 Passagiere.
Entwicklungsstand: Der Erstflug der ersten MD-90 (Version -30) fand am 22. Februar 1993 statt. Ablieferung an den Erstbesteller Delta am 24. Februar 1995. Der heutige Auftragsbestand beläuft sich auf 144 feste Bestellungen von zehn Gesellschaften (+ Optionen und Kaufsabsichten).
Bemerkungen: Die bereits lange Liste von DC-9-Ableitungen wird durch eine Mehrzahl weiterer Varianten ergänzt. Sie alle haben gemeinsam als Antrieb die IAE V2500-Triebwerk-Reihe und unterscheiden sich untereinander fast nur in der Rumpflänge, der Passagierkapazität und den damit verbundenen Abfluggewichten und Reichweitenleistungen. Die Version -10 (bisher noch nicht bestellt) verfügt über die gleiche Länge wie die MD-87, die Ausführungen -30 (siehe Silhouette) und -50/-55 sind gegenüber der MD-80 um 1,45 m gestreckt (letztere erbringt grössere Reichweitenleistungen). 20 (später evtl. 40) MD-90 werden von Shanghai Aviation in Lizenz produziert. Als vorläufig letzte Version hat MDD entschieden, die MD-95 zu lancieren. Ausgerüstet wahlweise mit BMW/Rolls-Royce BR.715- bzw. Pratt & Whitney-Triebwerken, verfügt sie über den kürzesten Rumpf der Familie und kann normal 100, maximal 129 Passagiere aufnehmen. Als Erstbesteller hat die amerikanische ValuJet 50 Einheiten bestellt; Erstflug im April 1998, Auslieferung ab 1999.
Hersteller: McDonnell Douglas Corporation, Douglas Aircraft Comp., Long Beach, Kalifornien, USA.

Abmessungen: Spannweite 32,87 m, Länge (-10) 39,75 m, (-30, -50/-55) 46,51 m, Höhe 9,30 m, Flügelfläche 112,32 m^2.

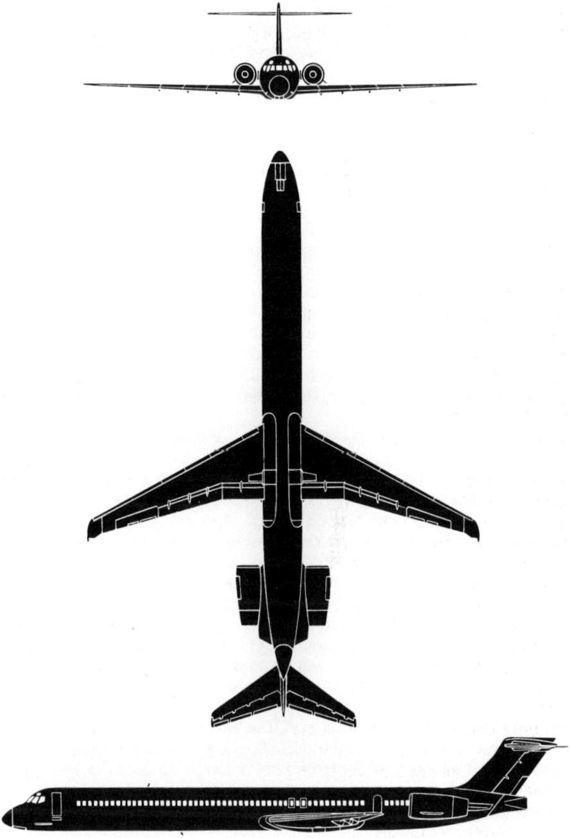

McDONNELL DOUGLAS MD-11

Ursprungsland: USA.
Kategorie: Langstrecken-Verkehrsflugzeug.
Triebwerke: Drei Mantelstromtriebwerke General Electric CF6-80C2-D1F von je 27895 kp (273,6 kN) oder Pratt & Whitney PW4460 von je 27215 kp (266,0 kN) Standschub.
Leistungen (PW4460): Höchstgeschwindigkeit 962 km/h auf 8230 m (Mach 0,87); max. Reisegeschwindigkeit 932 km/h auf 9150 m; ökonom. Reisegeschwindigkeit 876 km/h auf 10670 m; Anfangssteiggeschwindigkeit 14,7 m/Sek; Dienstgipfelhöhe 9935 m; Reichweite mit max. Passagierzuladung und üblichen Reserven 12780 km; max. Reichweite (-ER) 13900 km.
Gewichte: Rüstgewicht 124205 kg; max. Startgewicht 283500 kg und als Option (-ER) 286250 kg.
Zuladung: Zwei Piloten und max. 410 Passagiere in Zehnerreihen. Übliche Zweiklassenausstattung für 323 Passagiere. Max. Nutzlast als Kombi 68447 kg, als Frachter 93304 kg.
Entwicklungsstand: Das erste von fünf Versuchsmustern MD-11 startete am 10. Januar 1990 zum Erstflug. Beginn der Ablieferungen (an Finnair) am 29. November 1990. Der Auftragsbestand Ende 1996 belief sich auf 186 Einheiten, rund 160 davon sind ausgeliefert.
Bemerkungen: Vier Ausführungen sind derzeit erhältlich: Die oben beschriebene Passagierversion MD-11, eine kombinierte Passagier-/Frachtvariante MD-11 Combi, ein Vollfrachter MD-11F sowie der «Convertible Freighter» MD-11CF, welcher saisonal zum Frachter oder Passagierjet umgewandelt werden kann. Seit 1996 kommt die MD-11ER für Reichweiten bis zu 13300 km hinzu. Die Weiterentwicklung der grösseren MD-XX wurde aus Kostengründen überraschend eingestellt. Ob auch die seit einiger Zeit geplante zweimotorige Variante der MD-11 für Mittel- bis Langstrecken je realisiert wird, ist ebenfalls zweifelhaft.
Hersteller: McDonnell Douglas Corp., Douglas Aircraft Comp., Long Beach, Kalifornien, USA.

Abmessungen: Spannweite 51,66 m, Länge 61,21 m, Höhe 17,60 m, Flügelfläche 338,90 m².

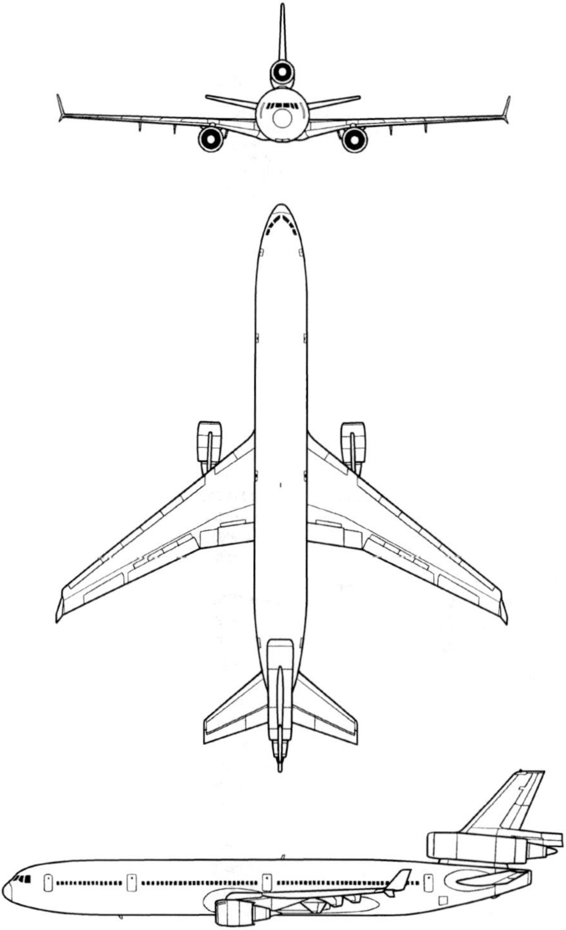

McDONNELL DOUGLAS/BAe T-45A GOSHAWK

Ursprungsland: USA und Grossbritannien.
Kategorie: Zweisitziger bord- oder landgestützter Basis- und Fortgeschrittenentrainer.
Triebwerke: Ein Mantelstromtriebwerk Rolls-Royce-Turboméca F405-RR-401 (Adour Mk.871) von 2648 kp (25,98 kN) Standschub.
Leistungen: Höchstgeschwindigkeit 1006 km/h auf 2500 m, 922 km/h auf 9150 m; Anfangssteiggeschwindigkeit 35,47 m/Sek; Dienstgipfelhöhe 12955 m; Steigzeit auf 9150 m 7,20 Min; Überführungsreichweite mit interner Treibstoffzuladung 1850 km.
Gewichte: Leergewicht 4263 kg; max. Startgewicht 5900 kg.
Bewaffnung (als Waffentrainer): Je eine Station unter jedem Flügel und unter dem Rumpf für Raketenbehälter, Übungsbombenbehälter usw.
Entwicklungsstand: Der erste von zwei Prototypen der T-45A flog am 16. April 1988 zum ersten Mal. Die Einsatztests begannen im Herbst 1993. Von den durch die USN benötigten rund 300 T-45A sind bisher deren 170 bestellt.
Bemerkungen: Die T-45A Goshawk bildet ein Teil innerhalb eines integralen Trainingssystems (T-45 Training System), welches neben dem Flugzeug auch Simulatoren, die Infrastruktur und logistische Unterstützung umfasst. Unterschiede zur britischen Hawk (siehe Seiten 92/93): Zusätzlicher Fanghaken, neu gestaltete und verlegte Luftbremsen, Grenzschichtzaun unter dem Rumpf, verstärktes Fahrwerk für Trägerstarts und -landungen, stärkeres Triebwerk sowie einige Änderungen am Klappensystem der Flügel. Die erste mit digitalem Cockpit ausgestattete T-45A führte im März 1994 den Erstflug aus, Ablieferung ab Oktober 1996. Seit 7. Oktober 1996 befindet sich eine Goshawk mit AlliedSignal F124-400-Triebwerk in Erprobung. Dieses erbringt eine Leistung von 2812 kp (28 kN) und soll wirtschaftlicher im Betrieb sein. Ob diese Ausführung in Serie geht, ist noch offen.
Hersteller: McDonnell Douglas Corp., St. Louis, Missouri, USA, und British Aerospace PLC, Military Aircraft Division, Warton, Preston, Lancashire, Grossbritannien.

Abmessungen: Spannweite 9,39 m, Länge 11,97 m, Höhe 4,09 m, Flügelfläche 16,69 m².

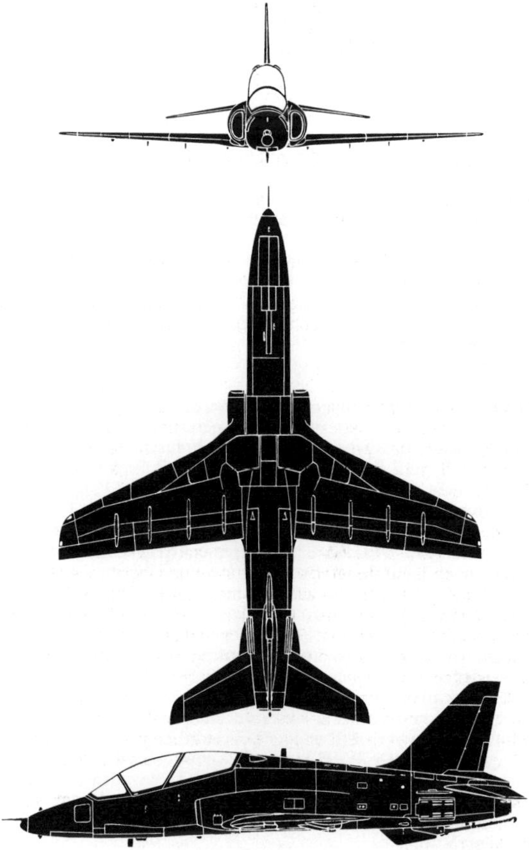

McDONNELL DOUGLAS AV-8B HARRIER II PLUS

Ursprungsland: USA und Grossbritannien.
Kategorie: Einsitziges S/VTOL-Allwetter-Erdkampfflugzeug.
Triebwerke: Ein Schwenkdüsen-Mantelstromtriebwerk Rolls-Royce F402-RR-408 (Pegasus 11-61) von 10795 kp (105,87 kN) Standschub.
Leistungen: Höchstgeschwindigkeit 1065 km/h auf Meereshöhe (Mach 0,87) oder 1200 km/h (Mach 0,98) in Reiseflughöhe; Anfangssteiggeschwindigkeit mind. 66 m/Sek; Dienstgipfelhöhe mind. 13700 m; Aktionsradius mit zwei Harpoon-, zwei Sidewinder-Lenkwaffen und einem Zusatztank von 1136 l 1128 km; Überführungsreichweite mit zwei 1136-l-Zusatztanks 2650 km.
Gewichte: Rüstgewicht 6740 kg; max. Startgewicht für Kurzstart 14100 kg.
Bewaffnung: Eine fünfläufige 25-mm-Revolverkanone GAU-12/U sowie an einer Station unter dem Rumpf und sechs unter den Flügeln bis zu 6000 kg Waffen. Eine typische Waffenlast umfasst vier Luft-Luft-Lenkwaffen AIM-9L mit Zusatztanks, AGM-65E Maverik Boden-Boden-Lenkwaffen oder bis zu 12 BL-755-Bomben.
Entwicklungsstand: Das erste Erprobungsmuster Harrier II Plus (Umbau einer Harrier II) fliegt seit Oktober 1992, die erste Serienmaschine seit 17. März 1993. Das USMC hat 27 Harrier II Plus bestellt und wird 73 weitere Harrier II auf diesen Standard umbauen. Weitere Bestellungen: Spanische Marine 8+; italienische Marine 16 (+ 8 Optionen).
Bemerkungen: Diese vorläufig letzte Variante der AV-8B wurde besonders für Nachtflugeinsätze optimiert. Gegenüber dem Vorgängermuster ist der Vorderrumpf an zwei Stellen um insgesamt 0,43 m verlängert, um das von der F-18 übernommene APG-65-Radar unterzubringen und die Aerodynamik zu optimieren. Dank deutlich stärkerem Triebwerk sind die Flugleistungen wie auch die Waffenzuladung verbessert. Schliesslich verfügt die Harrier II Plus über ein FLIR-Gerät. Zurzeit wird eine modifizierte Ausführung der AV-8B Harrier II erprobt, ausgerüstet mit neuen Flügelspitzen zur Aufnahme von Sidewinder-Lenkwaffen und zusätzliche Luftleitbleche unter dem Rumpf zur Erhöhung des Wirkungsgrades des Triebwerks.
Hersteller: McDonnell Douglas Corp., St. Louis, Missouri, USA.

Abmessungen: Spannweite 9,24 m, Länge 15,32 m, Höhe 4,08 m, Flügelfläche 22,15 m^2.

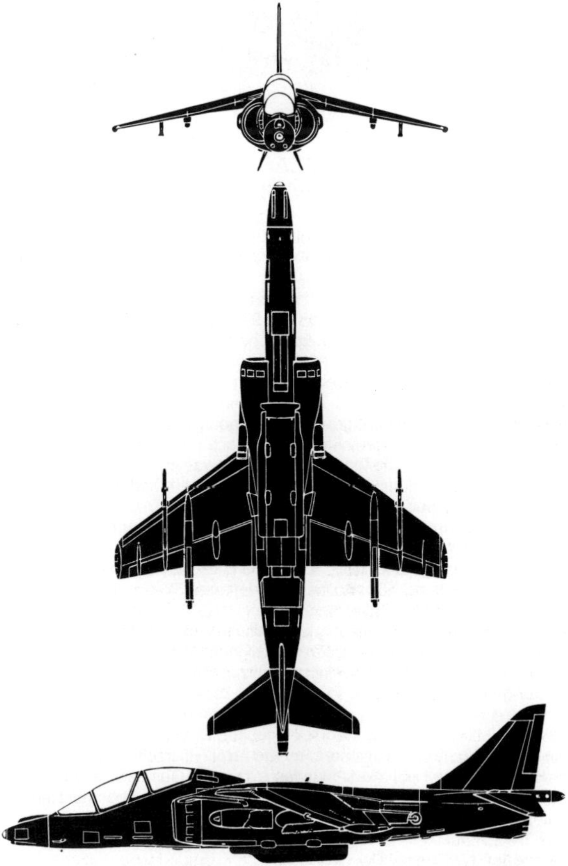

McDONNELL DOUGLAS AH-64D LONGBOW APACHE

Ursprungsland: USA.
Kategorie: Zweisitziger Kampfhubschrauber.
Triebwerke: Zwei Gasturbinen General Electric T700-GE-701C von je 1890 WPS (1409 kW) Leistung.
Leistungen (bei 6552 kg): Höchstgeschwindigkeit 296 km/h; typische Einsatzgeschwindigkeit bei 7158 kg 272 km/h; max. Schrägsteiggeschwindigkeit 12,7 m/Sek; Schwebehöhe mit Bodeneffekt 5246 m, ohne Bodeneffekt 4124 m; Reichweite mit max. interner Treibstoffzuladung 482 km, Überführungsreichweite 1701 km.
Gewichte: Leergewicht 5352 kg; max. Startgewicht 9525 kg.
Bewaffnung: Eine einläufige 30-mm-Kanone unter dem Vorderrumpf sowie bis zu 16 lasergelenkte Hellfire-Panzerabwehrraketen oder 76 ungelenkte 70-mm-Raketen. Als Defensivbewaffnung können Luft-Luft-Lenkwaffen wie Stinger, Sidewinder oder Mistral mitgeführt werden.
Entwicklungsstand: Der erste von drei als AH-64D Longbow Apache bezeichneten Prototypen startete am 15. April 1992 zum Erstflug. Von allen AH-64-Varianten sind derzeit rund 1050 bestellt: Aegypten 36, Bahrain 6, Griechenland 12 (+ 8 Optionen), Grossbritannien 67 (Lizenzbau Westland), Israel 18+, Korea ?, Niederlande 30, Saudi Arabien 12 (+ 36 geplant), UAE 30, US Army 821.
Bemerkungen: Im Vergleich zu den früheren Ausführungen (siehe Ausgabe 1992/93) weist die AH-64D zusätzlich ein Mastvisier (Longbow millimetre-wave = Millimeterwellenradar) zur Rundumgefechtsfeldbeobachtung auf. Longbow ist in der Lage, mehr als ein Dutzend Ziele gleichzeitig zu entdecken. Zur Verarbeitung der anfallenden Daten ist ein stärkerer MilStd-1553B-Databus eingebaut. Die AH-64D ist zudem mit leistungsfähigeren Triebwerken ausgerüstet und kann die neuesten radiogesteuerten Hellfire-Lenkwaffen mitführen. Gemäss heutigem Plan sollen ab 1997 750 (davon 234 bestellt) AH-64A entsprechend umgebaut werden. Die britischen AH-64D werden mit Rolls-Royce/Turboméca RTM322-Triebwerken ausgestattet.
Hersteller: McDonnell Douglas Helicopter Comp., Mesa, Arizona, USA.

Abmessungen: Rotordurchmesser 14,63 m, Rumpflänge 14,70 m, Höhe inkl. Mastvisier 4,90 m.

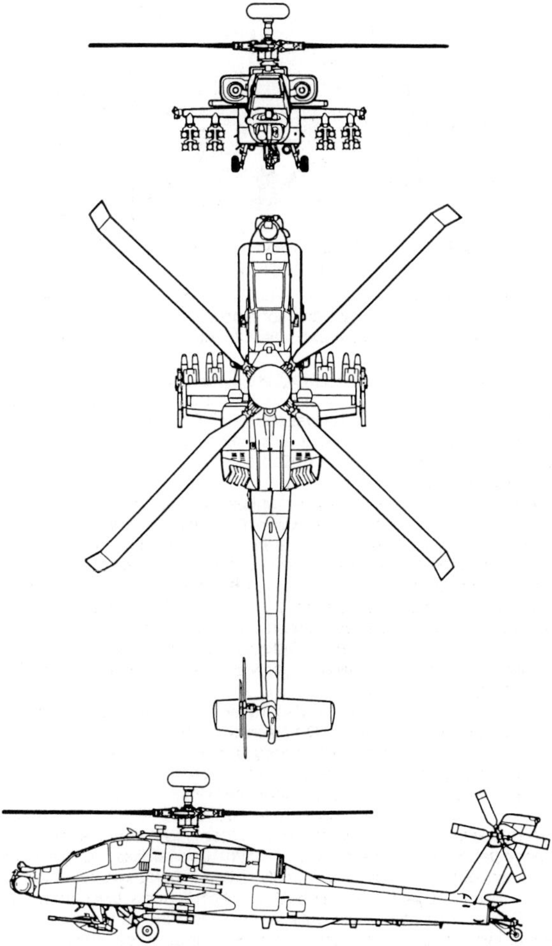

McDONNELL DOUGLAS MD 520N

Ursprungsland: USA.
Kategorie: Leichter Mehrzweckhubschrauber.
Triebwerke: Eine Gasturbine Allison 250-C20R-2 von 420 WPS (315 kW) Leistung.
Leistungen: Max. Reisegeschwindigkeit 230 km/h auf Meereshöhe; max. Schrägsteiggeschwindigkeit 7,9 m/Sek; Schwebehöhe mit Bodeneffekt 2835 m, ohne Bodeneffekt 1707 m; max. Flughöhe 6100 m; Reichweite mit normaler Treibstoffzuladung 387 km auf 1525 m.
Gewichte: Leergewicht 742 kg; max. Startgewicht 1519 kg; Überlast-Startgewicht 1746 kg.
Zuladung: Fünf bis sieben Personen inkl. Piloten.
Entwicklungsstand: Der Prototyp der MD 520N flog ab 1. Mai 1990. Die ersten Auslieferungen an Kunden begannen Anfang 1991. Die derzeitige Auftragslage dieses vorwiegend für Zivileinsätze hergestellten Hubschraubers ist nicht bekannt, dürfte aber die Zahl 200 überschreiten. Die US Army wird 36 bisherige AH-6/MH-6 in die NOTAR-Konfiguration umbauen. Agusta baut die MD 520N seit Mitte 1994 in Lizenz.
Bemerkungen: Die MD 520N ist der erste Hubschrauber, der das neue System NOTAR (**NO TA**il **R**otor = rotorloses Heck) erhielt. Sie wurde von der MD 500 mit konventionellem Heckrotor abgeleitet. Dank diesem System und dem stärkeren Triebwerk ist diese Ausführung leistungsfähiger und wesentlich leiser. Ein weiterer Vorteil dieser Technik ist die verbesserte Richtungsstabilität sowie die kleinere Verletzungsgefahr durch Wegfall des Heckrotors. Die in Prototypform existierende leistungsfähigere Variante MD 530N wird nicht in Serienfertigung gehen.
Hersteller: McDonnell Douglas Helicopter Comp., Mesa, Arizona, USA.

Abmessungen: Rotordurchmesser 8,33 m, Rumpflänge 7,62 m, Höhe inkl. Rotorkopf 2,74 m.

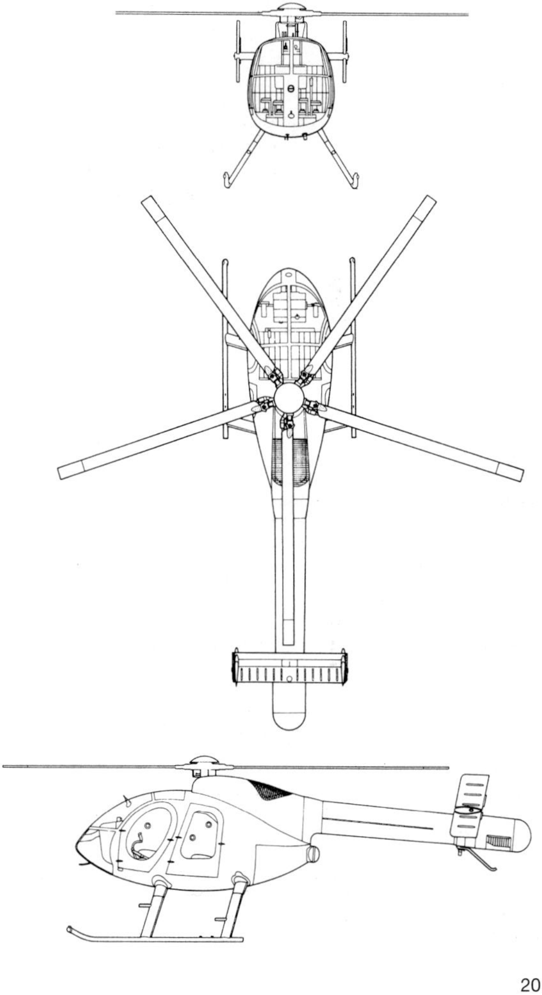

McDONNELL DOUGLAS MD 600N

Ursprungsland: USA.
Kategorie: Leichter Mehrzweckhubschrauber.
Triebwerke: Eine Gasturbine Allison 250-C47 mit einer auf 600 WPS (447 kW) reduzierten Leistung.
Leistungen (nach Angaben des Herstellers): Höchstgeschwindigkeit auf Meereshöhe 281 km/h; max. Reisegeschwindigkeit 248 km/h; Schrägsteiggeschwindigkeit 8,64 m/Sek; Dienstgipfelhöhe 6096 m; Schwebehöhe mit Bodeneffekt 3200 m, ohne Bodeneffekt 2073 m; max. Flugdauer 3 Std. 40 Min, Reichweite auf 1524 m 741 km.
Gewichte: Leergewicht 875 kg; normales Startgewicht 1860 kg, max. mit Aussenlasten 2123 kg.
Zuladung: Sieben bis acht Personen inkl. Piloten; max. Nutzlast innen 984 kg, aussen 1247 kg.
Entwicklungsstand: Der noch als MD 630N bezeichnete Prototyp flog unter grösster Geheimhaltung am 22. November 1994 und wurde erstmals im Januar 1995 öffentlich vorgeführt. Die Zulassung erfolgte im Dezember 1996, anschliessend begannen die ersten Auslieferungen an die Kunden. Die Produktion soll bis Ende 1997 bereits ausgebucht sein.
Bemerkungen: Die MD 600N stellt im Prinzip eine um 75 cm verlängerte und leistungsfähigere Ausführung der MD520N dar (siehe Seiten 200/201) und deckt im Angebot die Lücke zwischen letzterer und der MD 900 Explorer ab (siehe Seiten 204/205). Wie die beiden anderen Modelle ist die MD 600 mit dem NOTAR-System ausgerüstet. Sie tritt in direkter Konkurrenz zur Bell 206L Long Ranger an, soll diese aber bezüglich Leistungen und Wirtschaftlichkeit überbieten. Zurzeit wird geprüft, die Serienmaschinen mit einem verstärkten Getriebe und Sechsblattrotor auszurüsten.
Hersteller: McDonnell Douglas Helicopter Comp., Mesa, Arizona, USA.

Abmessungen: Rotordurchmesser 8,40 m, Rumpflänge 9,30 m, Höhe inkl. Rotorkopf 2,90 m.

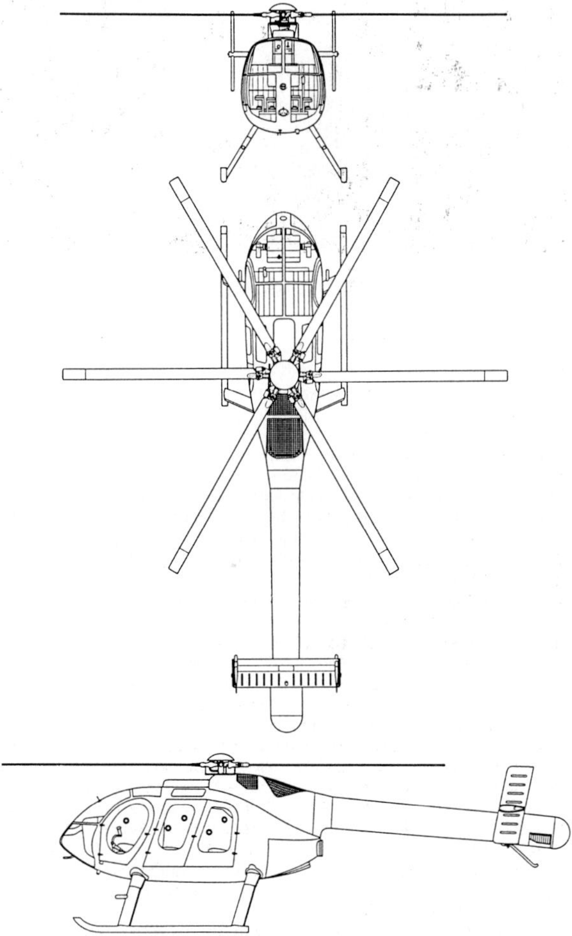

McDONNELL DOUGLAS MD 900 EXPLORER

Ursprungsland: USA.
Kategorie: Mehrzweckhubschrauber.
Triebwerke: Zwei Gasturbinen Pratt & Whitney Canada PW206B von je 600 WPS (447 kW) oder Turboméca Arrius-2C von je 605 WPS (451 kW) Leistung.
Leistungen: Höchstgeschwindigkeit 322 km/h; max. Reisegeschwindigkeit 274 km/h auf Meereshöhe; max. Schrägsteiggeschwindigkeit 14,2 m/Sek; Dienstgipfelhöhe 6100 m; Schwebehöhe mit Bodeneffekt 3962 m, ohne Bodeneffekt 3383 m; Reichweite bis ca. 600 km.
Gewichte: Leer 1458 kg; normales Startgewicht 2725 kg, max. mit Aussenlasten 3080 kg.
Zuladung: Acht bis zehn Personen inkl. Piloten; max. Innennutzlast 1163 kg, als Aussenlast 1360 kg.
Entwicklungsstand: Die MD 900 Explorer flog erstmals im Dezember 1992. Neben Festbestellungen, darunter zehn für die britischen Police Aviation Services, sind etwa 200 Kaufsabsichten eingegangen. Die ersten Exemplare wurden im Dezember 1994 den Kunden übergeben. Bis Ende 1996 sind rund 40 MD 900 abgeliefert worden.
Bemerkungen: Die MD 900 basiert auf der für die MD 520N (siehe Seiten 200/201) entwickelten NOTAR-Technologie. Ein wesentliches Merkmal der Explorer ist auch der gelenklose Fünfblattrotor aus Verbundwerkstoffen. Die komplette Ausstattung umfasst u.a. EFIS, Wetterradar, GPS, digitales Triebwerkmanagement- (FADEC) und Flugkontrollsystem. Die Explorer ist sowohl mit Radfahrwerk als auch mit Kufen erhältlich. Mehrere Betreiber haben eine speziell ausgerüstete Rettungsversion bestellt. 1997 soll die MD902 angeboten werden. Mit stärkeren PW206E-Triebwerken von 630 WPS (470 kW) werden bessere Flugleistungen erzielt. Die Zuladung steigt um 110 kg, das normale Abfluggewicht auf 2840 kg.
Hersteller: McDonnell Douglas Helicopter Comp., Mesa, Arizona, USA.

Abmessungen: Rotordurchmesser 10,31 m, Rumpflänge 9,70 m, Höhe inkl. Rotorkopf 3,66 m.

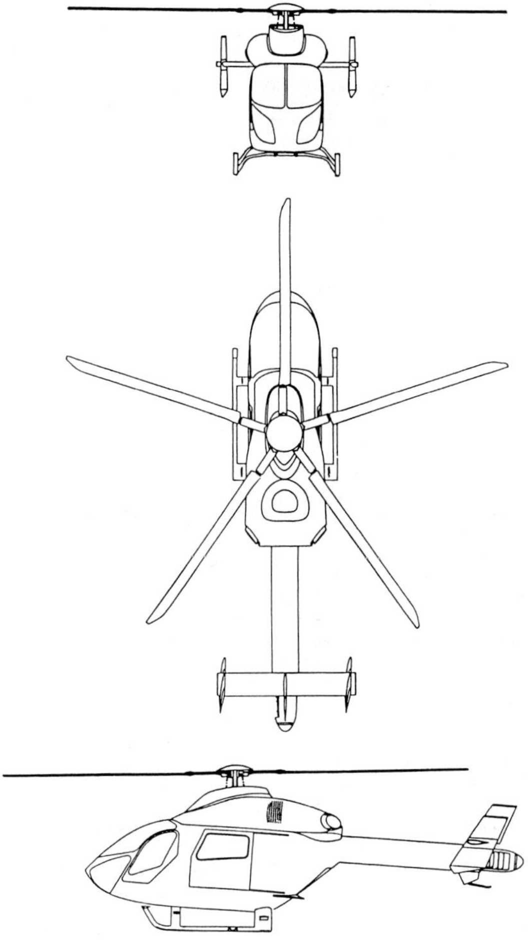

MIKOJAN MIG-29M/35

Ursprungsland: Russland.
Kategorie: Einsitziges Mehrzweckkampfflugzeug.
Triebwerke: Zwei Mantelstromtriebwerke Leningrad/Klimow RD-33K von je 8800 kp (86,30 kN) Standschub mit Nachbrenner.
Leistungen: Höchstgeschwindigkeit mit vier Luft-Luft-Lenkwaffen 2445 km/h auf 11000 m (Mach 2,3), oder 1500 km/h auf Meereshöhe (Mach 1,3); Dienstgipfelhöhe 17000 m; max. Anfangssteiggeschwindigkeit 330 m/Sek; Einsatzradius (Abfangmission mit 1500-l-Zusatztanks und vier Luft-Luft-Lenkwaffen) 1015 km; max. Reichweite mit drei Zusatztanks 3200 km (MiG-35) 4000 km.
Gewichte (MiG-35, provisorisch): Normales Startgewicht 18500 kg; max. Startgewicht 24000 kg.
Bewaffnung (MiG-35): Eine 30-mm-Revolverkanone GSh-301 und eine maximale Waffenlast von 5000 kg an zehn Aussenstationen.
Entwicklungsstand: Der erste von sechs MiG-29M-Prototypen begann die Flugerprobung bereits am 25. April 1986. Ein Serienbau findet voraussichtlich zugunsten der MiG-35 nicht statt. Die Weiterentwicklung MiG-35 soll 1997 erstmals fliegen. Vermutlich sind bisher rund 1200 MiG-29 aller Versionen für 12 Luftwaffen gebaut worden.
Bemerkungen: Die Version MiG-29M ist die Mehrzweckvariante des Jagdflugzeuges MiG-29. Nebst stärkeren RD-33K-Triebwerken verfügt sie über ein vierfachredundantes digitales Flugmanagement-System. Ein Doppler-Bordradar Phazotron N-010-Bordradar sowie ein OLS-M Infrarot-/TV-/Laser-System sind eingebaut. Wenn sie äusserlich auch den Vorgängern gleicht, so stellt sie weitgehend eine Neukonstruktion dar. Unter der Bezeichnung MiG-35 wird zurzeit ein Nachfolgemodell der MiG-29M entwickelt mit folgenden Merkmalen: Grössere Flügel der MiG-29K mit Vorflügeln, stärkere Klimow RD-133-Triebwerke (später RD-333) mit Vektorsteuerung, neuestes Zhuk-Ph-Bordradar, Glascockpit, 10 Waffenstationen. Nebst deutlich besserer Manövrierfähigkeit ist die Reichweitenleistung deutlich erhöht.
Hersteller: MiG, Moskovskii Mashinostroitelnyy Zavod Imieni A.I. Mikoyana und MAPO, Moskau, Russland.

Abmessungen: Spannweite (MiG-29) 11,36 m, (MiG-35) 12,00 m, Länge 17,32 m, Höhe 4,73 m, Flügelfläche 38,00 m^2.

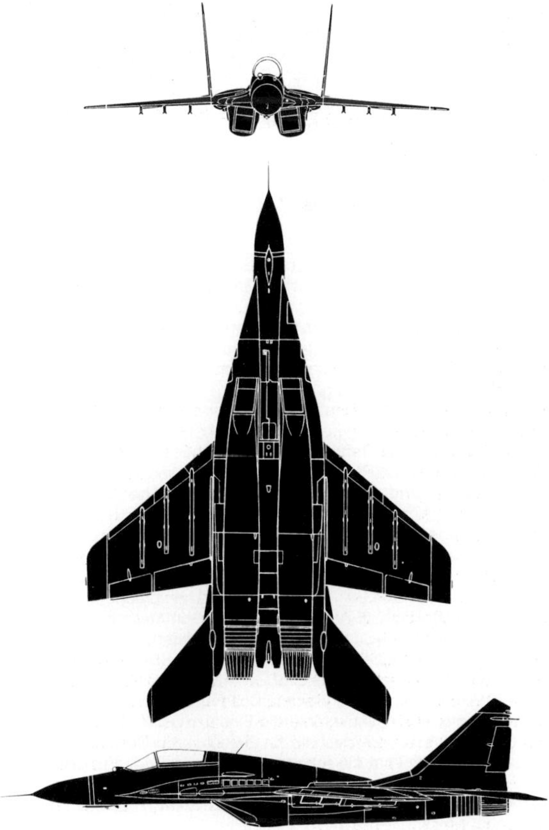

MIKOJAN MiG-AT

Ursprungsland: Russland.
Kategorie: Zweisitziger Fortgeschrittenentrainer.
Triebwerke: Zwei Mantelstromtriebwerke SNECMA Lazarc 04-R20 von 1437 kp (14,10 kN) Standschub.
Leistungen (sehr provisorische Angaben): Höchstgeschwindigkeit 1000 km/h auf Meereshöhe; Anfangssteiggeschwindigkeit 80 m/Sek; Dienstgipfelhöhe 15500 m; Überführungsreichweite mit max. Treibstoffzuladung 2600 km.
Gewichte: Leergewicht mind. 3300 kg; normales Startgewicht 4610 kg, maximal 7000 kg.
Bewaffnung: Die Serienmaschinen sollen über sieben Aufhängepunkte für Waffen aller Art an Rumpf und Flügeln verfügen.
Entwicklungsstand: Zwei Prototypen wurden gebaut, je einer mit französischer (Bezeichnung -F) bzw. russischer Elektronik (-R). Der erste nahm die Flugerprobung am 21. März 1996 auf. Angeblich sollen weitere 15 Vorserienmaschinen bereits gebaut sein. Die russische Luftwaffe benötigt als Ersatz der L-39 bis zu 1000 Einheiten des aus dem Wettbewerb zwischen der MiG-AT und der Yak-130 hervorgehenden Siegers.
Bemerkungen: Die MiG-AT wird in enger Zusammenarbeit mit französischen Firmen entwickelt. So stammt das Triebwerk aus Frankreich, wird aber in Russland in Lizenz hergestellt werden. Auch die Sextant-Avionik steuert die französische Seite bei. Der Flügel aus Verbundwerkstoffen soll in Südkorea hergestellt werden. Das Flugzeug soll in der Lage sein, die genau gleichen Manöver wie die Einsatzmuster MiG-29 und Su-27 auszuführen und wurde deshalb für Belastungen von bis zu +8g bzw. -3g ausgelegt. MiG hat die Arbeiten für eine einsitzige Erdkampfversion ATB aufgenommen.
Hersteller: MiG, Moskovskii Mashinostroitelnyy Zavod Imieni A.I. Mikoyana, Moskau, Russland.

Abmessungen: Spannweite 10,16 m, Länge 12,01 m, Höhe 4,62 m, Flügelfläche 17,67 m^2.

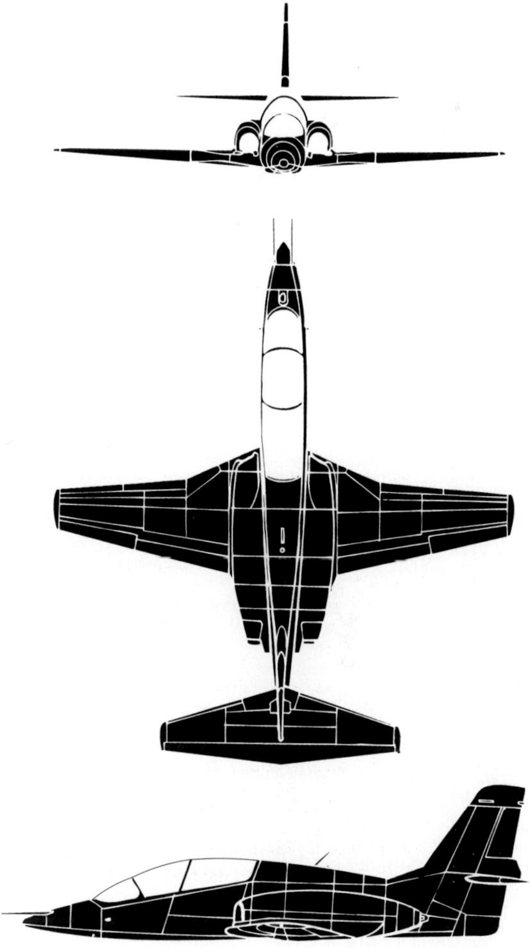

MIL MI-26TM (HALO)

Ursprungsland: Russland.
Kategorie: Schwerer militärischer und ziviler Transporthubschrauber.
Triebwerke: Zwei Gasturbinen ZMKB Progress (Lotarew) D-136 von je 11240 WPS (8383 kW) Leistung.
Leistungen: Höchstgeschwindigkeit 295 km/h; normale Reisegeschwindigkeit 255 km/h; Schwebehöhe mit Bodeneffekt 4500 m, ohne Bodeneffekt 1800 m; Reichweite bei einem Fluggewicht von 49500 kg 500 km, bei 56000 kg 800 km.
Gewichte: Leer 28200 kg; normales Startgewicht 56000 kg.
Zuladung: Fünf Mann Besatzung und, als Militärtransporter, bis zu 100 Soldaten oder 20000 kg Fracht.
Entwicklungsstand: Als schwerster und stärkster Hubschrauber der Welt fliegt die Mi-26 bereits seit dem 14. September 1977. Sie steht seit 1985 bei der sowjetischen Luftwaffe in rund 60 Exemplaren im Einsatz. Weitere 10 betreibt die indische Luftwaffe. Die Produktion läuft in kleinen Stückzahlen weiter. Neueste Besteller: Peru 3, Samsung, Korea 1.
Bemerkungen: Eine technische Neuheit stellt vor allem der erste Achtblattrotor der Welt und dessen Titan-Rotorkopf samt Kraftübertragung dar. Der Frachtraum der Mi-26 ist grösser als derjenige des viermotorigen Frachtflugzeugs An-12. Er kann 85 vollausgerüstete Soldaten, 40 Patienten plus Pfleger oder zwei Luftlande-Kampffahrzeuge aufnehmen. Die Mi-26TM ist eine Weiterentwicklung mit stärkeren Triebwerken und Rotorblättern vollständig aus Kunststoff. Dadurch konnte die max. Nutzlast auf 22000 kg angehoben werden.
Hersteller: OKB Michail L. Mil, Werk Arseneyew, Moskau, Russland.

Abmessungen: Rotordurchmesser 32,00 m, Rumpflänge ohne Heckrotor 33,73 m, Höhe inkl. Rotorkopf 8,15 m.

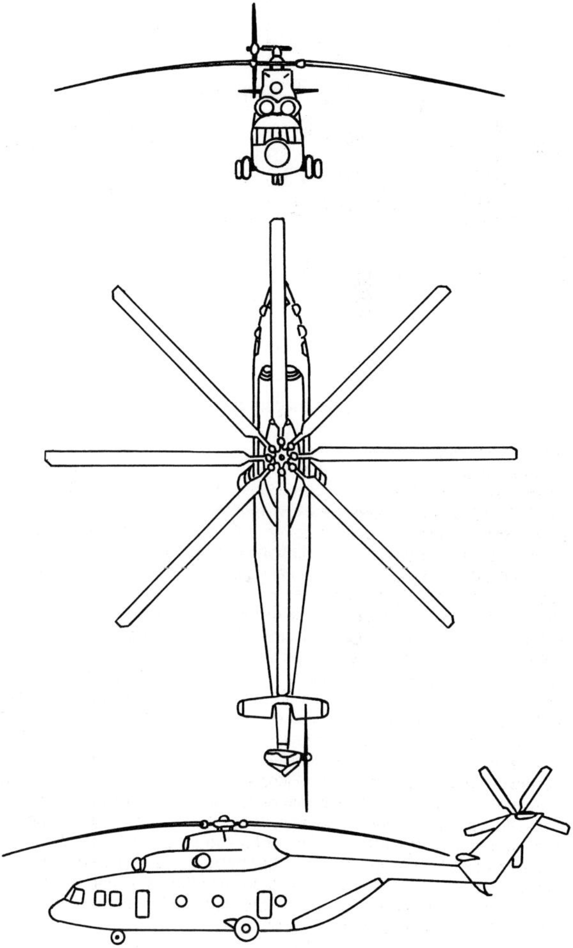

MIL MI-28N

Ursprungsland: Russland.
Kategorie: Zweisitziger Kampfhubschrauber.
Triebwerke: Zwei Gasturbinen Klimow (Isotow) TV3-117 von je 2200 WPS (1640 kW) Leistung.
Leistungen: Höchstgeschwindigkeit 300 km/h; max. Reisegeschwindigkeit 270 km/h; Dienstgipfelhöhe 5800 m; Schwebehöhe ohne Bodeneffekt 3600 m; Reichweite mit max. Treibstoffzuladung 470 km; Flugdauer 2 Std.
Gewichte: Leer 7000 kg; max. Startgewicht 10400 kg.
Bewaffnung: Eine 30-mm-2A42-Kanone in einem Turm unter der Rumpfnase und je zwei Waffenstationen mit einer Tragkraft von 480 kg an beiden Stummelflügeln. Typische Bewaffnung: Panzerabwehrlenkwaffen 9M114 «Shturm» und Luft-Luft-Lenkwaffen 9M39 «Igla».
Entwicklungsstand: Der erste von vier Prototypen der Weiterentwicklung Mi-28N wurde am 16. August 1996 vorgestellt. Nach den derzeitigen Plänen will Russland die Mi-28N ab 1998 beschaffen.
Bemerkungen: Die Mi-28N ist der zurzeit kampfstärkste Hubschrauber dieser Klasse. Sie verfügt über Panzerung aus Titan und Verbundwerkstoffen, um die Piloten, die Rumpftanks sowie weitere lebenswichtige Systeme zu schützen. Ähnlich wie die AH-64D (siehe Seiten 198/199), ist die Mi-28N mit einem im Mastvisier eingebauten 360°-Millimeterwellenradar ausgerüstet. Dank der hochentwickelten elektronischen Kampfausrüstung, u.a. aus Sensoren am Rumpfbug für verschiedene Aufgaben und auch aus einem FLIR-Gerät bestehend, ist sie allwetter- und nachtkampftauglich. Offenbar soll unter der Bezeichnung Mi-58 eine Zivilausführung für Passagier- und Frachtaufgaben entwickelt werden.
Hersteller: OKB Michail L. Mil/Rostvertol, Werk Rostow, Moskau, Russland.

Abmessungen: Rotordurchmesser 17,20 m, Rumpflänge 16,85 m, Höhe inkl. Rotorkopf 4,86 m.

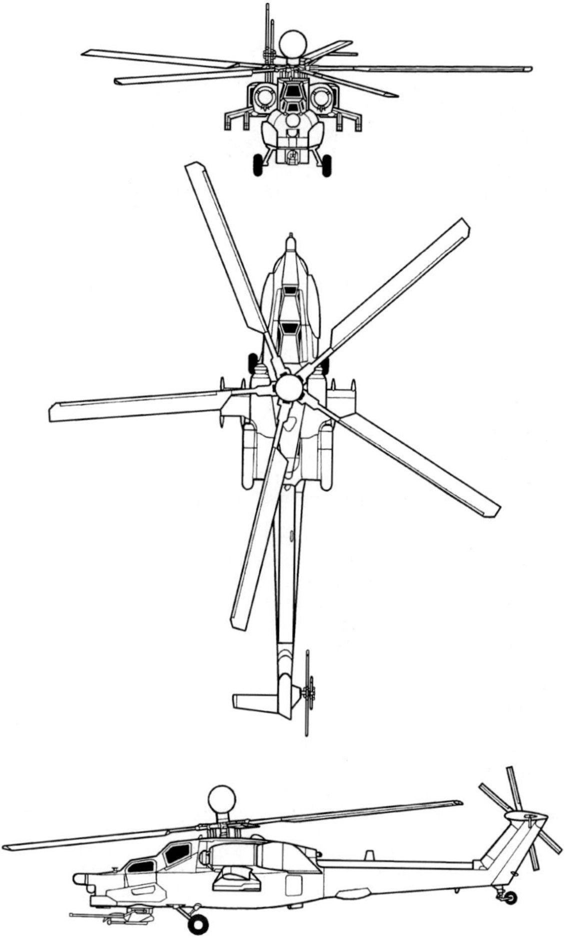

MIL MI-34

Ursprungsland: Russland.
Kategorie: Leichter Mehrzweckhubschrauber.
Triebwerke: Ein luftgekühlter Neunzylinder-Sternmotor Wedenjew M-14B26 von 325 PS (242 kW) Leistung.
Leistungen: Höchstgeschwindigkeit 210 km/h; max. Reisegeschwindigkeit 180 km/h; Dienstgipfelhöhe 4500 m; Schwebehöhe ohne Bodeneffekt 1500 m; Reichweite mit einer Nutzlast von 165 kg 180 km; max. Reichweite 450 km.
Gewichte: Startgewicht Kunstflug 1080 kg; max. Startgewicht 1350 kg.
Zuladung: Zwei bis vier Personen.
Entwicklungsstand: Der erste von zwei Prototypen flog erstmals Ende 1986. Die ersten Serienhubschrauber sind im September 1993 fertiggestellt worden. Bestellungen liegen vor, darunter auch von der Moskauer Stadtpolizei für Überwachungsaufgaben. Wieviele davon geliefert wurden, ist nicht bekannt.
Bemerkungen: Die Mi-34 ist primär für Schulungs- und Kunstflugaufgaben ausgelegt, lässt sich aber ebenso für Transport-, Beobachtungs- und Verbindungseinsätze verwenden. Sie soll u.a. die in grosser Zahl in russischen Aeroclubs und Schulen noch immer verwendeten Mil Mi-1 ersetzen. Mil bietet neu eine mit zwei Wankelmotoren von je 320 PS (170 kW) ausgestattete Version Mi-34VAZ an. Gegenüber dem Ausgangsmuster ist sie in wesentlichen Teilen neu gezeichnet und wird über ein max. Abfluggewicht von 1960 kg verfügen. Die Einsatzbereitschaft ist in den nächsten drei Jahren vorgesehen. Auch eine Ausführung mit Allison 250-C20B- bzw. 250C-20R/1-Triebwerk von 420/450 WPS (313/335 kW) ist erhältlich.
Hersteller: OKB Michail L. Mil, Werk Arseneyew, Moskau, Russland.

Abmessungen: Rotordurchmesser 10,00 m, Rumpflänge 8,71 m.

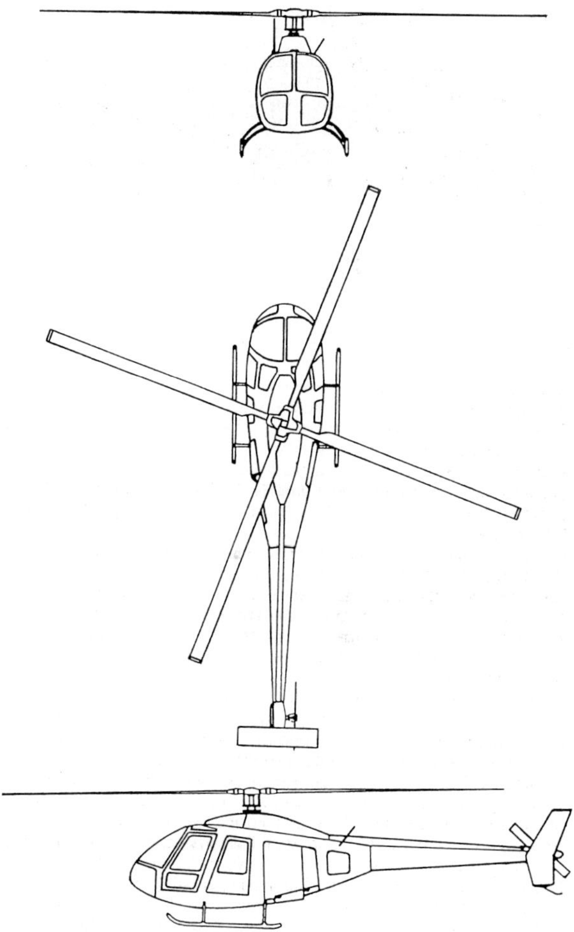

MIL MI-35M (MI-24M)

Ursprungsland: Russland.
Kategorie: Schwerer Kampf- und Mehrzweckhubschrauber.
Triebwerke: Zwei Gasturbinen Klimow TW3-117WMA von je 2225 WPS (1659 kW) Leistung.
Leistungen: Höchstgeschwindigkeit über Grund 312 km/h; Marschgeschwindigkeit 280 km/h; max. Steigrate 12,4 m/Sek; Dienstgipfelhöhe 5750 m; Schwebehöhe ohne Bodeneffekt 2100 m; Reichweite 450 km, Überführungsreichweite mit Zusatztanks 1000 km.
Gewichte: Leergewicht 8050 kg; max. Startgewicht 11500 kg.
Zuladung: Pilot und Waffenoperateur im Cockpit und bis zu acht Personen in der Kabine.
Bewaffnung: Eine doppelläufige 30-mm-Kanone GSh-23V unten am Vorderrumpf und Waffen bis zu 1000 kg an acht Aufhängepunkten unter den Stummelflügeln, beispielsweise Panzerabwehr-Lenkwaffen 9M114 «Shturm» und Luft-Luft-Lenkwaffen 9M39 «Igla».
Entwicklungsstand: Eine zum Prototypen Mi-35M umgebaute Mi-24 fliegt seit 1995. Der Serienbau wurde bisher noch nicht aufgenommen.
Bemerkungen: Die Ausführung Mi-35M ist eine wesentlich verbesserte Ausführung des Grundmusters Mi-24 und entspricht in der Auslegung der heute eingesetzten Technologie. Sowohl Neubauten wie auch Umbauten früherer Versionen sind vorgesehen. Die Mi-35M verfügt über einen von der Mi-28 abgeleiteten neuen Rotor aus Titan mit Elastomerlagern und Blättern aus Verbundstoff. Die Elektronik sowie die Bewaffnung sind völlig neu konzipiert und für wesentlich mehr Aufgaben geeignet. Unter der Bezeichnung Mi-24M wird eine Exportversion mit westlicher Avionik offeriert. Für das russische Innenministerium wird eine unbekannte Anzahl Mi-24 für zivile Sicherheitsaufgaben umgebaut, u. a. ausgerüstet mit einem Suchscheinwerfer, neuer Kommunikationsausrüstung und Lautsprechern an dem Stummelflügeln.
Hersteller: OKB Michail L. Mil/Rostvertol, Werk Rostow, Moskau, Russland.

Abmessungen: Rotordurchmesser 17,30 m, Rumpflänge 17,51 m, Höhe 5,47 m.

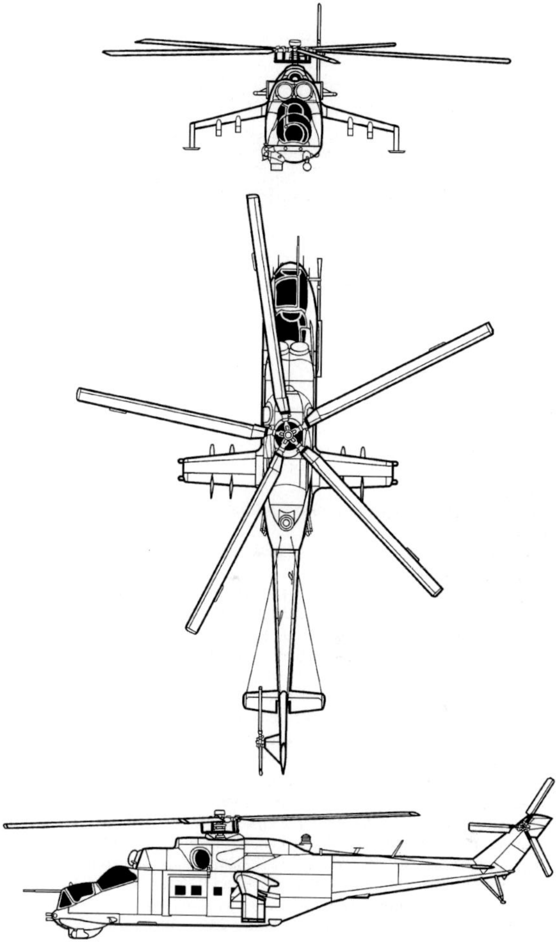

MITSUBISHI F-2

Ursprungsland: Japan (USA).
Kategorie: (F-2A) Einsitziger bzw. (F-2B) doppelsitziger Mehrzweckjäger.
Triebwerke: Ein Mantelstromtriebwerk General Electric F110-GE-129 von 13150 kp (129,0 kN) Standschub mit Nachverbrennung.
Leistungen (Schätzungen): Höchstgeschwindigkeit auf grossen Höhen Mach 2,0.
Gewichte: Max. Startgewicht rund 22000 kg.
Bewaffnung: Die max. Waffenlast soll 9000 kg betragen, u.a. die japanischen Eigenentwicklungen Mitsubishi AAM-3-Luft-Luft- sowie die XASM-2-Anti-Schiffs-Lenkwaffen.
Entwicklungsstand: Erstflug des ersten von vier Prototypen FS-X am 7. Oktober 1995, des letzten am 24. Mai 1996. Die japanischen Luftstreitkräfte erhalten ab 1999 130 F-2 (einschliesslich 47 Doppelsitzer), die ersten elf wurden kürzlich bestellt.
Bemerkungen: Die F-2 ist von der Lockheed F-16 abgeleitet (siehe Seiten 178/179). Im Laufe der Entwicklung hat sie sich technisch vom Ausgangsmuster immer weiter entfernt, so dass heute fast von einem vollständig neu entwickelten Typ gesprochen werden kann. Vorderrumpf und Heck sind leicht länger, und der Flügel aus Kunststoff wurde völlig neu entwickelt. In amerikanisch-japanischer Zusammenarbeit wurde auch ein neuartiges Bordradar mit Aktiv-Steuerung entwickelt. Die übrige Elektronik stammt vollständig aus japanischer Entwicklung. 40 % des Auftragvolumens erhält die US-Industrie. Aus der F-2 abgeleitet, will man eine vereinfachte zweisitzige Fortgeschrittenentrainer-Ausführung TFS-X entwickeln, die wesentlich kostengünstiger sein soll und die Kawasaki T-2 abzulösen hätte.
Hersteller: Mitsubishi Heavy Industries Ltd., Werk Nagoya, Tokio, Japan.

Abmessungen (provisorische Angaben): Spannweite 11,20 m, Länge 15,50 m.

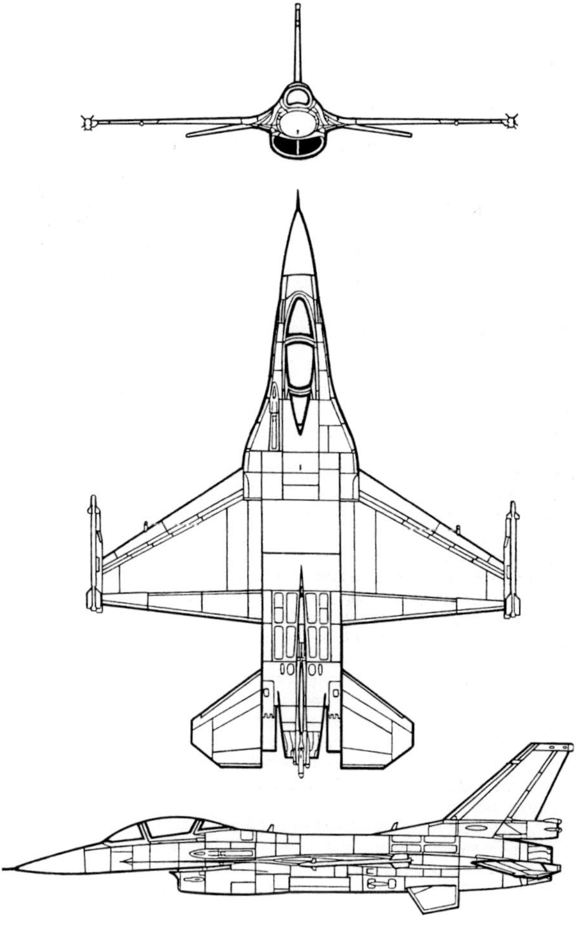

MOONEY M.20R OVATION

Ursprungsland: USA.
Kategorie: Sport- und Reiseflugzeug.
Triebwerke: Ein luftgekühlter Sechszylinder-Boxermotor Teledyne Continental IO-550-G von 280 PS (208 kW) Leistung.
Leistungen: Höchstgeschwindigkeit auf 2750 m 352 km/h; Anfangssteiggeschwindigkeit 6,09 m/Sek; Reichweite mit max. Treibstoffzuladung 1800 km.
Gewichte: Leergewicht 1009 kg; max. Startgewicht 1528 kg.
Zuladung: Pilot und drei Passagiere in je zwei Sitzen hintereinander; max. Nutzlast 519 kg.
Entwicklungsstand: Der Erstflug der M.20R Ovation fand im Mai 1994 statt. Nebst der Ovation, von der bisher rund 80 Einheiten ausgeliefert wurden, sind zurzeit zwei weitere Ausführungen, die M.20M TLS und die M.20J, in Produktion.
Bemerkungen: Das Ausgangsmuster, ursprünglich ganz aus Holz hergestellt, fliegt seit 1955. Die neueste Ausführung M.20R Ovation ist eine ganz aus Metall bestehende wesentliche Weiterentwicklung. Sie stellt die Zwischenvariante zwischen der einfacheren Ausführung M.20J mit einem 200-PS-Triebwerk (149 kW) und der verlängerten M.20M TLS dar. Mooney plant 1997 als weitere Version, die Encore, anzubieten. Diese soll dank stärkerem Triebwerk TSIO-360MB7B von 220 PS (165 kW) allgemein bessere Flugleistungen und eine höhere Nutzlast ermöglichen. Aufgrund eines überarbeiteten Dreiblatt-Propellers wird sie auch leiser sein.
Hersteller: Mooney Aircraft Corp., Kerrville, Texas, USA.

Abmessungen: Spannweite 11,00 m, Länge 8,15 m, Höhe 2,54 m.

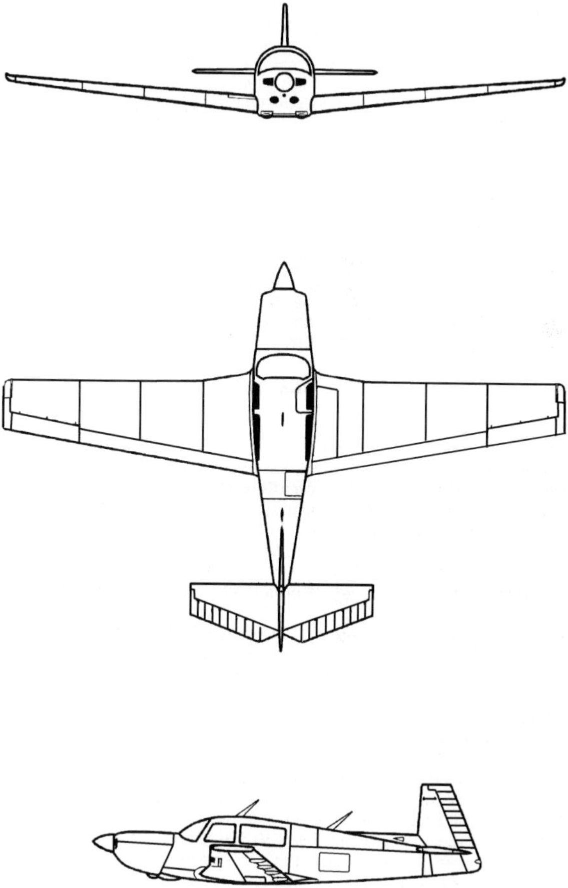

NH INDUSTRIES NH90

Ursprungsland: Bundesrepublik Deutschland, Frankreich, Italien und Niederlande.
Kategorie: Mittelschwerer militärischer Mehrzweck- (TTH) und bordgestützter U-Bootjagdhubschrauber (NFH).
Triebwerke: Zwei Gasturbinen Rolls-Royce-Turboméca RTM322-01/9 bzw. General Electric T700-T6E von je 1680 WPS (1253 kW) Leistung.
Leistungen (geschätzt): Höchstgeschwindigkeit fast 300 km/h; Marschgeschwindigkeit 260 – 290 km/h; Dienstgipfelhöhe 6000 m; Schwebehöhe mit Bodeneffekt 3600 m, ohne Bodeneffekt 3000 m; Einsatzradius mit 2000 kg Nutzlast > 250 km; Überführungsreichweite > 1200 km; Einsatzdauer 4 Std.
Gewichte: Leer zwischen 5400 und 6400 kg; normales Startgewicht 8700 bis 9300 kg, max. 10000 kg.
Zuladung (TTH): Ein bis zwei Piloten und bis zu 20 Soldaten bzw. 12 Verwundete in der Kabine mit den Dimensionen: 4,00 m lang, 2,00 m breit und 1,58 m hoch; max. Nutzlast > 2000 kg; (NFH): Zwei Piloten und zwei bis vier Systemoperateure.
Bewaffnung (NFH): Je zwei Torpedos oder Anti-Schiffslenkwaffen an Trägern seitlich am Rumpf.
Entwicklungsstand: Der erste von fünf Erprobungsmustern (vier TTH, ein NFH) wurde am 29. September 1995 erstmals der Öffentlichkeit vorgestellt. Der Erstflug folgte am 18. Dezember 1995. Die Partnerländer sollen von beiden Versionen nach neuesten Angaben insgesamt nur noch 647 Einheiten abnehmen, BRD 243, Frankreich 160, Italien 224 Niederlande 20 NFH. Erste Auslieferungen sind auf das Jahr 2003 hinausgeschoben worden.
Bemerkungen: Die Ausführungen TTH und NFH sind in der Grundkonzeption gleich, hingegen unterscheiden sie sich von der Aufgabe her sehr stark in der Ausrüstung. Die TTH verfügt über eine Heckladerampe. Die Marineversion NFH ohne Heckladerampe verfügt über zwei Schwimmer, faltbare Rotoren und beiklappbares Rumpfheck. Die Bordavionik umfasst u.a. taktisches Radar, Sonar sowie zahlreiche weitere Sensorsysteme. Im Hinterrumpf befindet sich ein Ausstoss-System für Düppel, Infrarotfackeln und Sonarbojen.
Hersteller: NH Industries (Agusta, Eurocopter, Fokker), Aix-en-Provence, Frankreich.

Abmessungen: Rotordurchmesser 16,30 m, Rumpflänge 15,88 m, Höhe über Heckrotor 5,44 m.

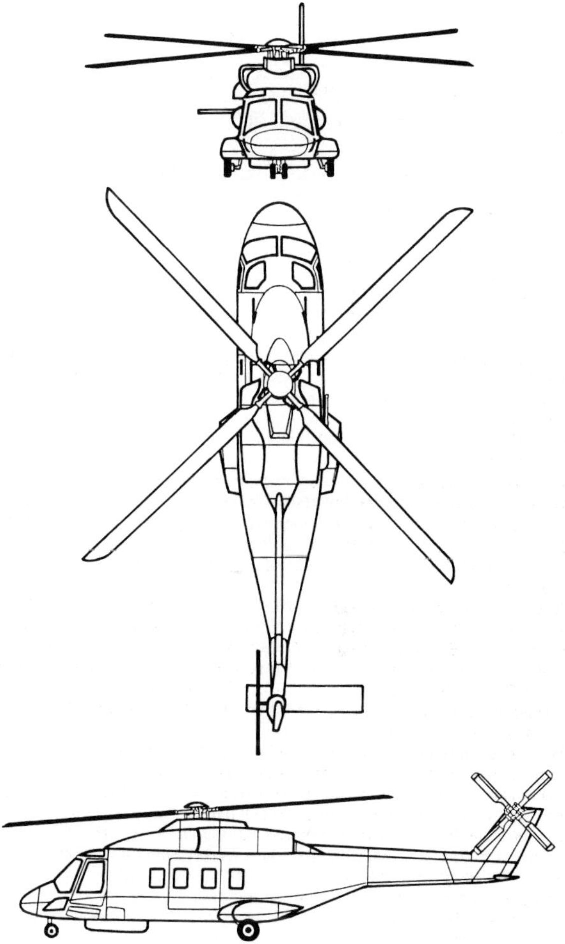

NORTHROP B-2A SPIRIT

Ursprungsland: USA.
Kategorie: Zweisitziger, schwer ortbarer strategischer Bomber.
Triebwerke: Vier Mantelstromtriebwerke General Electric F118-GE-110 von je 8620 kp (84,5 kN) Standschub.
Leistungen: Höchstgeschwindigkeit 955 – 1010 km/h auf 15250 m (Mach 0,9 – 0,95) oder 970 km/h auf Meereshöhe (Mach 0,75); Dienstgipfelhöhe 15240 m; max. Reichweite ohne Flugbetankung 12955 km, mit einer Flugbetankung 18532 km; Reichweite mit acht SRAM-Lenkwaffen und acht B83-Bomben (Flugprofil hoch-hoch-hoch) 11675 km bzw. (Flugprofil hoch-tief-hoch) 8154 km.
Gewichte: Leergewicht 56700 kg; max. Startgewicht 168422 kg.
Bewaffnung: Geschätzte Waffenlast von 34000 kg in zwei Waffenschächten nebeneinander für beispielsweise je acht SRAM's (Short-Range Attack Missiles) an einem rotierbaren Träger, B61 und B63 freifallende Nuklearwaffen, 454-kg-/340-kg-/227-kg-Bomben oder Seeminen vom Typ Mk.36.
Entwicklungsstand: Die erste B-2A startete am 17. Juli 1989 zum Erstflug, gefolgt von der zweiten am 19. Oktober 1990. Das vierte und letzte Entwicklungsmuster nahm am 17. April 1992 die Flugerprobung auf. Die letzte der 20 von der USAF bestellten Einheiten wird 1997 abgeliefert sein.
Bemerkungen: Die B-2 basiert auf den neuesten Stealth-Erkenntnissen und ist daher mit heutigen Mitteln wie Radar und Infrarot nur schwer zu erfassen. Sie eignet sich für Angriffe im Tiefflug oder aus grosser Höhe, gegen feste oder mobile Ziele. Ihre Zelle besteht hauptsächlich aus Karbonfaser- und Kevlar-verstärkten Kunststoffen, mit Titan an extrem beanspruchten Stellen. Die Flugzeugoberfläche absorbiert Radarstrahlen. Wie bei der F-117A (siehe Ausgabe 1992/93) sind auch bei der B-2 Triebwerkein- und auslässe über dem Flügel angeordnet und daher gegen Infrarotsuchgeräte abgeschirmt. Ab Flugzeug Nr. 10 sind einige Verbesserungen an der Avionik vorgenommen worden, u.a. Einbau eines GPS.
Hersteller: Northrop Corp., B-2-Division, Pico Rivera, Kalifornien, USA.

Abmessungen: Spannweite 52,43 m, Länge 21,03 m, Höhe 5,18 m, Flügelfläche 477,51 m².

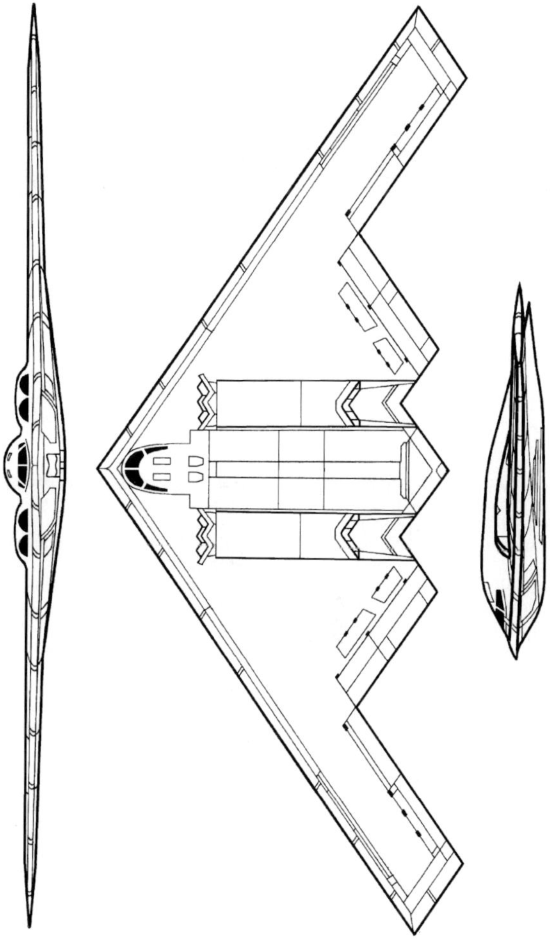

NORTHROP GRUMMAN E-2C HAWKEYE

Ursprungsland: USA.
Kategorie: Bordgestütztes Frühwarn- und Überwachungsflugzeug sowie fliegende Kommandozentrale.
Triebwerke: Zwei Propellerturbinen Allison T56-A-427 von je 5250 WPS (3917 kW) Leistung.
Leistungen: Höchstgeschwindigkeit 598 km/h; max. Reisegeschwindigkeit 576 km/h; Anfangssteiggeschwindigkeit 12,8 m/Sek; Dienstgipfelhöhe 9390 m; Einsatzdauer 4 Std. bei einem Aktionsradius von 370 km; max. Flugdauer 6,1 Std; Überführungsreichweite 2580 km.
Gewichte: Leer 17265 kg; max. Startgewicht 24494 kg.
Zuladung: Fünf Mann Besatzung, bestehend aus zwei Piloten und drei Ingenieuren im zentralen Einsatzraum zur Bedienung des ATDS (Airborne Tactical Date System).
Entwicklungsstand: Der erste Prototyp E-2C flog erstmals am 20. Januar 1971. Total wurden 148 Flugzeuge bis 1996 an die US Navy geliefert. Die Beschaffung von weiteren 32 Einheiten in jährlichen Tranchen von drei bis vier E-2C ist vorgesehen. Ferner bestellten: Ägypten 6, Frankreich 2, Israel 4, Japan 13, Singapur und Taiwan 4. Die US Küstenwache setzt vier, die US Zollbehörde eine von der US Navy gemietete E-2C zur Drogenbekämpfung ein.
Bemerkungen: Die Elektronik der E-2C wurde schon mehrfach erheblich ausgebaut. Seit 1990 gelangt die APS-145-Anlage rückwirkend in alle E-2C zum Einbau. Dieses Radar soll weniger empfindlich auf störende Reflexe über Land sein. Die ab 1992 gebauten E-2C gehören dem sog. «Group 2 Standard» an mit den stärkeren Triebwerken T56-A-427, verbessertem IFF-System und APS-145-Radar mit vergrössertem Erkennungsradius. 54 frühere E-2C werden bis Ende der neunziger Jahre auf diesen Standard umgebaut. Bereits wird die Ausführung «Group 3» vorbereitet, welche folgende Modernisierungen umfasst: Neuer Zentralrechner, Satellitenkommunikation, bessere Navigationssysteme, Luftbetankungsmöglichkeit und ein Infrarotsensor für die passive Überwachung.
Hersteller: Northrop Grumman Corp., Werk St. Augustine, Florida, USA.

Abmessungen: Spannweite 24,56 m, Länge 17,55 m, Höhe 5,69 m, Flügelfläche 65,03 m^2.

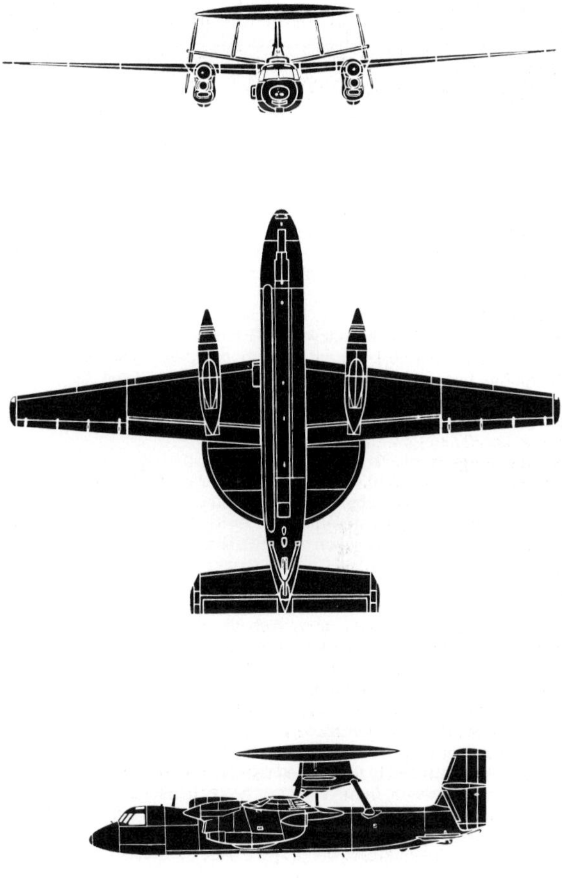

PILATUS PC-7 Mk.II Astra/PC-9

Ursprungsland: Schweiz.
Kategorie: Zweisitziger Basis- und Fortgeschrittenentrainer sowie Zielschlepper.
Triebwerke: Eine Propellerturbine Pratt & Whitney Canada (PC-7 Mk. II) PT6A-25C von je 700 WPS (522 kW) bzw. (PC-9) PT6A-62 von 1150 WPS (857 kW) Leistung.
Leistungen (PC-7 Mk.II/PC-9): Höchstgeschwindigkeit 556/593 km/h auf 6100 m; Reisegeschwindigkeit 463 km auf 3050 m/500 km/h auf Meereshöhe oder 556 km/h auf 6100 m; max. Anfangssteiggeschwindigkeit 13,75/20,83 m/Sek; max. Reichweite 1300 km, mit 20 Min. plus fünf Prozent Treibstoffreserven 1642 km auf 7620 m.
Gewichte (PC-7 Mk.II/PC-9): Leer 1670/1685 kg; Startgewicht (Akrobatik) 2250/2250 kg bzw. max. 2700/3200 kg.
Entwicklungsstand: Die ersten beiden Prototypen der PC-9 fliegen seit dem 7. Mai und dem 20. Juli 1984. Beginn der Ablieferung der ersten Serienflugzeuge Ende 1985. Bis 1996 waren über 200 Einheiten von elf Luftwaffen bestellt; neueste Auftraggeber Kroatien (3+), Zypern 2. Von der Zielschlepperversion haben die BRD 10 und die Schweiz 12 Exemplare gekauft. Die PC-7 Mk.II (siehe Foto und Silhouette) fliegt seit 1993 und wurde in 60 Exemplaren von der südafrikanischen Luftwaffe bestellt.
Bemerkungen: Wenn auch äusserlich die PC-7 Mk.II und die PC-9 grosse Ähnlichkeiten aufweisen, so sind sie in der Konstruktion und in der Leistungsausbeute recht unterschiedlich. Als eigentliche Zwischenstufe zwischen PC-7 und PC-9 verfügt die Mk.II gegenüber der erstgenannten über ein erhöhtes hinteres Cockpit, vergrösserte Leitwerksflächen, PC-9-Flügelspitzen, Sturzflugbremse, Schleudersitze und robusteres Fahrwerk. Bei der PC-9 handelt es sich im Vergleich zur PC-7 (siehe Ausgabe 1984), um eine völlige Neukonstruktion, die lediglich 10 % aller Bauteile mit dem Vorgängermuster gemeinsam hat. Die neue PC-9 Mk. II ist unter Raytheon/Beech auf den Seiten 254/255 dargestellt.
Hersteller: Pilatus Flugzeugwerke AG, Stans, Schweiz.

Abmessungen (PC-7 Mk.II/PC-9): Spannweite 10,12/10,21 m, Länge 10,13/10,17 m, Höhe 3,26 m, Flügelfläche 16,29 m².

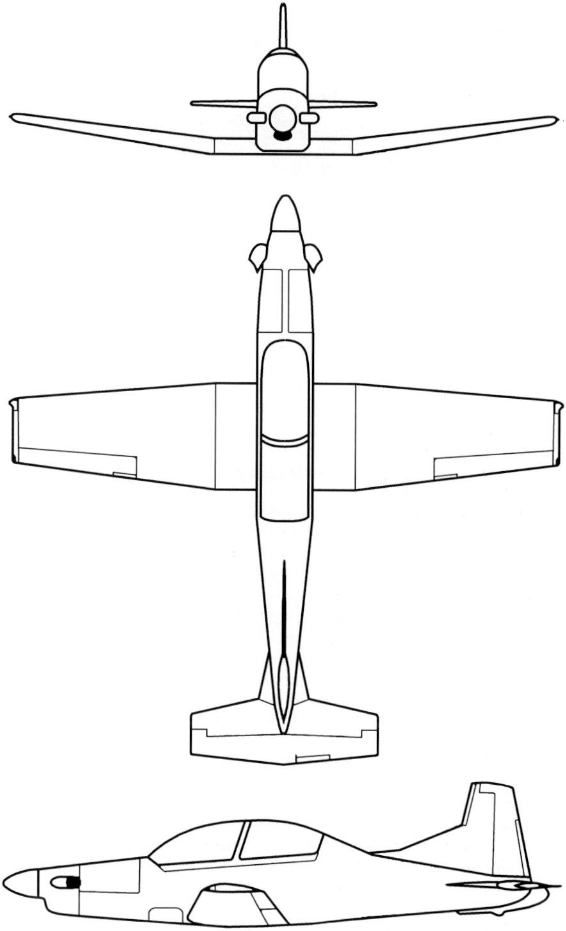

PILATUS PC-12

Ursprungsland: Schweiz.
Kategorie: Leichtes Mehrzweck- und Firmenflugzeug.
Triebwerke: Eine Propellerturbine Pratt & Whitney Canada PT6A-67B mit einer auf 1200 WPS (895 kW) reduzierten Leistung.
Leistungen: Max. Reisegeschwindigkeit 498 km/h auf 7620 m; Anfangssteiggeschwindigkeit 10,40 m/Sek; Dienstgipfelhöhe 9150 m; Reichweite mit 45 Min. Reserven 3320 km.
Gewichte: Leergewicht Frachter 2183 kg, mit Passagiereinrichtung 2386 kg; max. Startgewicht 4020 kg.
Zuladung: Pilot und Copilot/Passagier im Cockpit und bis zu neun Passagiere in Einzelsitzen; als Firmenflugzeug sechs Passagiere. Max. Zuladung als Frachter 1400 kg.
Entwicklungsstand: Der erste von zwei Prototypen startete am 31. Mai 1991 zum Erstflug, gefolgt vom zweiten am 28. Mai 1993. Im Mai 1994 begannen die Kundenauslieferungen. Zurzeit verfügt Pilatus über rund 62 Festbestellungen. Monatlich werden drei Einheiten hergestellt.
Bemerkungen: Das Mehrzweckflugzeug ist für den Einsatz in der Geschäftsfliegerei (PC-12P) bis hin zum Transporter für Fracht (PC-12F) geeignet. Die Zelle der einmotorigen PC-12 ist länger und breiter als beispielsweise jene der zweimotorigen Beech King Air und vermag Fracht bis zu 9,34 m^3 zu laden. Eine kombinierte Variante für vier Passagiere und 5,95 m^3 Fracht wird ebenfalls angeboten. Eine Passagiertür vorn und eine grosse Frachttüre hinten erleichtern den Ladevorgang. Die PC-12 ist mit einer umfangreichen Avionik von AlliedSignal Bendix/King ausgerüstet. Seit kurzem ist eine als PC-12/45 bezeichnete Ausführung mit max. Startgewicht von 4500 kg, erhöhter Nutzlast von 1500 kg sowie verstärktem Fahrwerk mit grösseren Rädern erhältlich. Die Reichweite mit neun Passagieren steigt auf 3515 km. Neu bietet Pilatus die Überwachungsvariante «Eagle» mit Elint-, Comint- und Bodenüberwachungsausrüstung von Westinghouse an. Die Sensoren sind in einem unter dem Rumpf angebrachten Behälter eingebaut (siehe Foto und Silhouette).
Hersteller: Pilatus Flugzeugwerke AG, Stans, Schweiz.

Abmessungen: Spannweite 16,08 m, Länge 14,38 m, Höhe 4,26 m, Flügelfläche 22,6 m².

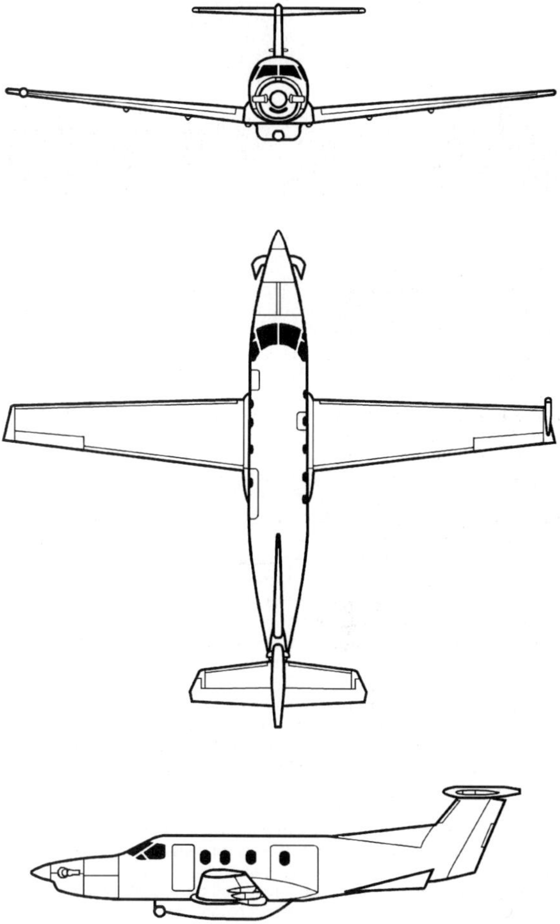

PIPER PA-28-161 WARRIOR/PA-28-181 ARCHER III

Ursprungsland: USA.
Kategorie: Sport- und Reiseflugzeug.
Triebwerke: Ein luftgekühlter Vierzylinder-Boxermotor Textron Lycoming (Warrior) O-320-D3G von 160 PS (119 kW), (Archer) O-360-A4M von 180 PS (134 kW) Leistung.
Leistungen (Archer): Höchstgeschwindigkeit 239 km/h; Reisegeschwindigkeit 206 km/h; Anfangssteiggeschwindigkeit 3,4 m/Sek; Dienstgipfelhöhe 4000 m; Reichweite 1075 km.
Gewichte (Archer III): Rüstgewicht 743 kg; max. Startgewicht 1156 kg.
Zuladung: Pilot und drei Passagiere in je zwei Sitzen hintereinander.
Entwicklungsstand: Erstflug der Warrior III und der Archer III 1994. Piper hat vom Ausgangsmuster Cherokee (Erstflug 1960) bis zu den erwähnten, heute gebauten Ausführungen, deren rund 10000 hergestellt. 1996 sind von den Mustern Warrior und Archer 36 bzw. 20 Einheiten gebaut worden.
Bemerkungen: Nachdem Piper 1994 in Konkurs gegangen ist, hat sie unter dem Namen «New Piper Aircraft» im Folgejahr die Produktion wieder aufgenommen. Als kleinste Muster in ihrer Palette bietet sie die Warrior III und die Archer III an. Die Warrior wurde umfassend renoviert, so z.B. durch neue Fenster, verbessertes Cockpit und überarbeitete Inneneinrichtung. Der Triebwerklufteinlass erhielt eine neue Konfiguration. Auch die Archer III hat aerodynamische Verbesserungen erhalten, so eine neue Motorverschalung und eine grössere Flügelspannweite.
Hersteller: New Piper Aircraft, Vero Beach, Florida, USA.

Abmessungen: Spannweite (Warrior) 10,70 m, (Archer) 10,90 m, Länge 7,30 m, Höhe 2,20 m, Flügelfläche 17,00 m^2.

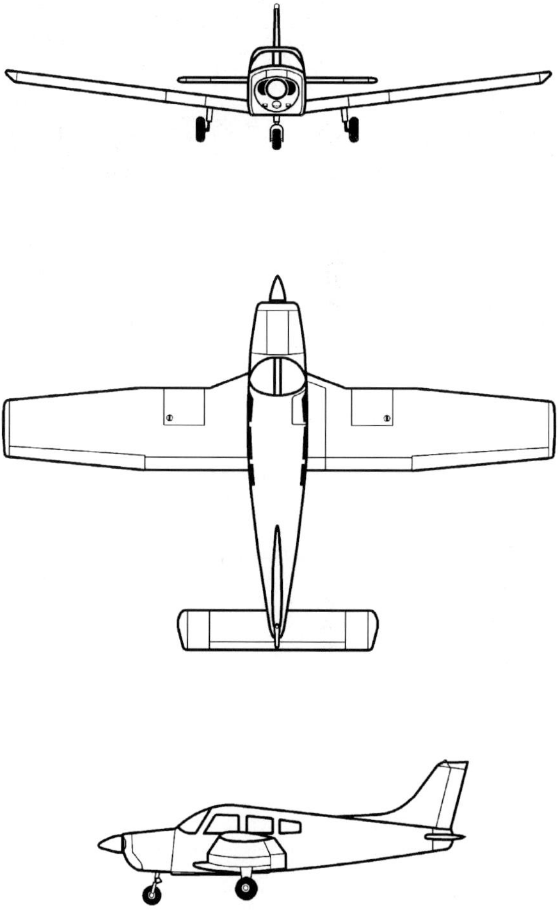

PIPER PA-34-220T SENECA IV

Ursprungsland: USA.
Kategorie: Reiseflugzeug.
Triebwerke: Zwei luftgekühlte Sechszylinder-Boxermotoren Teledyne Continental TSIO-360-KB oder LTSIO-360-KB von je 220 PS (164 kW) Leistung.
Leistungen: Höchstgeschwindigkeit 363 km/h; Reisegeschwindigkeit zwischen 310 und 350 km/h; Anfangssteiggeschwindigkeit 7,12 m/Sek; Dienstgipfelhöhe 7620 m; Reichweite bis zu 1835 km.
Gewichte: Leergewicht 1503 kg; max. Startgewicht 2155 kg.
Zuladung: Ein bis zwei Piloten und vier bis fünf Passagiere; max. Zuladung 662 kg.
Entwicklungsstand: Erstflug dieser neuesten Ausführung 1994. Von allen früheren Varianten wurden seit dem Produktionsbeginn 1971 rund 4500 Einheiten hergestellt, darunter deren 50 bei PZL-Mielec in Polen.
Bemerkungen: Die PA-34-220T zeichnet sich durch folgende Verbesserungen aus: Neugeformte, widerstandsärmere Motorverschalungen mit kreisrunder Öffnung, Dreiblattpropeller, Enteiseranlage und hochwertigere Innenausstattung. Die Avionik umfasst neu serienmässig ein Satelliten-Navigationssystem KLN-90A und das Flight-Control-System KFC-150. Dadurch ist die Seneca IV für Allwettereinsätze geeignet.
Hersteller: New Piper Aircraft, Vero Beach, Florida, USA.

Abmessungen: Spannweite 11,90 m, Länge 8,72 m, Höhe 3,02 m, Flügelfläche 19,40 m^2.

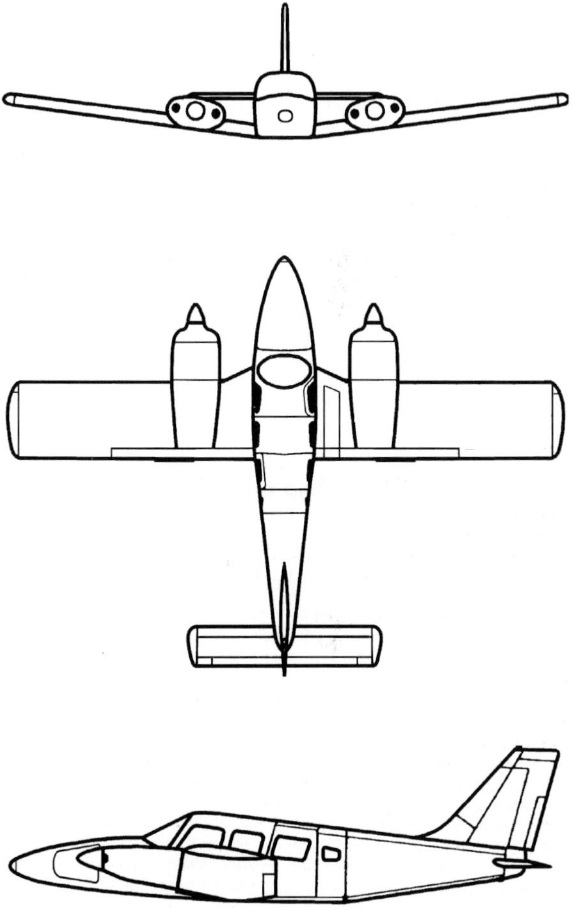

PIPER PA-46-350P MALIBU MIRAGE

Ursprungsland: USA.
Kategorie: Leichtes Geschäftsreiseflugzeug.
Triebwerke: Ein luftgekühlter Sechszylinder-Boxermotor Textron Lycoming TIO-540-AE2A von 350 PS (261 kW) Leistung.
Leistungen: Höchstgeschwindigkeit 430 km/h; Reisegeschwindigkeit maximal 417 km/h, normal 395 km/h; Anfangssteiggeschwindigkeit 6,2 m/Sek; Dienstgipfelhöhe 7620 m; Reichweite mit max. Treibstoffzuladung 2685 km.
Gewichte: Leergewicht 1266 kg; max. Startgewicht 1950 kg.
Zuladung: Pilot und fünf Passagiere in Zweierreihen hintereinander, max. Nutzlast 693 kg.
Entwicklungsstand: Erstflug des Ausgangsmuster Malibu Ende 1980. Die Malibu Mirage wurde 1989 eingeführt. Seither sind rund 600 Einheiten hergestellt worden, davon 1996 deren 56.
Bemerkungen: Die Malibu Mirage ist insofern einmalig, als sie das einzige sechssitzige Reiseflugzeug mit nur einem Kolbenmotor ist, welche über eine Druckkabine verfügt. Bei einigen Malibus wurde der Boxermotor durch eine PT-6A-Propellerturbine ausgetauscht. Piper prüft gegenwärtig, ob sie eine entsprechende Neubauvariante anbieten soll.
Hersteller: New Piper Aircraft, Vero Beach, Florida, USA.

Abmessungen: Spannweite 13,10 m, Länge 8,80 m, Höhe 3,50 m, Flügelfläche 16,26 m^2.

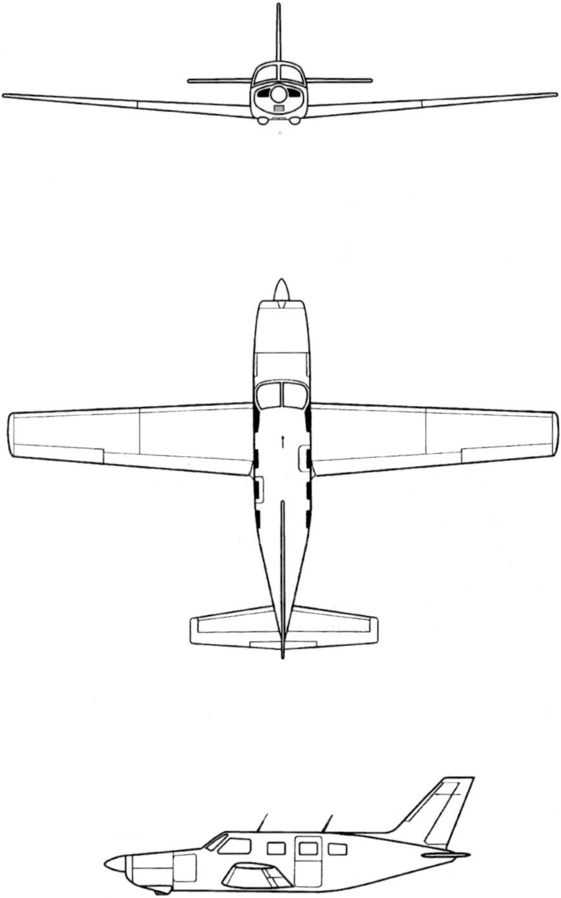

PZL-130T TURBO ORLIK

Ursprungsland: Polen.
Kategorie: Zweisitziger Grundschul- und Mehrzwecktrainer.
Triebwerke: Eine Propellerturbine (PZL-130TB) Walter M 601T von 751 WPS (560 kW) Leistung oder (PZL-130TC) Pratt & Whitney Canada PT6A-62 von 950 WPS (708 kW) Leistung.
Leistungen (PZL-130TC): Höchstgeschwindigkeit 508 km/h auf Meereshöhe, 560 km/h auf 6095 m; Anfangssteiggeschwindigkeit 20,6 m/Sek; max. Reichweite mit internem Treibstoff 930 km auf Meereshöhe, mit zwei abwerfbaren Zusatztanks von je 340 l 2300 km.
Gewichte (PZL-130TC): Rüstgewicht 1450 kg; max. Startgewicht (für Akrobatik) 2000 kg, sonst 2700 kg.
Bewaffnung (PZL-130TC als Option): Eine Waffenlast von bis zu 900 kg an sechs Aufhängepunkten unter den Flügeln, z.B. Maschinengewehrbehälter, Werfer für S-5M 57-mm-ungelenkte Raketen.
Entwicklungsstand: Die erste von drei Turbo Orlik, ein Umbau des dritten, kolbenmotorgetriebenen Prototyps der PZL-130 Orlik, flog erstmals als PZL-130TM mit einer PT6A-Turbine am 13. Juli 1986. Der zweite Prototyp folgte am 12. Januar 1989, ausgerüstet mit einer M601E-Turbine. Die definitive Variante mit PT6A-62-Triebwerk PZL-130TC flog erstmals am 2. Juni 1993. Die polnische Luftwaffe beschafft insgesamt 50 Turbo Orliks von drei verschiedenen Versionen: 2 TM, 20 TB und 28 TC.
Bemerkungen: Die Turbo Orlik ist von der PZL-130 Orlik abgeleitet, welche über den Prototypstatus nie herauskam (vier hergestellt). Derzeit werden mehrere Varianten angeboten: Die polnische Luftwaffe erhält eine Ausführung entweder mit M601E- oder T-Triebwerk (siehe Ausgabe 1991/92). Diese verfügt über eine gegenüber dem Prototypen um 1,00 m vergrösserte Spannweite, Schleudersitze, kräftigere Bremsen und eine Steuerung des Bugfahrwerks. Weiter angeboten werden die Versionen PZL-130TD und TE mit PT6A-25C-Triebwerk von 750 WPS bzw. PT6A-25 von 550 WPS Leistung.
Hersteller: WSK-PZL Warszawa-Okecie, Warschau-Okecie, Polen.

Abmessungen: Spannweite 9,00 m, Länge 9,00 m, Höhe 3,53 m, Flügelfläche 13,00 m^2.

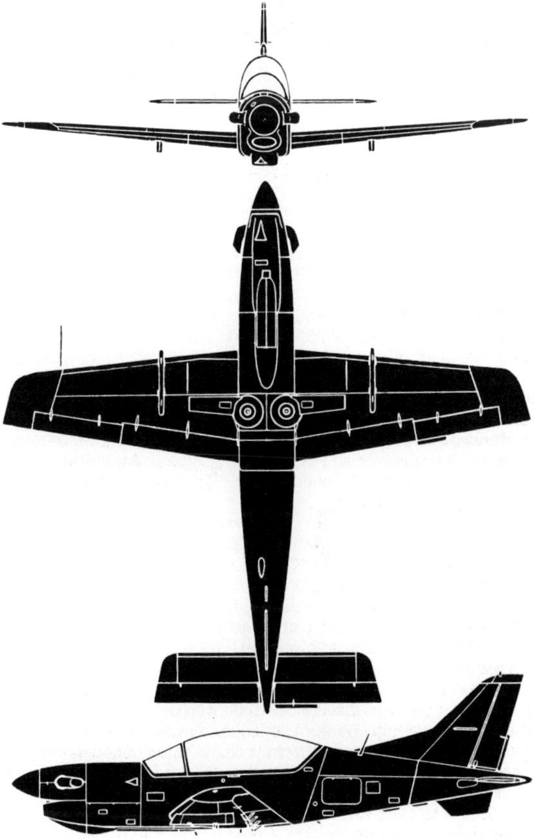

PZL SWIDNIK W-3 SOKOL

Ursprungsland: Polen.
Kategorie: Mittelschwerer Transport- und Mehrzweckhubschrauber.
Triebwerke: Zwei Gasturbinen WSK-PZL Rzeszow TWD-10W von je 888 WPS (662 kW) Leistung.
Leistungen: Höchstgeschwindigkeit 270 km/h; max. Reisegeschwindigkeit 235 km/h; ökonom. Reisegeschwindigkeit 220 km/h; max. Schrägsteiggeschwindigkeit 8,5 m/Sek; Schwebehöhe mit Bodeneffekt 3000 m, ohne Bodeneffekt 2100 m; Reichweite mit Standard-Treibstoffzuladung und 5 % Reserven 680 km, mit Zusatztanks 1160 km.
Gewichte: Leer 3630 kg; normales Startgewicht 6100 kg; max. Startgewicht 6400 kg.
Zuladung: Zwei Piloten und bis zu 12 Passagiere, vier liegende Patienten plus Pfleger oder 2100 kg Fracht intern oder extern.
Bewaffnung (W-3W Huzar): Eine doppelläufige GSh-23-mm-Kanone seitlich am Rumpf sowie an vier Pylonen beispielsweise Luft-Luft-Lenkwaffen Gad, Behälter für 16 ungelenkte 57-mm-Raketen oder Panzerabwehrlenkwaffen AT-6 Spiral.
Entwicklungsstand: Der Erstflug des ersten von fünf Prototypen erfolgte bereits am 16. November 1979. Die Zulassung liess mehr als 10 Jahre auf sich warten und wurde am 10. April 1990 erteilt. PZL hat bisher rund 100 W-3 hergestellt. Russland und die Luftwaffe von Burma (Myanmar) betreiben 20 bzw. 12. Korea erhält 35, Tschechien deren elf, vier davon in SAR-Konfiguration Der Rest ist in mehreren Ausführungen bei diversen polnischen zivilen und militärischen Stellen im Einsatz, z.B. als Standardtransporter W-3 und W-3RM bzw. W-3SP «Anakonda»-SAR-Hubschrauber. Zehn als W-3W bezeichnete «Huzar» sind von der polnischen Armee für Kampfzoneneinsätze beschafft worden.
Bemerkungen: Die W-3W der polnischen Armee ist eine vereinfachte Version der -K. Zurzeit wird mit Brasilien und Korea über den möglichen Lizenzbau verhandelt. Eine neue Version soll mit PT6C-65-Triebwerken mit einer Leistung von mindestens 1200 WPS (895 kW) ausgerüstet werden.
Hersteller: PZL-Swidnik, Swidnik, Polen.

Abmessungen: Rotordurchmesser 15,7 m, Rumpflänge 14,22 m, Höhe inkl. Rotorkopf 4,20 m.

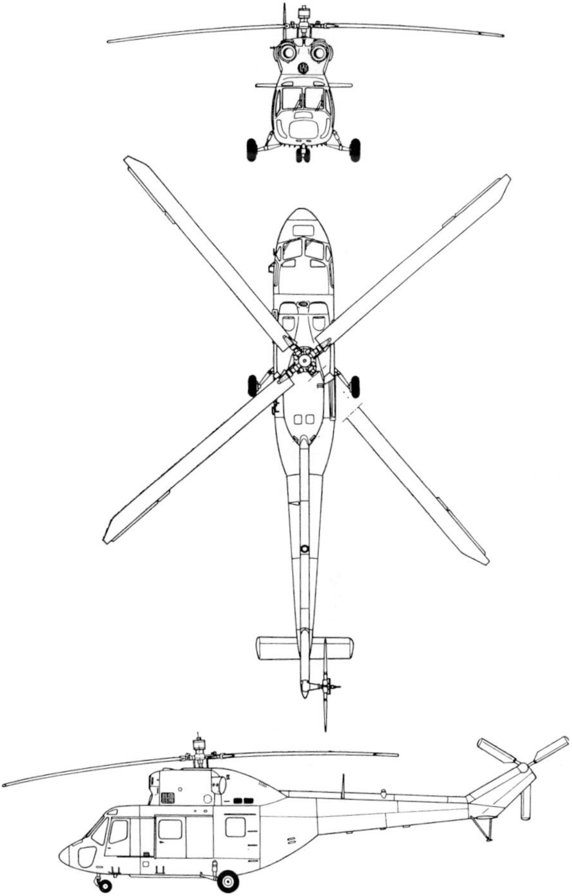

PZL SWIDNIK SW-4

Ursprungsland: Polen.
Kategorie: Leichter Mehrzweckhubschrauber.
Triebwerke: Eine Gasturbine Allison 250-C2OR von 475 WPS (354 kW) Leistung.
Leistungen (nach Angaben des Herstellers): Höchstgeschwindigkeit 288 km/h; normale Reisegeschwindigkeit 230 km/h; max. Schrägsteiggeschwindigkeit 11m/Sek; Dienstgipfelhöhe 7000 m; Schwebehöhe mit Bodeneffekt 3500 m; Reichweite rund 900 km; max. Flugdauer 5,5 Std.
Gewichte: Leer 850 kg; normales Startgewicht 1700 kg.
Zuladung: Ein Pilot und vier Passagiere. Nutzlast intern 400 kg, extern 600 kg.
Entwicklungsstand: Ein Prototyp hat nach längerer technisch bedingter Verzögerung am 26. Oktober 1996 die Flugerprobung aufgenommen. Der Serienbau ist vorgesehen. Das polnische Innenministerium will mehrere SW-4 als Polizeihubschrauber bestellen.
Bemerkungen: Mit der SW-4 will PZL eine kostengünstige Alternative zu den bereits gut eingeführten Konkurrenzmodellen anbieten. Das Rotorsystem ist von klassischer Bauart mit einem konventionellen Dreiblattrotor aus Glasfiber/Epoxyharz. Der Rumpf der SW-4 besteht zu 20 % aus Verbundwerkstoffen (Glasfiber und Karbon). Sie ist mit einer AlliedSignal Bendix/King-Avionik ausgerüstet und kann dadurch unter IFR-Regeln geflogen werden. Nebst eigentlichen Transportaufgaben soll die SW-4 auch für EMS- und Patrouillenaufgaben sowie als militärischer Trainer einsetzbar sein. Als Option ist sie auch mit der Gasturbine Pratt & Whitney Canada PW206 von 615 WPS (459 kW) erhältlich. PZL wird voraussichtlich auch eine Ausführung mit zwei Triebwerken und überarbeitetem Rotorkopf entwickeln.
Hersteller: PZL-Swidnik, Swidnik, Polen.

Abmessungen: Rotordurchmesser 9,00 m, Länge inkl. Rotor 10,54 m, Höhe 2,95 m.

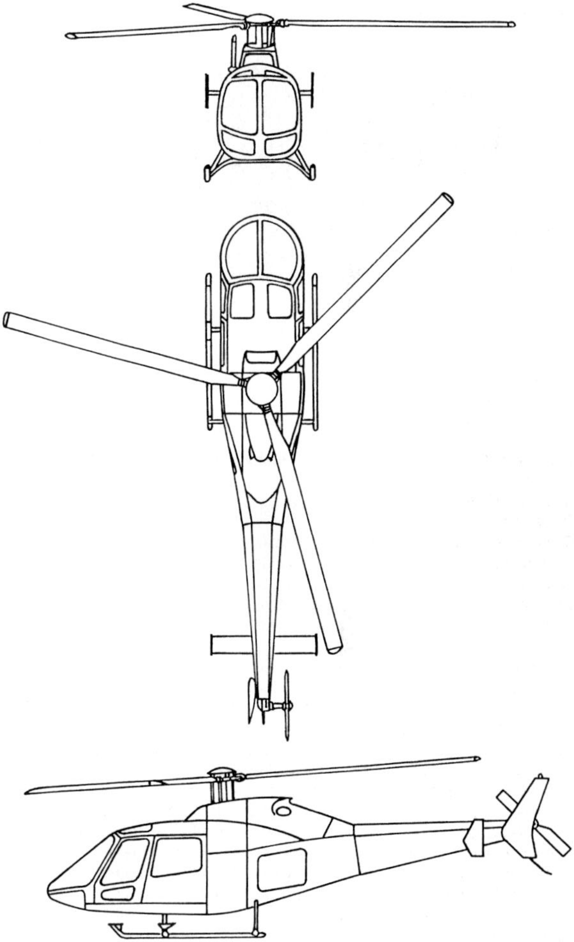

RAYTHEON/BEECHCRAFT A.36 BONANZA

Ursprungsland: USA.
Kategorie: Reiseflugzeug.
Triebwerke: Ein luftgekühlter Sechszylinder-Boxermotor Teledyne Continental IO-550-B von 300 PS (224 kW) Leistung.
Leistungen: Höchstgeschwindigkeit 341 km/h; max. Reisegeschwindigkeit 325 km/h; Anfangssteiggeschwindigkeit 6,14 m/Sek; Dienstgipfelhöhe 5640 m; max. Reichweite 1690 km.
Gewichte: Leergewicht 1132 kg; max. Startgewicht 1656 kg.
Zuladung: Pilot und vier bis fünf Passagiere.
Entwicklungsstand: Der Erstflug des Ausgangsmusters Bonanza reicht bis ins Jahr 1945 zurück! Seither wurde dieses Grundmodell ununterbrochen hergestellt. Derzeit sind es die Varianten A36 und B36TC. Mit über 17000, darunter über 3000 der A36, verkauften Einheiten zählt die Bonanza zu den erfolgreichsten einmotorigen Sportflugzeugen. Jahresproduktion derzeit rund 100 Maschinen.
Bemerkungen: Die neueste Ausführung A36, welche 1991 zugelassen wurde, verfügt über eine umfangreiche Avionik von AlliedSignal Bendix/King, u.a. auch einen Autopiloten und ein GPS. Dank um 25 cm längerem Rumpf sind sowohl der Innenraum als auch der Gepäckraum etwas grösser als beim Vorgängermodell.
Hersteller: Raytheon Aircraft, Beech Aircraft Division, Wichita, Kansas, USA.

Abmessungen: Spannweite 10,21 m, Länge 8,38 m, Höhe 2,62 m, Flügelfläche 16,80 m^2.

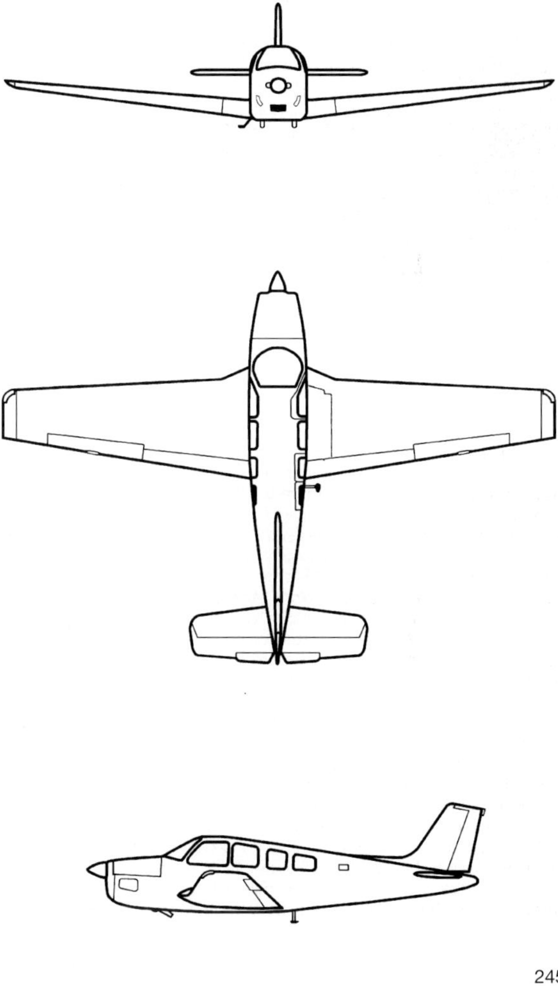

RAYTHEON/BEECHCRAFT C90SE KING AIR

Ursprungsland: USA.
Kategorie: Firmenflugzeug.
Triebwerke: Zwei Propellerturbinen Pratt & Whitney PT6A-21 von je 550 WPS (404 kW) Leistung.
Leistungen (geschätzt): Max. Reisegeschwindigkeit 450 km/h auf 3660 m, Anfangssteiggeschwindigkeit 10 m/Sek; Dienstgipfelhöhe 8800 m; max. Reichweite bei ökonomischer Reisegeschwindigkeit 2300 km.
Gewichte: Rüstgewicht 3000 kg; max. Startgewicht 4580 kg.
Zuladung: Ein bis zwei Mann Cockpitbesatzung und in der Kabine normalerweise 4 Einzelsitze in vis-à-vis-Anordnung, max. jedoch bis zu acht Passagiere. Max. Nutzlast 1455 kg.
Entwicklungsstand: Das erste Modell dieser Ausführung flog erstmals im Juli 1994. Die Zulassung erfolgte Mitte 1995, die Auslieferungen an die Kunden begannen kurz danach. Von allen Varianten der King Air A,B,C90 sind bisher über 1600, zusammen mit den Versionen 200, 300, 350 usw. über 5000 Einheiten hergestellt worden (Ablieferung 5000. Maschine, einer Super King Air, am 24. Juni 1996). Neueste militärische Bestellung: 5 von der King Air 200 abgeleitete Aufklärungsflugzeuge RC-12P (total bisher 50) für die US Army.
Bemerkungen: Die C90SE (Special Edition) ist eine sogenannte «Sparausgabe» der Beech C90B. Sie ist vorwiegend für jene Kunden gedacht, die zwar die Leistungen der King Air verlangen, aber auf allen Luxus und auf ein EFIS-Flight-Deck verzichten können. Anstelle des Vierblatt-Propellers wird eine günstigere Dreiblatt-Variante eingebaut. Dank des Preises von nur US$ 1,7 Mio. konkurrenziert er direkt Modelle mit nur einer Propellerturbine. Das Top-Modell dieser Familie, die Super King Air 350 ist in der Ausgabe 1995 beschrieben (siehe Foto und Silhouette).
Hersteller: Raytheon Aircraft, Beech Aircraft Division, Wichita, Kansas, USA.

Abmessungen: Spannweite 15,32 m, Länge 10,82 m, Höhe 4,34 m, Flügelfläche 27,31 m².

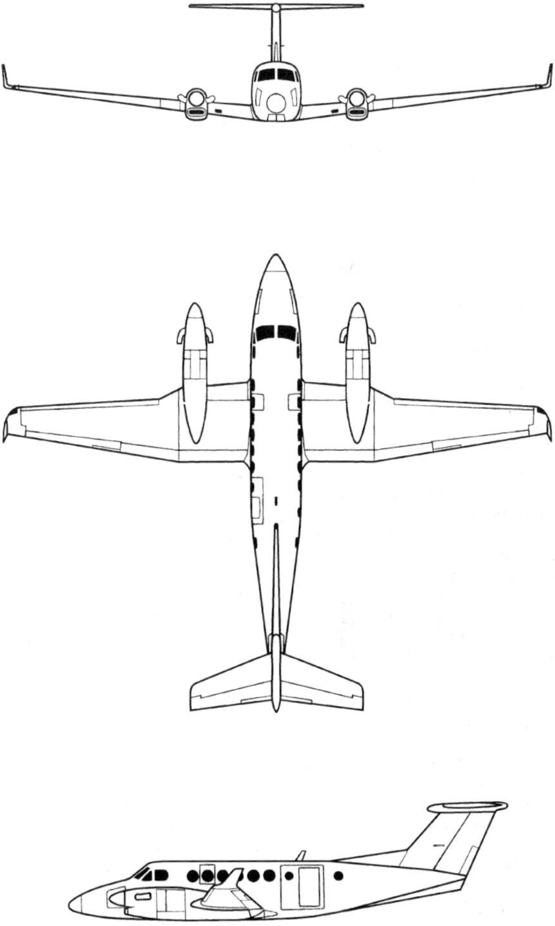

RAYTHEON/BEECHCRAFT 1900D

Ursprungsland: USA.
Kategorie: Regionalverkehrsflugzeug.
Triebwerke: Zwei Propellerturbinen Pratt & Whitney Canada PT6A-67D von je 1280 WPS (955 kW) Leistung.
Leistungen: Max. Reisegeschwindigkeit bei einem Fluggewicht von 6804 kg 502 km/h auf 3050 m, 532 km/h auf 7620 m; Anfangssteiggeschwindigkeit bei 7688 kg 13,3 m/Sek; Dienstgipfelhöhe 7620 m; Reichweite mit 19 Passagieren und IFR-Bedingungen 926 km auf 2440 m, 1056 km auf 4875 m oder 1278 km auf 7620 m.
Gewichte: Rüstgewicht 4699 kg; max. Startgewicht 7688 kg.
Zuladung: Ein bis zwei Mann Cockpitbesatzung und in der Kabine normalerweise 19 Passagiere in Einzelsitzen auf jeder Seite und einer Dreier-Sitzgruppe am Ende der Kabine. Gepäckraum im Rumpfheck.
Entwicklungsstand: Der Prototyp der Weiterentwicklung 1900D flog erstmals am 1. März 1990 und erhielt die Zulassung im März 1991. Kundenauslieferungen im November 1991 an Mesa Airlines, welche als Hauptbestellerin 118 Einheiten erhält. Bis Ende 1996 sind Aufträge für rund 260 Beech 1900D eingegangen, wovon bisher über 150 geliefert wurden. Für eine Kombiversion hat Beech 1992 eine erste Bestellung für fünf Einheiten erhalten.
Bemerkungen: Die 1900D hat die früheren Versionen der 1900, welche in 257 Exemplaren hergestellt wurden, in der Produktion abgelöst. Das wesentlichste neue Merkmal ist die um volle 36 cm auf eine Innenhöhe von 180 cm erhöhte Kabine, die es nun erlaubt, sich darin aufrecht zu bewegen. Dazu ist auch der Boden durchgehend flach gestaltet worden. Das Kabinenvolumen erhöhte sich dadurch um 28,5 %. Der druckbelüftete Frachtraum im Heck verfügt über 4,95 m3 Stauraum und ist durch eine verbreiterte Frachttüre zugänglich. Eine VIP-Ausführung für 12 Passagiere wird ebenfalls angeboten.
Hersteller: Raytheon Aircraft, Beech Aircraft Division, Wichita, Kansas, USA.

Abmessungen: Spannweite 17,65 m, Länge 17,63 m, Höhe 4,55 m, Flügelfläche 28,15 m².

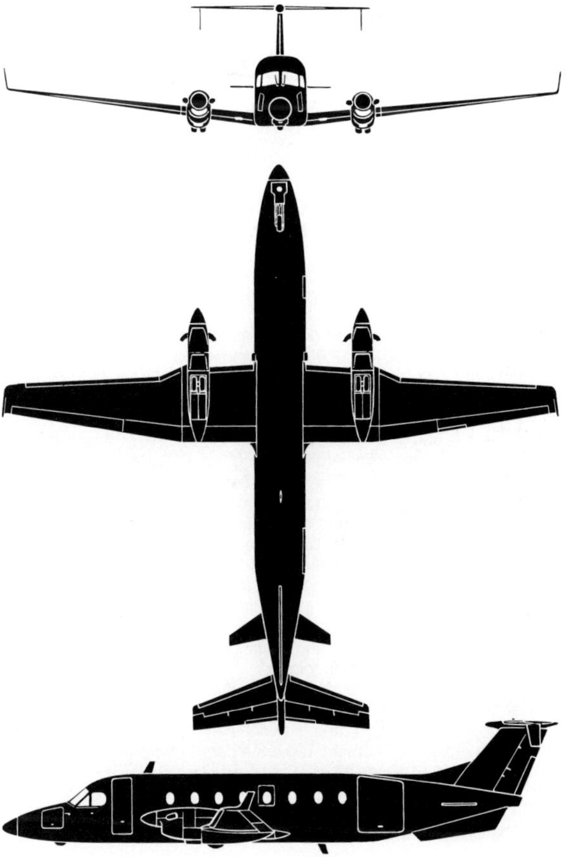

RAYTHEON/BEECHCRAFT BEECHJET 400A/T-1A JAYHAWK

Ursprungsland: USA.
Kategorie: Leichtes Firmenflugzeug (400A) bzw. Trainer für Bomber- und Tankerpiloten (T-1A).
Triebwerke: Zwei Mantelstromtriebwerke Pratt & Whitney Canada JT15D-5B von je 1315 kp (12,90 kN) Standschub.
Leistungen: Höchstgeschwindigkeit 865 km/h auf 12495 m; ökonom. Reisegeschwindigkeit 834 km/h auf 12495 m; Langstrecken-Reisegeschwindigkeit 732 km/h; Anfangssteiggeschwindigkeit 20,12 m/Sek; Steigzeit auf 12500 m 22 Min; Dienstgipfelhöhe 13715 m; Reichweite mit vier Passagieren, max. Treibstoffzuladung und VFR-Reserven 3537 km.
Gewichte: Rüstgewicht 4817 kg; max. Startgewicht 7303 kg.
Zuladung (400A): Zwei Piloten und normal vier, max. acht Passagiere; (T-1A): Zwei Pilotenschüler und Instruktor/Beobachter.
Entwicklungsstand: Erstflug der 400A am 22. September 1989, der T-1A am 5. Juli 1991. Erste Auslieferungen der 400A im November 1990, der T-1A an die USAF am 17. Januar 1992 (siehe Ausgabe 1994). Sie hat 180 Einheiten bestellt. Von allen Beechjets sind bisher rund 130 Einheiten gebaut worden. Die japanische Luftwaffe beschafft ebenfalls eine als T-400 bezeichnete Transport- und Trainingsausführung. Drei davon sind bestellt, weitere sechs werden folgen.
Bemerkungen: Im Zuge der Produktverfeinerung wurde das Interieur der Beechjet 400A wesentlich überarbeitet. So hat man das nutzbare Innenvolumen vergrössert und sowohl den Lärmpegel als auch die Vibrationen reduzieren können. Die erste derart überarbeitete Maschine wurde im Mai 1996 ausgeliefert. Raytheon plant eine vergrösserte Version der zivilen Beechjet 400A zu bauen, ausgerüstet mit einem neuen Flügel.
Hersteller: Raytheon Aircraft, Beech Aircraft Division, Wichita, Kansas, USA.

Abmessungen: Spannweite 13,25 m, Länge 14,75 m, Höhe 4,24 m, Flügelfläche 22,43 m².

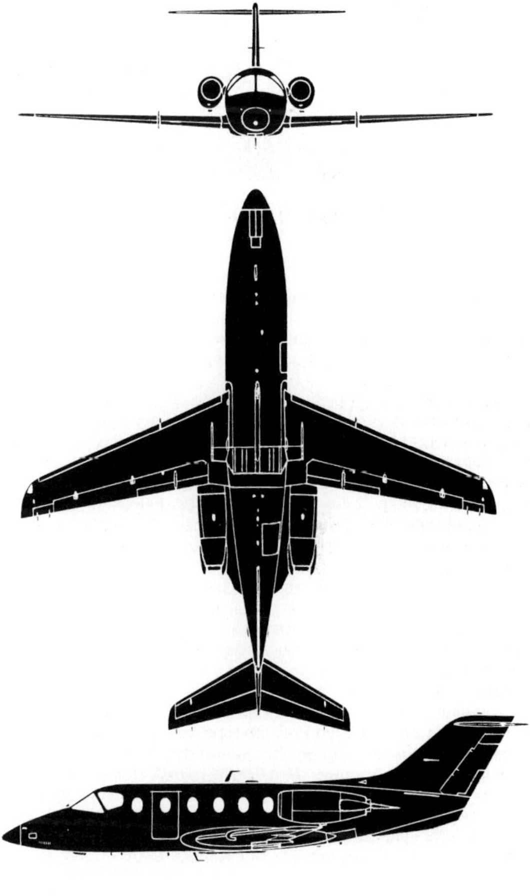

RAYTHEON 390 PREMIER I

Ursprungsland: USA.
Kategorie: Firmenflugzeug.
Triebwerke: Zwei Mantelstromtriebwerke Williams Rolls-Royce FJ44-2A von je 1050 kp (10,23 kN) Standschub.
Leistungen (nach Angaben des Herstellers): Reisegeschwindigkeit 850 km/h; Dienstgipfelhöhe 12500 m; Reichweite mit IFR-Reserven 2775 km.
Gewichte: Max. Startgewicht 11300 kg.
Zuladung: Ein bis zwei Piloten und bis zu sechs Passagiere in einer Standard-Clubausführung mit Toilette; Nutzlast bei max. Treibstoffzuladung 365 kg.
Entwicklungsstand: Die Flugerprobung ist für das vierte Quartal 1997 vorgesehen. Bereits sollen Bestellungen für drei Jahresproduktionen eingegangen sein. Mit den Auslieferungen ist ab Ende 1998 zu rechnen. Nach einer Anfangsphase plant Raytheon eine Jahresproduktion von 40 Einheiten.
Bemerkungen: Die Premier I soll das Grundmuster einer ganzen Familien von Firmenjets werden. Der gesamte Rumpf besteht aus Verbundwerkstoffen (Kombination von Nomex-Wabenstruktur und Karbonfiber), der Flügel mit starker Pfeilung hingegen weiterhin aus Aluminium. Die Konstruktion des ganzen Flugzeugs ist bewusst sehr einfach gehalten, so dass eine sehr weitgehende Automatisierung in der Herstellung erreicht wird. Dadurch und dank neuer Produktionstechnologien kann die Premier I zum günstigen Preis ab rund 3,9 Mio. angeboten werden. Im Verhältnis zu den Konkurrenzmustern ist das Innenvolumen der Kabine deutlich grösser (Länge 4,10 m, Breite 1,70 M, Höhe 1,60 m). Bereits wird an einer Weiterentwicklung unter dem Namen Premier II gearbeitet. Dieses gegenüber der Premier I leicht grössere Muster soll erstmals Ende 1997 der Öffentlichkeit vorgestellt werden.
Hersteller: Raytheon Aircraft, Wichita, Kansas, USA.

Abmessungen: Spannweite 13,56 m, Länge 13,81 m, Höhe 4,66 m

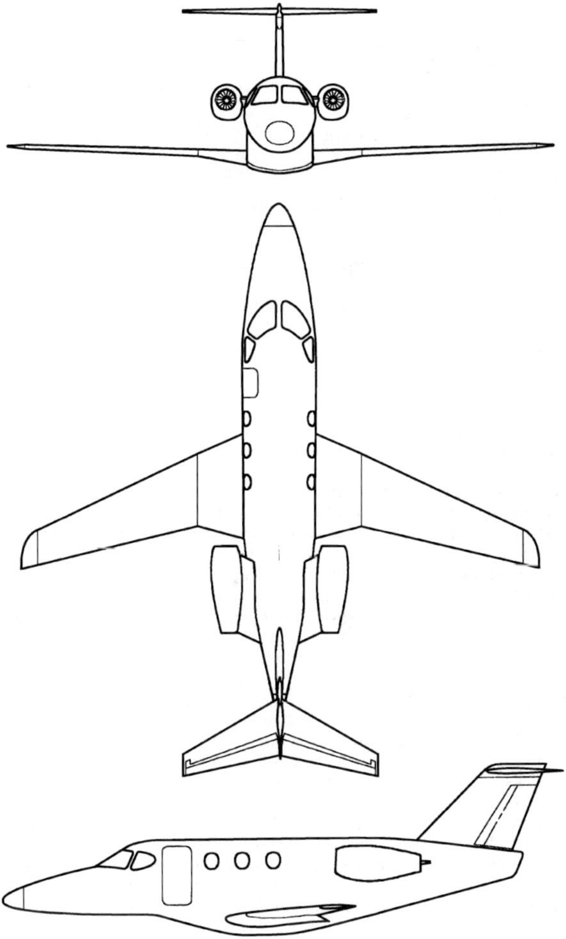

RAYTHEON/BEECH PC-9 MK.II

Ursprungsland: USA/Schweiz.
Kategorie: Zweisitziger Basis- und Fortgeschrittenentrainer.
Triebwerke: Eine Propellerturbine Pratt & Whitney PT6A-68 von 1708 WPS (1275 kW) Leistung, reduziert auf 1250 WPS (930 kW).
Leistungen (PC-9): Höchstgeschwindigkeit bei einem Fluggewicht von 2250 kg 593 km/h auf 6100 m; Reisegeschwindigkeit 500 km/h auf Meereshöhe oder 556 km/h auf 6100 m; max. Anfangssteiggeschwindigkeit 20,83 m/Sek; Reichweite mit 20 Min. plus fünf Prozent Treibstoffreserven 1642 km auf 7620 m.
Gewichte (PC-9): Leer 1685 kg; Startgewicht (Akrobatik) 2250 kg bzw. (Schulung) 3200 kg.
Entwicklungsstand: Der erste Erprobungsträger (eine umgebaute PC-9) fliegt seit September 1992. Darauf stellte Beech zwei weitere Produktionsprototypen her (Erstflug 23. Dezember 1993). Vorgesehen ist, für die amerikanischen Streitkräfte insgesamt 711 Maschinen zu beschaffen: USAF 372, USN 339. Bisher sind 10 Einheiten bestellt. Mit den ersten Ablieferungen wird ab 1999 gerechnet.
Bemerkungen: Obwohl der PC-9 sehr ähnlich, wurde rund 70 % der Konstruktion neu definiert. Die wesentlichen Unterschiede sind: Verstärkte Rumpfstruktur und Cockpithaube, Druckkabine, Null-Null-Schleudersitze, neue digitale Elektronik (GPS, MLS, Antikollisionsanzeige, HUD), Einpunktbetankung. Die PC-9 Mk.II ist Bestandteil eines integrierten Trainingssystems, welches auch Simulatoren und übrige Logistik umfasst. Generalunternehmer ist die Tochtergesellschaft von Raytheon, Beech Aircraft.
Hersteller: Raytheon/Beech/Pilatus, Werk Wichita, Kansas, USA.

Abmessungen: Spannweite 10,21 m, Länge 10,17 m, Höhe 3,26 m, Flügelfläche 16,29 m².

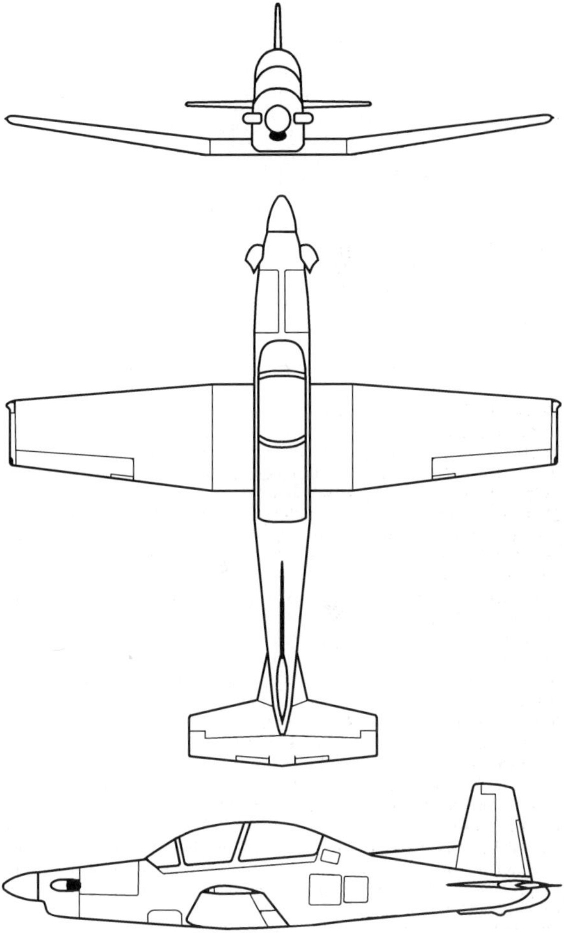

RAYTHEON HAWKER 800XP/1000

Ursprungsland: Grossbritannien/USA.
Kategorie: Firmenflugzeug.
Triebwerke: Zwei Mantelstromtriebwerke (800XP) AlliedSignal TFE731-5BR von je 2023 kp (20,00 kN) bzw. (1000) Pratt & Whitney PW305 von je 2358 kp (23,13 kN) Standschub.
Leistungen: Max. Reisegeschwindigkeit 867 km/h auf 8840 m; ökonom. Reisegeschwindigkeit (800) 741 km/h, (1000) 745 km/h auf 11890 bis 13100 m; Dienstgipfelhöhe 13100 m; Reichweite mit max. Nutzlast (800) 5318+ km, (1000) 6375 km, mit max. Treibstoffzuladung und VFR-Reserven (800) 5560+ km, (1000) 6736 km.
Gewichte: Leergewicht (800) 6676 kg, (1000) 7630 kg; max. Startgewicht (800) 12430 kg, (1000) 14060 kg.
Zuladung: Zwei Piloten und normalerweise acht Passagiere in Einzelsitzen, bzw. bis zu (800) 14, (1000) 15 Passagiere in enger Bestuhlung. Max. Nutzlast (800) 1306 kg, (1000) 1156 kg.
Entwicklungsstand: Erstflug des Prototyps der Serie 1000 am 16. Juni 1990, der neuesten Ausführung 800XP im Juni 1995. Beide Varianten werden zurzeit parallel hergestellt. Die aus der Serie 800 abgeleitete SAR-Version U-125A ist für die japanische Luftwaffe bestimmt, welche einen Gesamtbedarf von 27 Maschinen hat (bisher deren zehn bestellt). Von allen Varianten sind bis heute deutlich über 900 Einheiten hergestellt worden.
Bemerkungen: Als neuestes Modell einer langen Serie ist die 800XP lanciert worden. Dank stärkerer Triebwerke erzielt sie deutlich höhere Leistungen, insbesondere bezüglich Geschwindigkeit, Steigleistung bei hohen Temperaturen und grösserer Reichweite. Dadurch schliesst sie an das Leistungsspektrum der 1000 an, welche wiederum einem ähnlichen Verbesserungsprogramm unterzogen werden soll. Ein als Hawker 1000Y bezeichneter Prototyp soll nächstens fliegen. Eine Ableitung der 800XP erhält Korea für Spionage- und Überwachungsaufgaben. Vier sind mit von E-Systems gebauten Funküberwachungssystemen und weitere vier mit einem Radar von Loral ausgerüstet.
Hersteller: Raytheon Corporate Jets, Wichita, Kansas, USA.

Abmessungen: Spannweite 15,66 m, Länge (800XP) 15,60 m, (1000) 16,42 m, Höhe 5,21 m, Flügelfläche 34,75 m².

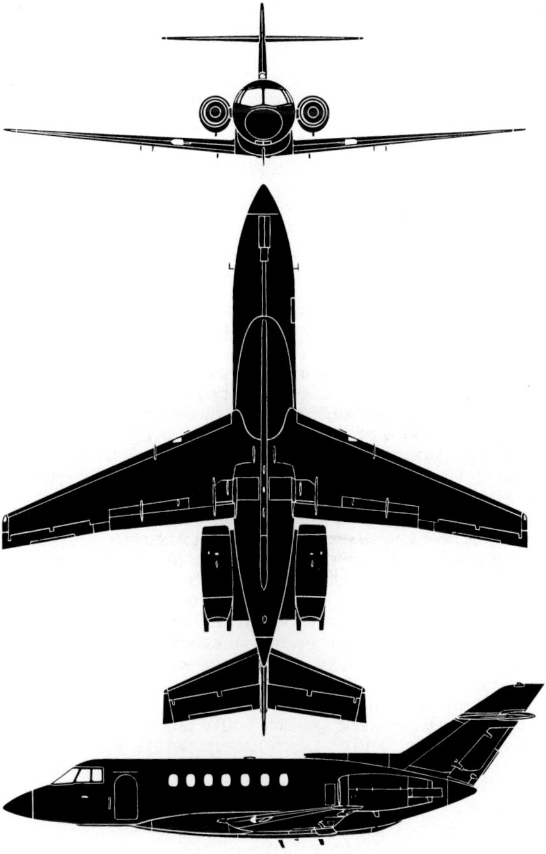

ROKS-AERO T-101 GRATCH

Ursprungsland: Russland.
Kategorie: Mehrzweck- und Arbeitsflugzeug.
Triebwerke: Eine Propellerturbine Mars (Omsk) TVD-20 von 1400 WPS (1029 kW) Leistung.
Leistungen (geschätzt): Höchstgeschwindigkeit auf 3000 m 305 km/h; max. Reisegeschwindigkeit 298 km/h; ökonom. Reisegeschwindigkeit 235 km/h; Dienstgipfelhöhe 3600 m; Reichweite mit neun Passagieren und 500 kg Fracht bis zu 1500 km.
Gewichte: Rüstgewicht 3330 kg; max. Startgewicht 5500 kg.
Zuladung: Ein bis zwei Piloten im Cockpit und neun Passagiere bzw. Frachtladung bis 1600 kg.
Entwicklungsstand: Ein Prototyp fliegt seit Dezember 1994. Ob und wann ein Serienbau erfolgt, ist bis heute nicht bekannt.
Bemerkungen: Die Gratch wurde als Nachfolgerin der berühmten Antonow An-2 entwickelt und sollte dieses robuste Flugzeug, das bis vor wenigen Jahren in mehr als 15000 Exemplaren hergestellt wurde, mittelfristig ersetzen. Einige Komponenten des Rumpfes sind von diesem Flugzeug auch übernommen worden. Im weiteren handelt es sich aber um eine vollständig neue Konstruktion. Dabei wurde auf einfache, robuste und kostengünstige Auslegung besonders geachtet. So hat man beispielsweise auf Druckkabine und Einziehfahrwerk verzichtet. Eine Vielzahl von Versionen sind geplant: T-101V Amphibienausführung mit zwei Schwimmern; T-101P Löschflugzeug; T-101L mit Skifahrwerk; T-101Skh Landwirtschaftsmaschine mit umkonstruiertem Flügel und Sprüheinrichtung; T-101S Militärausführung mit Aufhängepunkten an den Flügeln.
Hersteller: Roks-Aero Corporation und Moscow Aircraft Production Organization (MAPO), Moskau, Russland.

Abmessungen: Spannweite 18,18 m, Länge 15,04 m, Höhe 6,67 m, Flügelfläche 43,63 m².

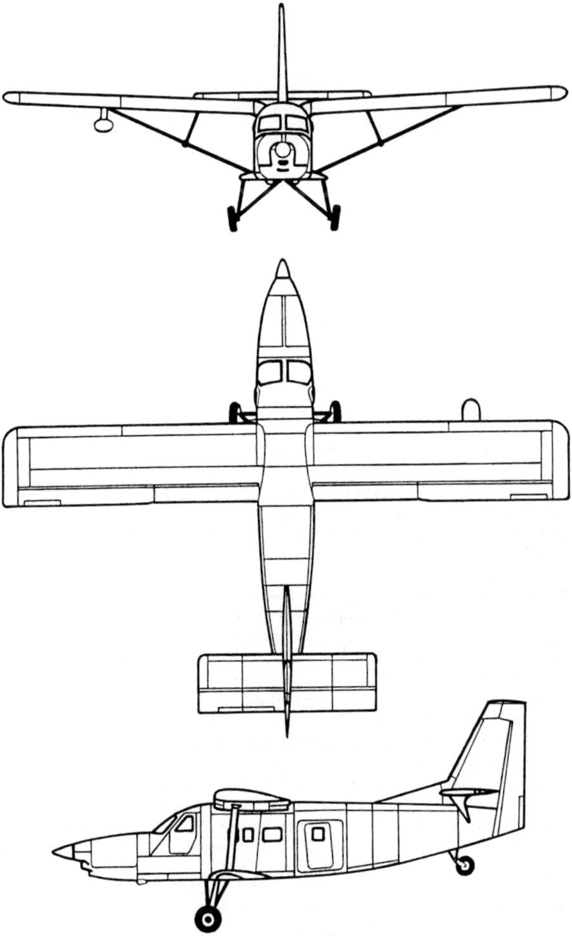

SAAB JAS 39 GRIPEN

Ursprungsland: Schweden.
Kategorie: Ein- oder zweisitziger Mehrzweckjäger.
Triebwerke: Ein Mantelstromtriebwerk General Electric/Volvo Flygmotor RM12 von 5510 kp (54 kN) Standschub ohne und 8210 kp (80,5 kN) mit Nachbrenner.
Leistungen (geschätzt): Höchstgeschwindigkeit in Meereshöhe 1470 km/h (Mach 1,2) bzw. auf 11000 m 2555 km/h (Mach 2,2); Dienstgipfelhöhe 20000 m; Einsatzradius als Abfangjäger mit zwei Rb24 Sidewinder und Rb72 Sky Flash 400 km +; Überführungsreichweite 3000 km.
Gewichte: Rüstgewicht 6622 kg; norm. Startgewicht ohne Aussenlasten 8000 kg, max. Startgewicht 12473 kg.
Bewaffnung: Eine 27-mm-Kanone Mauser BK27. Sechs Flügelstationen (inkl. zwei an den Flügelspitzen) für bis zu vier Luft-Luft-Lenkwaffen Rb72 Sky Flash und zwei Rb24 Sidewinder bzw. AIM-120 AMRAAM. Unter den Flügeln lassen sich auch Saab-Bofors RBS 15F-Lenkwaffen oder andere Schiffsbekämpfungswaffen mitführen; max. Waffenlast 4200 kg.
Entwicklungsstand: Der erste von fünf Prototypen nahm am 9. Dezember 1988 die Flugerprobung auf. Das erste Serienflugzeug wurde der schwedischen Luftwaffe am 8. Juni 1993 übergeben. Alle 30 Einheiten des Loses 1 sind bis Ende 1996 abgeliefert worden. Bestellt sind bisher in zwei Serien 140 Maschinen, 126 Einsitzer und 14 Doppelsitzer JAS 39B. Jährlich werden 20 Gripen hergestellt. Der Gesamtbedarf beträgt nach neuester Planung rund 280 Flugzeuge.
Bemerkungen: Für die Gripen oder JAS (Jakt/Attack/Spaning = Jagd/Erdkampf/Aufklärung) 39 sind zum Erfüllen der einzelnen Aufgaben keine Spezialversionen mehr nötig. Jede Gripen führt die entsprechende Software im Bordcomputer ständig mit und die zugehörigen Ausrüstungen sind modular und leicht austauschbar gestaltet. Für die Pilotenausbildung entstand die zweisitzige Trainingsvariante JAS 39B (Erstflug 29. April 1996, Einsatz ab 1998, siehe Silhouette). Für die dritte Serie von voraussichtlich 60 Maschinen wurde eine verbesserte Version JAS 39C vorgeschlagen, u.a. ausgerüstet mit einem leistungsstärkeren Triebwerk GE F414 von 9980 kp (98 kN).
Hersteller: Saab-Scania Aktiebolag, Linköping, Schweden.

Abmessungen: Spannweite 8,00 m, Länge 14,10 m, Höhe 4,70 m.

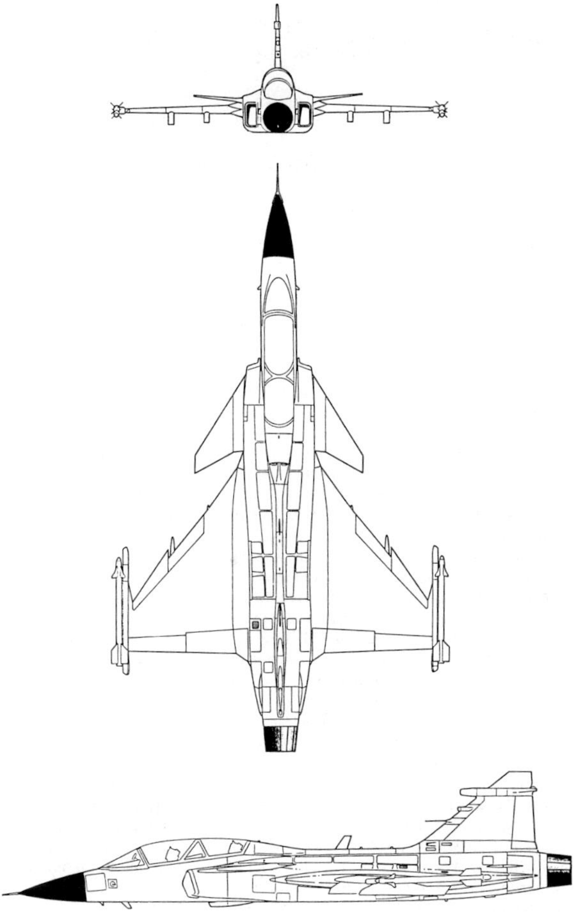

SAAB 340B

Ursprungsland: Schweden.
Kategorie: Regionalverkehrs- und Firmenflugzeug.
Triebwerke: Zwei Propellerturbinen General Electric CT7-9B von je 1870 WPS (1395 kW) Leistung.
Leistungen: Max. Reisegeschwindigkeit 522 km/h auf 4575 m, 519 km/h auf 1600 m; ökonom. Reisegeschwindigkeit 467 km/h auf 7620 m; Anfangssteiggeschwindigkeit 10,41 m/Sek; Dienstgipfelhöhe 7620 m; Reichweite mit 35 Passagieren und 45 Min. Reserven 1807 km, mit 30 Passagieren bei 467 km/h 2427 km.
Gewichte: Rüstgewicht 8036 kg; max. Startgewicht 12927 kg.
Zuladung: Zwei Piloten und, als Regionalverkehrsflugzeug 33, 35 oder 37 Passagiere in Dreierreihen mit Mittelgang oder, als Firmenflugzeug 16 Passagiere. Max. Nutzlast 3856 kg.
Entwicklungsstand: Der erste Prototyp flog am 25. Januar 1983, die erste Saab 340B am 21. April 1989. Ende 1996 lagen feste Bestellungen für fast 440 SF340 vor, wovon über 400 hergestellt waren. Die Japan Maritime Safety Agency beschafft vorläufig zwei Such- und Rettungsflugzeuge.
Bemerkungen: Die 340B verfügt über stärkere Triebwerke, eine grössere Höhenflosse und einen grösseren Schwerpunktspielraum, welcher höhere Nutzlasten zulässt. Die seit 1994 produzierten Maschinen weisen einige Verbesserungen auf, u.a. einen um 0,6 m verlängerten Flügel. Dadurch erhöht sich einerseits das max. Abfluggewicht bzw. auf hochgelegenen Flugplätzen kommt die Saab 340B mit kürzeren Pisten aus. Die Such- und Rettungsversion Saab 340B-Plus SAR-2000 für Japan weist ein 360-Grad-Rundsuchradar unter dem Rumpf, FLIR-Gerät, Sonar-Bojen, Abwurfstation für Bojen, Rettungsgerät und Fackeln sowie ein grösseres Beobachtungsfenster auf.
Hersteller: Saab-Scania Aktiebolag, Linköping, Schweden.

Abmessungen: Spannweite 21,44 m, Länge 19,72 m, Höhe 6,87 m, Flügelfläche 41,81 m².

SAAB 2000

Ursprungsland: Schweden.
Kategorie: Regionalverkehrs- und Firmenflugzeug.
Triebwerke: Zwei Propellerturbinen Allison GMA 2100A von je 4152 WPS (3093 kW) Leistung inkl. automatischer Leistungsreserve.
Leistungen: Max. Reisegeschwindigkeit auf 7620 m 678 km/h; ökonom. Reisegeschwindigkeit auf 9450 m 556 km/h; Anfangssteiggeschwindigkeit 11,8 m/Sek; Dienstgipfelhöhe 9450 m; Reichweite mit 50 Passagieren und üblichen Reserven 2492 km, mit max. Nutzlast 1850 km.
Gewichte: Rüstgewicht 13900 kg; max. Startgewicht 22800 kg.
Zuladung: Zwei Mann Cockpitbesatzung. Typische Einrichtung für 50 Passagiere in Dreierreihen, maximal 58 Passagiere. Als Firmenflugzeug normalerweise 36 Passagiere.
Entwicklungsstand: Die Flugerprobung begann am 26. März 1992 mit dem Erstflug des Prototypen Nr. 1. Bis Ende 1996 lagen die Festbestellungen bei 51 Einheiten für acht Kunden vor (+ 118 Optionen). Erstauslieferung an Kunden (Crossair) am 30. August 1994. Von der Businessvariante hat General Motors drei Einheiten bestellt.
Bemerkungen: Die Saab 2000 ist eine erhebliche Weiterentwicklung der Saab 340B (siehe Seiten 262/263). Bei gleichem Rumpfdurchmesser und in der Grundauslegung gleicher Flügelstruktur wurden Länge wie Spannweite wesentlich vergrössert. Besonderen Wert legte man bei der Festlegung dieses Musters auf Schnelligkeit und hohe Anfangssteigleistung. Gegenüber Regionalflugzeugen mit Strahlantrieb ist sie nur unwesentlich langsamer, aber dafür wirtschaftlicher im Betrieb. Auch die Saab 2000 ist mit dem Active Noise Control-System (ANC) zur Reduktion des Kabinenlärms ausgerüstet. Eine Kombivariante für 39 Passagiere und 16,4 m3 Fracht bzw. 16 Passagiere und 29,6 m3 Fracht wird neu angeboten. Analog zur Saab 340AEW&C entwickelt der Hersteller auch auf der Basis der Saab 2000 eine Radarfrühwarnvariante.
Hersteller: Saab-Scania Aktiebolag, Aerospace Division, Linköping, Schweden.

Abmessungen: Spannweite 24,76 m, Länge 27,03 m, Höhe 7,73 m, Flügelfläche 55,74 m^2.

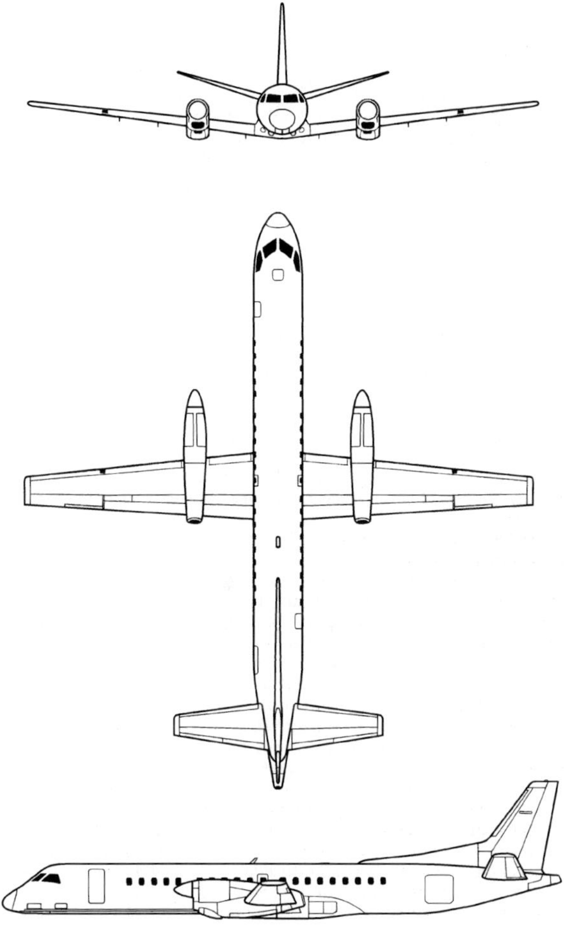

SHENYANG F-8 IIM FINBACK

Ursprungsland: Volksrepublik China.
Kategorie: Einsitziger Mehrzweckjäger.
Triebwerke: Zwei Mantelstromtriebwerke Guizou WP13A III von je 4350 kp (42,7 kN) Standschub ohne und 6720 kp (65,9 kN) mit Nachbrenner.
Leistungen: Kurzfristig erreichbare Höchstgeschwindigkeit 2340 km/h auf 11000 m (Mach 2,20); max. Anfangssteiggeschwindigkeit 200 m/Sek; Dienstgipfelhöhe 18500 m; Aktionsradius 500 km; Reichweite 1900 km.
Gewichte (J-8 II): Leergewicht 9820 kg; max. Startgewicht 17800 kg.
Bewaffnung: Eine doppelläufige 23-mm-Kanone sowie bis zu zwölf Luft-Luft-Lenkwaffen, beispielsweise aktivgesteuerte Vympel R-77 und halbaktive R-27R1. Aber auch Luft-Boden-Lenkwaffen Zvezda Kh-31 (AS-17 Krypton) sind vorgesehen.
Entwicklungsstand: Diese vorläufig letzte Ausführung der Finback (siehe auch Ausgabe 1989/90) flog als Prototyp erstmals am 31. März 1996. Eine Bestellung durch die chinesische Luftwaffe steht noch aus. Iran plant ebenfalls, die F-8 IIM zu beschaffen. Von den früheren Finback-Modellen sind bisher rund 150 Einheiten hergestellt worden.
Bemerkungen: Obwohl äusserlich von den vorangegangenen Mustern kaum zu unterscheiden, verfügt diese Variante über eine völlig überarbeitete Avionik. Die Kernneuheit ist das russische Multifunktions-Dopplerradar Phazotron N-010 Zhuk der jüngsten Generation. Dieses ist von jenem der MiG-29 abgeleitet. Das Multifunktions-Cockpit, ein integrales ECM-System sowie ein HUD einschliesslich INS/GPS ergeben ein sehr kampfstarkes Modell. Geprüft wird auch, die einheimischen WP-13A-Triebwerke durch russische des Typs RD-33 zu ersetzen.
Hersteller: Shenyang Aircraft Corp., Shenyang, Liaoing, Volksrepublik China.

Abmessungen: Spannweite 9,34 m, Länge 21,59 m, Höhe 5,41 m, Flügelfläche 42,20 m^2.

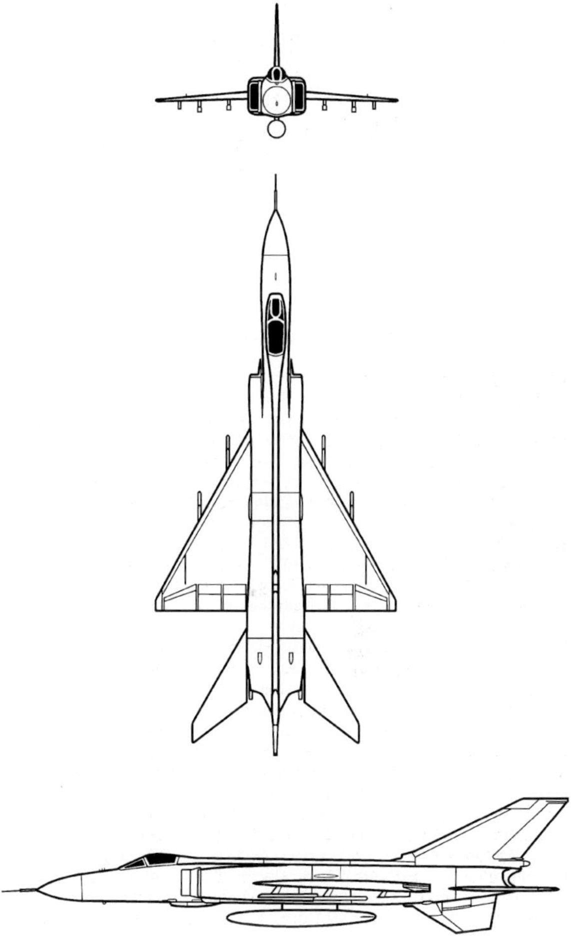

SIKORSKY CH-53E SUPER STALLION/ MH-53E SEA DRAGON

Ursprungsland: USA.
Kategorie: Schwerer Transport- (CH-53E) und Minensuchhubschrauber (MH-53E).
Triebwerke: Drei Gasturbinen General Electric T64-GE-416 von je 4380 WPS (3276 kW) Leistung.
Leistungen (bei einem Fluggewicht von 25400 kg): Höchstgeschwindigkeit 315 km/h auf Meereshöhe; Reisegeschwindigkeit 278 km/h auf Meereshöhe; max. Schrägsteiggeschwindigkeit 12,7 m/Sek; Schwebehöhe mit Bodeneffekt 3520 m, ohne Bodeneffekt 2900 m; max. Flughöhe 5640 m; max. Reichweite 2075 km ohne Flugbetankung.
Gewichte: Leer 16482 kg; max. Startgewicht 31640 kg, mit Aussenlasten 33340 kg.
Zuladung (CH-53E): Drei Mann Besatzung und bis zu 55 Soldaten oder 14500 kg Aussenlasten bei einer Reichweite von 93 km.
Entwicklungsstand: Das Vorserienmuster MH-53E flog erstmals am 1. September 1983. Die USN erhielt ihre 48. und letzte im Oktober 1994. 12 MH-53E beschafft die japanische Marine. Von der Transporterausführung CH-53E erhält das USMC bis 1997 177 Einheiten.
Bemerkungen: Die S-80 ist die Exportversion des Schwerlasthubschraubers CH-53E Super Stallion der US Navy und des USMC, während die S-80M die Exportversion des MH-53E Sea Dragon darstellt. Als Minensucher ist die S-80M/MH-53E in der Lage, einen schweren Schlitten durchs Wasser zu ziehen, welcher mechanische, akustische und magnetische Minen räumt. Im Vergleich zur S-80/CH-53E verfügt die S-80M/MH-53E über wesentlich grössere Treibstoffbehälter an beiden Rumpfseiten mit einem Fassungsvermögen von rund 3800 Litern. Die ab 1994 gelieferten Exemplare sind mit T64-GE-419-Triebwerken mit einer Leistung von 4750 WPS (3945 kW) ausgerüstet. Alle CH-/MH-53E sollen zudem rückwirkend ein nachttaugliches GPS erhalten.
Hersteller: Sikorsky Aircraft, Stratford, Connecticut, USA.

Abmessungen: Rotordurchmesser 24,08 m, Rumpflänge 22,35 m, Höhe inkl. Rotorkopf 5,32 m.

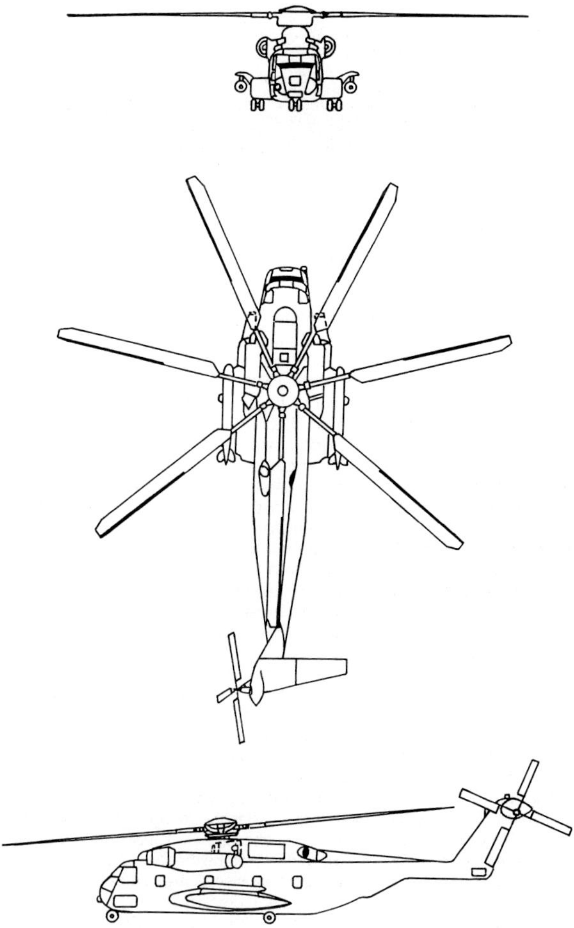

SIKORSKY (S-70A) UH-60L/MH-60L BLACKHAWK

Ursprungsland: USA.
Kategorie: Transport- (UH-60L)/Kampfhubschrauber (MH-60L).
Triebwerke: Zwei Gasturbinen General Electric T700-GE-701C von je 1947 WPS (1448 kW) Leistung.
Leistungen: Höchstgeschwindigkeit 295 km/h auf 610 m; max. Reisegeschwindigkeit 268 km/h auf 1225 m; Dienstgipfelhöhe 5837 m; Schwebehöhe ohne Bodeneffekt 3390 m; Reichweite mit 30 Min. Reserven 600 km, mit zwei 870-l-Zusatztanks 1630 km.
Gewichte: Leer 5225 kg; max. Startgewicht 9975 kg, mit Aussenlasten 10433 kg, (MH-60L) 10700 kg.
Zuladung: Drei Mann Besatzung und elf vollausgerüstete Soldaten. Als Transporter bis zu 4100 kg Aussenlasten am Frachthaken.
Bewaffnung (MH-60L): Kombination von lasergesteuerten Anti-Tank-Lenkwaffen Hellfire, Flab-Lenkwaffen Stinger, 40-mm-Granatenwerfer, zwei 30-mm-Kanonen und 7,62-mm-Mini-Guns.
Entwicklungsstand: Die leistungsfähigere Version UH-60L des Grundmusters S-70A/UH-60A fliegt seit dem 22. März 1988 und wurde ab Ende 1989 an die US Army abgeliefert. Bisher sind über 1900 Blackhawks an viele militärische oder paramilitärische Organisationen in 20 Ländern geliefert worden, darunter nebst der US Army an: Ägypten 4, Australien 39, Brunei 4, Japan 21, Kolumbien 12, Kuwait 16 MH-60L, Malaysia 2, Saudi Arabien 20, Süd Korea 138+ (Lizenzbau bei Korean Air), VR China 24, Taiwan 14, Türkei 107 usw. 1997 laufen der US Army 36 neue UH-60L zu.
Bemerkungen: Die S-70-Familie umfasst eine Vielzahl von Ausführungen für die verschiedensten Aufgaben (Beschreibung siehe frühere Ausgaben, Marineausführung SH-60 Seahawk z.B. 1996). Unter der Bezeichnung UH-60Q Dustoff wird eine militärische Ambulanzversion mit einer hochspezialisierten Ausrüstung für die US Army zurzeit entwickelt. Bis zu 300 UH-60A werden ab 1997 entsprechend umgebaut.
Hersteller: Sikorsky Aircraft, Stratford, Connecticut, USA.

Abmessungen: Rotordurchmesser 16,36 m, Rumpflänge 15,26 m, Höhe inkl. Rotormast 3,76 m.

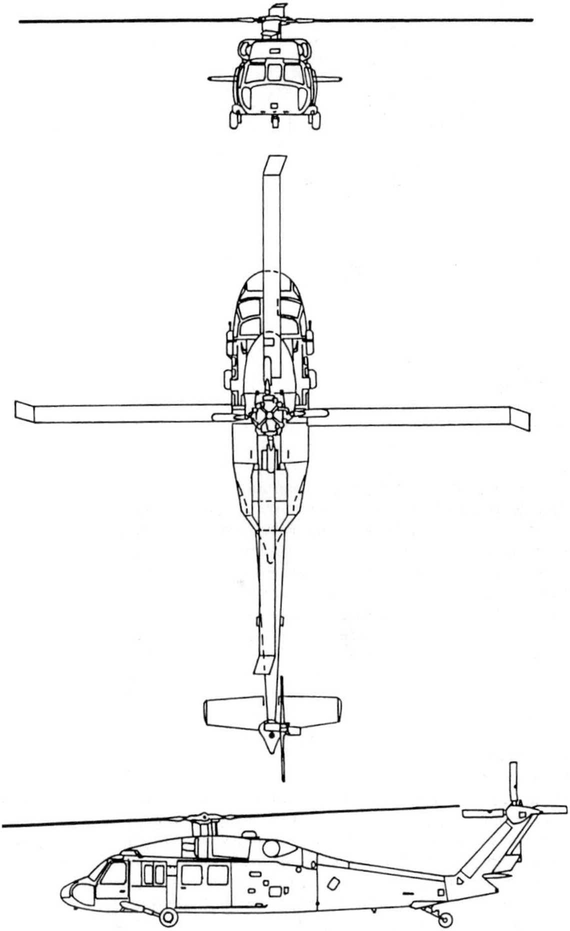

SIKORSKY S-76C

Ursprungsland: USA.
Kategorie: Ziviler Mehrzweck- und Transporthubschrauber.
Triebwerke: Zwei Gasturbinen Pratt & Whitney PT6B-36A von je 981 WPS (723 kW) oder Turboméca Arriel 1S1 von je 723 WPS (540 kW) Leistung.
Leistungen: Höchstgeschwindigkeit 287 km/h auf Meereshöhe; max. Reisegeschwindigkeit 269 km/h; max. Schrägsteiggeschwindigkeit 7,4 m/Sek; Dienstgipfelhöhe 3505 m; Reichweite mit normaler Treibstoffzuladung und 30 Min. Reserven 678 km auf 915 m.
Gewichte: Leer 2849 kg; max. Startgewicht 5307 kg.
Zuladung: Zwei Piloten und maximal 12 Passagiere; max. Nutzlast 2490 kg.
Entwicklungsstand: Der Prototyp der S-76C flog erstmals am 18. Mai 1990, jener der S-76C+ im November 1995. Von allen Versionen sind bisher gegen 480 Einheiten gebaut worden. Die spanische Luftwaffe hat acht S-76 als Trainer, die Japan Maritime Safety Agency wird bis zu 20 S-76C für SAR-Aufgaben erhalten, die Royal Thai Navy deren 6. Besteller der S-76: Philippinen 17, der H-76 Süd Korea 7+. Jährlich werden rund 24 S-76 hergestellt.
Bemerkungen: Die derzeit neueste in Produktion stehende Variante ist die S-76C+ mit Arriel-Triebwerken 2S1 von je 850 WPS (634 kW). Sie verfügt über ein integrales Instrumentensystem der zweiten Generation, welches bei geringem Gewicht eine grössere Zuverlässigkeit erlaubt. Gegenüber der nach wie vor hergestellten S-76C ist die Triebwerkleistung um 22 % höher. Entsprechend verbessern sich die Flugparameter. Von dieser Ausführung sind bisher 14 Einheiten bestellt worden.
Hersteller: Sikorsky Aircraft, Stratford, Connecticut, USA.

Abmessungen: Rotordurchmesser 13,41 m, Rumpflänge 12,22 m, Höhe bei drehendem Heckrotor 4,41 m.

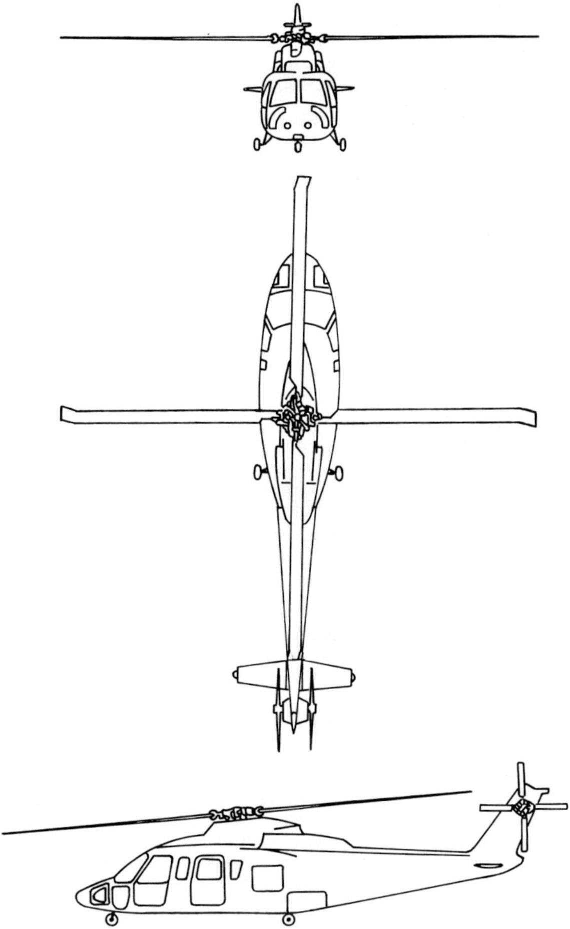

SME AVIATION MD3-160 AERO TIGA

Ursprungsland: Malaysia (Schweiz).
Kategorie: Leichtes Schulflugzeug.
Triebwerke: Ein luftgekühlter Vierzylinder-Boxermotor Textron-Lycoming 0-320-D2A von 160 PS (120 kW) Leistung.
Leistungen: Höchstgeschwindigkeit 323 km/h; max. Reisegeschwindigkeit bei 75 % Leistung auf 1525 m 256 km/h; Anfangssteiggeschwindigkeit 5,6 m/Sek; max. Reichweite ohne Reserven 1090 km.
Gewichte: Leergewicht 640 kg; Startgewicht für Akrobatikeinsätze 840 kg; max. Startgewicht 920 kg.
Zuladung: Zwei Personen, Flugschüler und Fluglehrer.
Entwicklungsstand: Erstflug des Ausgangsmusters Dätwyler MD3-160 bereits am 12. August 1983, der ersten von SME hergestellten Maschine am 25. Mai 1995. Die Royal Malaysian Air Force hat 20 Einheiten bestellt, welche seit Anfang 1996 geliefert werden. Weitere 40 Maschinen sind von privaten Käufern geordert worden.
Bemerkungen: Die Aero Tiga wurde in der Schweiz unter dem Namen Dätwyler MD3-160 Swiss Trainer entwickelt. 1993 verkaufte man die Baurechte an das staatliche malaysische Flugzeugwerk SME. Die MD3-160 ist eine robuste Ganzmetall-Leichtbaukonstruktion für Belastungen von +6/-3G ausgelegt. Damit können auch Akrobatikmanöver geflogen werden. Um die Herstellung einfach und kostengünstig zu gestalten, sind viele Teile im Baukastensystem konzipiert und teilweise zwischen links und rechts austauschbar. SME plant, in den nächsten Jahren eine viersitzige Variante anzubieten.
Hersteller: SME Aviation, Kuala Lumpur, Malaysia.

Abmessungen: Spannweite 10,00 m, Länge 7,10 m, Höhe 2,92 m, Flügelfläche 15,00 m^2.

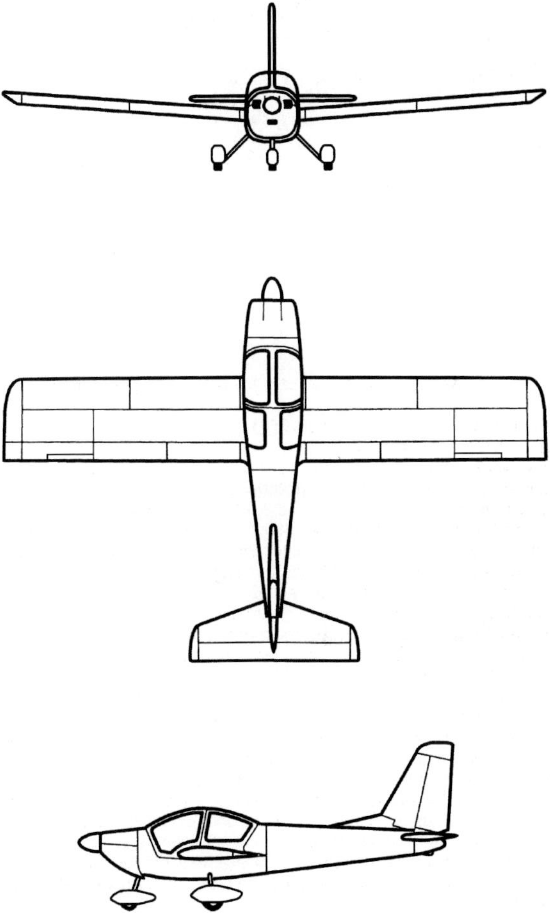

SOCATA TB-200 TOBAGO XL

Ursprungsland: Frankreich.
Kategorie: Reise- und Schulflugzeug.
Triebwerke: Ein luftgekühlter Vierzylinder-Boxermotor Textron Lycoming IO-360-A1B6 mit 200 PS (149 kW) Leistung.
Leistungen: Höchstgeschwindigkeit 260 km/h; ökonomische Reisegeschwindigkeit bei 75 % Leistung 224 km/h; Anfangssteiggeschwindigkeit 3,0 m/Sek; Dienstgipfelhöhe 3960 m; Reichweite mit max. Treibstoffzuladung 1157 km.
Gewichte: Leergewicht 715 kg; max. Startgewicht 1150 kg.
Zuladung: Pilot und drei bis max. vier Passagiere.
Entwicklungsstand: Erstflug des Ausgangsmusters TB-10 am 23. Februar 1977, der TB-200 Tobago XL am 27. März 1991. Bisher sind rund 1700 der verschiedenen Ausführungen hergestellt worden. Die jährliche Produktion beläuft sich auf rund 100 Einheiten.
Bemerkungen: Die TB-200 Tobago XL ist die vorläufig letzte Ausführung einer mittlerweile zahlreichen Familie: TB-9 Tampico mit 160 PS (119 kW), TB-10 Tobago mit 180 PS (134 kW) und die erwähnte TB-200XL, alle mit einem festen Fahrwerk. Über ein Einziehfahrwerk verfügen hingegen die TB-20 Trinidad mit 250 PS (186 kW) sowie die TB-21 TC mit Turbolader. Bei allen Modellen besteht die Grundstruktur aus Aluminium. In nicht-tragenden Bereichen werden Verbundstoffe eingesetzt.
Hersteller: Socata (Tochter von Aérospatiale), Suresnes, Frankreich.

Abmessungen: Spannweite 9,77 m, Länge 7,70 m, Höhe 3,02 m, Flügelfläche 11,90 m².

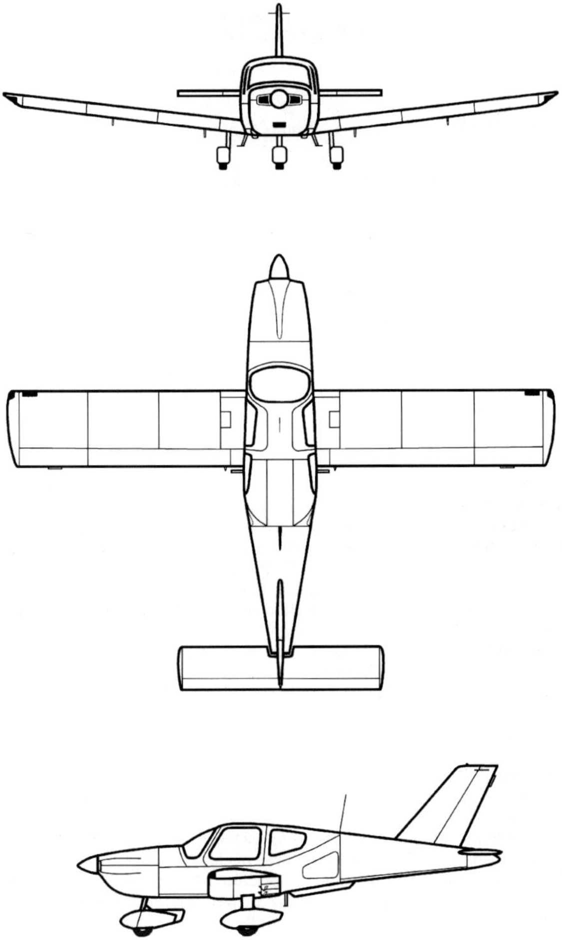

SOCATA TB 320 TANGARA

Ursprungsland: Frankreich.
Kategorie: Schul- und Reiseflugzeug.
Triebwerke: Zwei luftgekühlte Vierzylinder-Boxermotoren Textron Lycoming O-320-D1D von je 160 PS (199 kW) Leistung.
Leistungen: Höchstgeschwindigkeit auf Meereshöhe 311 km/h; Reisegeschwindigkeit 296 km/h; Anfangssteiggeschwindigkeit 5,9 m/Sek; Dienstgipfelhöhe 5305 m; Reichweite 1555 km.
Gewichte: Leergewicht 1174 kg; max. Startgewicht 1724 kg.
Zuladung: Ein bis zwei Piloten und zwei bis drei Passagiere.
Entwicklungsstand: Die Tangara wurde erstmals im Juni 1995 der Öffentlichkeit vorgestellt. Anfänglich sollte das Muster im russischen Flugzeugwerk Dimitriow hergestellt werden. Neu wird die Produktion aber bei Socata angesiedelt. Die derzeitige Auftragslage ist nicht bekannt.
Bemerkungen: Um einen rasch realisierbaren und kostengünstigen kleinen Zweimotorigen anbieten zu können, hat Socata auf die vor Jahren entwickelte und nur in kleinen Stückzahlen gebaute Grumman American GA-7 Cougar zurückgegriffen. Dieses Muster soll in erster Linie die Palette von Schulflugzeugen von Socata nach oben ergänzen und besonders für die Linienpiloten-Schulung geeignet sein.
Hersteller: Socata (Tochtergesellschaft von Aérospatiale), Suresnes, Frankreich.

Abmessungen: Spannweite 11,23 m, Länge 9,04 m, Höhe 3,16 m, Flügelfläche 17,09 m².

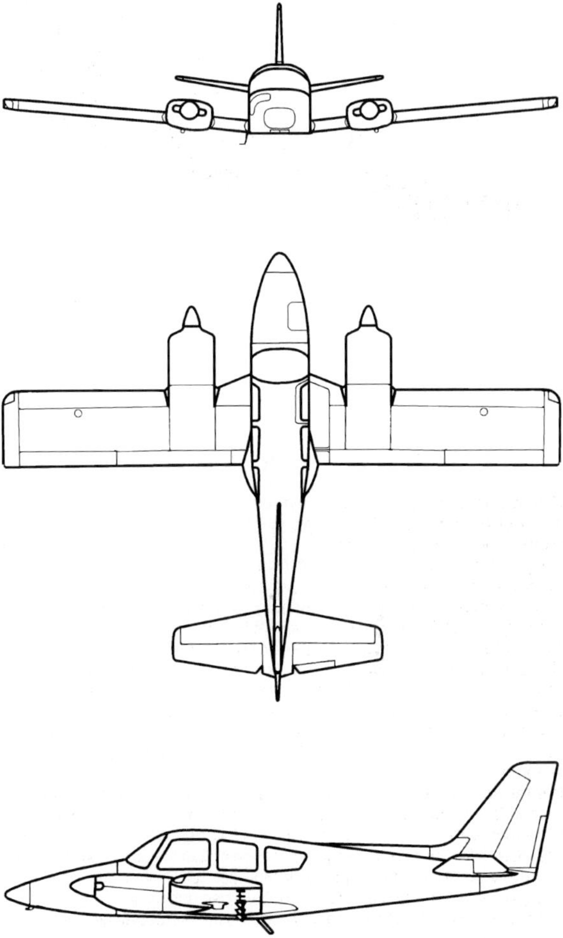

SOCATA TBM 700

Ursprungsland: Frankreich.
Kategorie: Leichtes Firmenflugzeug.
Triebwerke: Eine Propellerturbine Pratt & Whitney Canada PT6A-60A von 700 WPS (522 kW) Leistung.
Leistungen: Höchstgeschwindigkeit 556 km/h auf 7925 m; normale Reisegeschwindigkeit 523 km/h auf 9145 m; Langstrecken-Reisegeschwindigkeit 452 km/h auf 9145 m; Anfangssteiggeschwindigkeit 11,7 m/Sek; Reichweite mit sechs Passagieren 1900 km, mit max. Treibstoffzuladung 2337 km.
Gewichte: Leer 1790 kg; max. Startgewicht 2985 kg.
Zuladung: Zwei Piloten und bis zu sechs Passagiere. «Club»-Version mit vier Passagiersitzen und Mittelgang. Max. Nutzlast 1190 kg.
Entwicklungsstand: Der Prototyp der TBM 700 flog erstmals am 14. Juli 1988, gefolgt vom zweiten im August und vom dritten im Oktober 1989. Das erste Serienflugzeug startete am 24. August 1990 zum Erstflug. Die Produktion wurde angesichts der geringen Nachfrage mittlerweile auf 1,5 Einheiten im Monat reduziert. Bis Ende 1995 waren rund 100 TBM 700 fertiggestellt. Die französische Luftwaffe erhielt bisher 15 TBM 700 und hofft, insgesamt 35 Maschinen anschaffen zu können.
Bemerkungen: Die TBM 700 ist eine Gemeinschaftsentwicklung von Socata (Tochtergesellschaft von Aérospatiale) und Mooney Aircraft. Als druckbelüftetes Reiseflugzeug profitiert die TBM 700 von der Mooney M301, von welcher der Rumpf weitgehend übernommen wurde. Neu entwickelte Socata hingegen den Flügel und das Leitwerk. Socata bietet nun auch diverse militärische Varianten an, beispielsweise als Verbindungsflugzeug, Frachter, für ECM-Aufgaben oder als Zielschlepper.
Hersteller: Socata (Tochtergesellschaft von Aérospatiale), Suresnes, Frankreich.

Abmessungen: Spannweite 12,16 m, Länge 10,43 m, Höhe 3,99 m, Flügelfläche 18,00 m^2.

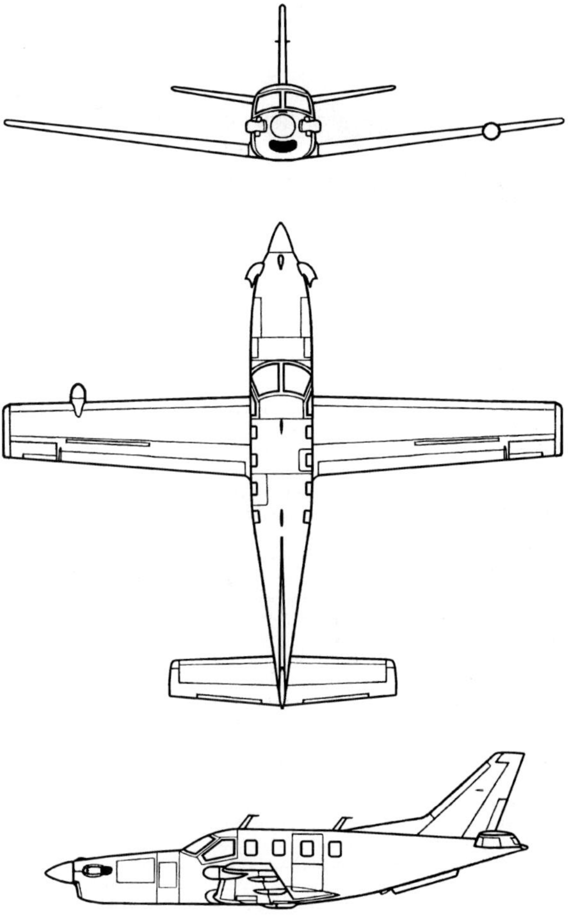

SUCHOJ SU-25TM (FROGFOOT)

Ursprungsland: Russland.
Kategorie: Einsitziges Allwetter-Mehrzweckkampf- und Nahunterstützungsflugzeug; zweisitziger Einsatztrainer.
Triebwerke: Zwei Strahltriebwerke Soyuz Tumansky R-195 von je 4500 kp (44,18 kN) Standschub.
Leistungen: Höchstgeschwindigkeit 950 km/h (Mach 0,82); Dienstgipfelhöhe 10000 m; Einsatzradius mit zwei 500-kg-Bomben 510 km; max. Reichweite 2500 km.
Gewichte: Normales Startgewicht 16500 kg, maximal 19500 kg.
Bewaffnung: Eine doppelläufige 30-mm-Kanone GSh-2 und Kombinationen von Panzerbekämpfungs-Lenkwaffen Vihkr-M, Antischiffs-Lenkwaffen Kh-35, Luft-Boden-Lenkwaffen Kh-31 (AS-17 Krypton), Antiradar-Lenkwaffen Kh-58U Raduga (AS-11 Kilter) sowie Mittelstrekken-Luft-Luft-Lenkwaffen Vympel R-77 (AA-12 Adder) an zehn Stationen unter den Flügeln und unter dem Rumpf in einem Gesamtgewicht von 4400 kg.
Entwicklungsstand: Der erste von drei Prototypen der neuesten Version Su-25TM wurde im August 1995 der Öffentlichkeit vorgestellt. Die Tests sollen 1997 abgeschlossen werden. Ein Produktionsentscheid steht noch aus, doch ist die russische Luftwaffe entschlossen, diese Version zu beschaffen. Zurzeit wird ausschliesslich die Su-25T für einen Auftrag der Luftwaffe von Azarbeidschan gebaut. Von allen Su-25 Varianten stellte Suchoj bisher rund 800 Einheiten her.
Bemerkungen: Die Weiterentwicklung des 1975 erstmals geflogenen Erdkämpfers verfügt über eine wesentlich leistungsfähigere Elektronik. Diese umfasst u.a. das Mehrzweckradar Phazotron Kopyo 25, welches in einem Behälter unter dem Rumpf montiert ist und dieser Version Allwettereinsätze ermöglicht. An den Flügelenden sind zudem ECM-Behälter angebracht. Durch Optimierung der Silhouette und Kühlung der Triebwerkaustritte wurde erreicht, dass die Radar- und Infrarotreflexion der Su-25TM nur noch etwa ein Viertel so gross ist wie beim Ausgangsmuster. Eine als Su-25UTG bezeichnete doppelsitzige Ableitung wird von der russischen Marine ab Flugzeugträgern eingesetzt.
Hersteller: OKB Pawel O. Suchoj, Werke Tbilisi, Georgien und Ulan-Ude, Russland.

Abmessungen: Spannweite 14,36 m, Länge 15,53 m, Höhe 5,20 m, Flügelfläche 30,10 m².

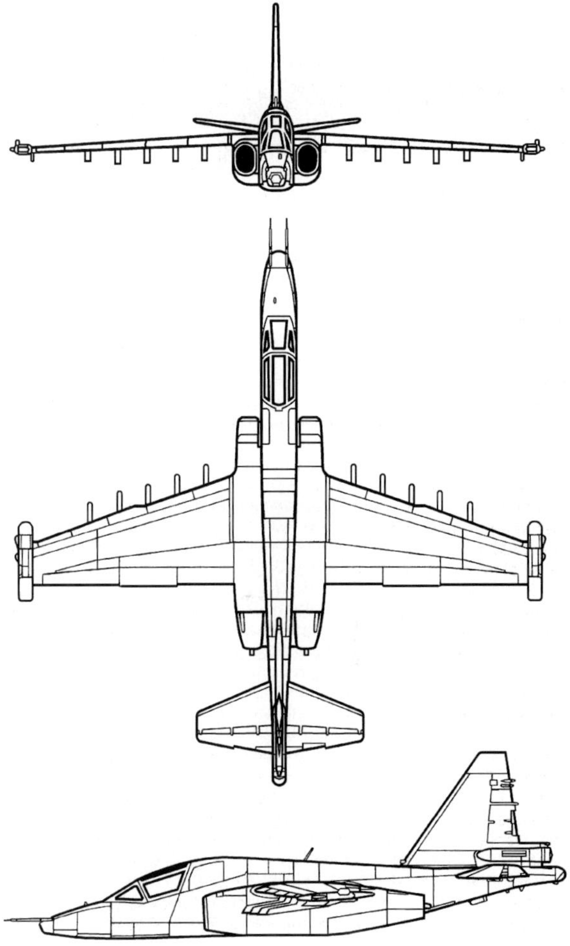

SUCHOJ SU-33/SU-30M

Ursprungsland: Russland.
Kategorie: Einsitziger bordgestützter Abfangjäger (Su-27K/Su-33), zweisitziges landgestütztes Mehrzweckkampfflugzeug (Su-30M).
Triebwerke: Zwei Mantelstromtriebwerke Saturn (Lyulka) AL-31F von je 8100 kp (79,43 kN) Standschub ohne und 12500 kp (122,60 kN) mit Nachbrenner.
Leistungen: Höchstgeschwindigkeit 2500 km/h auf 11000 m (Mach 2,35), 1345 km/h auf Meereshöhe (Mach 1,1); Dienstgipfelhöhe 18000 m; Einsatzradius mit je vier Luft-Luft-Lenkwaffen R-27 und R-73 1500 km; Reichweite mit max. Treibstoffzuladung 4000 km.
Gewichte (Su-30M): Startgewicht norm. 24000 kg; max. 33000 kg.
Bewaffnung: Eine sechsläufige 30-mm-Revolverkanone und bis zu zehn Luft-Luft-Lenkwaffen, typischerweise sechs AA-10 Alamo-Mittelstrecken- und vier AA-11 Archer-Kurzstreckenlenkwaffen, (Su-30, -33) div. Modelle von Boden-Luft-Lenkwaffen, Antischiffs-Lenkwaffen und Bomben aller Art bis zu 6500 kg (Su-33 8000 kg) an zwölf Aufhängepunkten unter dem Rumpf und den Flügeln.
Entwicklungsstand: Die Erdkampfversion Su-27IB/Su-30M fliegt seit 30. Dezember 1989. Die Volksrepublik China erhält zurzeit 48 Su-27SK (siehe Silhouette) später eventuell bis zu 200 Einheiten, der grösste Teil davon wird in Lizenz bei Shengyang unter der Bezeichnung Jianjiji-11 hergestellt. Weitere Besteller: Vietnam 6+, Indien 40 Su-30MK.
Bemerkungen: Als weitere Variante fliegen derzeit mehrere Prototypen der doppelsitzigen Ausführung Su-30M. Sie ist vorwiegend für Jagdbomber-Einsätze vorgesehen. Entsprechend dem Einsatzspektrum wurden anstelle des Allwetterradars ein neues Kampfelektroniksystem sowie ein Navigationssystem Loran eingebaut. Sie verfügt über die gleichen Vorflügel wie die Su-35/-37 (siehe Seiten 286/287). Eine Exportversion Su-30MK, ebenfalls mit Vorflügeln und zusätzlicher Vektorsteuerung der Su-37 ausgerüstet, wird ebenfalls angeboten. Sie soll auch die leistungsstärkeren Triebwerke Lyulka/Saturn AL-31F erhalten. Die Trägervariante Su-27K wurde in der Ausgabe 1996 vorgestellt.
Hersteller: OKB Pawel O. Suchoj, Werk Komsomolsk, Moskau, Russland.

Abmessungen: Spannweite 14,70 m, Länge ohne Bugsonde 21,90 m, Höhe 5,93 m, Flügelfläche 63,20 m^2.

SUCHOJ SU-35/SU-37

Ursprungsland: Russland.
Kategorie: Einsitziger Luftüberlegenheitsjäger.
Triebwerke (Su-35): Zwei Mantelstromtriebwerke Saturn (Lyulka) AL-35 von je mindestens 9070 kp (88,9 kN) Standschub ohne und 14000 kp (137 kN) mit Nachbrenner.
Leistungen (Su-35): Höchstgeschwindigkeit auf optimaler Höhe 2500 km/h (Mach 2,35), 1400 km/h auf Meereshöhe (Mach 1,14); Dienstgipfelhöhe 18000 m; Reichweite mit max. internem Treibstoff mehr als 2500 km, mit Luftbetankung über 6500 km.
Gewichte: Keine Angaben erhältlich.
Bewaffnung: Eine sechsläufige 30-mm Revolverkanone GSh-30 und an 14 Aufhängepunkten eine Waffenlast von 8000 kg.
Entwicklungsstand: Die Su-35 fliegt seit Mitte 1988. Bisher sind elf Exemplare hergestellt worden. Der letzte Prototyp wurde als Erprobungsträger Su-37 gebaut; Erstflug April 1996. Ein Serienbau scheint nun beschlossen zu sein.
Bemerkungen: Obwohl äusserlich vom Ausgangsmuster Su-27 nicht allzu unterschiedlich, findet im technologischen Bereich ein eigentlicher Sprung von der analogen zur digitalen Technik statt. Die Su-35 besitzt ein wesentlich leistungsfähigeres Mehrzweck-Radar neuester Scanner-Technolgie. Es kann Ziele bis zu einer Reichweite von 400 km entdecken und gleichzeitig 15 Flugzeuge bekämpfen. Eine verbesserte ECM-Ausrüstung mit «Jammers» an den Flügelspitzen wurde eingebaut. Das Cockpit ist mit CRT-Bildschirmen und HUD ausgerüstet, die Steuerung erfolgt auf Fly-by-wire-Basis. Weitere Merkmale: Kleine Vorflügel aus Verbundwerkstoffen zur Verbesserung der Wendigkeit sowie in den Seitenleitwerken integrierte Treibstofftanks. Ein Prototyp der Su-35 wurde unter der neuen Bezeichnung Su-37 mit einer Schubvektorsteuerung ausgerüstet. Damit werden Flugmanöver mit einem Anstellwinkel bis zu 120° und Kurvenradien von 50 Metern möglich! Zudem kann eine Art «Salto rückwärts» vollzogen werden, ohne die Flugkontrolle zu verlieren. Dafür ist sie mit leistungsstärkeren Saturn AL-37FU-Triebwerken ausgerüstet, deren Düsen sich vertikal um +/-15° schwenken lassen.
Hersteller: OKB Pawel O. Suchoj, Moskau, Russland.

Abmessungen: Spannweite inkl. ECM-Pods 15,00 m, Länge ohne Bugsonde 21,90 m, Höhe 5,93 m, Flügelfläche 63,20 m².

SUCHOJ SU-34

Ursprungsland: Russland.
Kategorie: Zweisitziger Jagdbomber.
Triebwerke: Zwei Mantelstromtriebwerke Saturn (Ljulka) AL-35F von je rund 14000 kp (137 kN) Leistung mit Nachbrenner.
Leistungen (geschätzt): Höchstgeschwindigkeit 2500 km/h auf 11000 m (Mach 2,35), auf Meereshöhe 1400 km/h (Mach 1,35); max. Reichweite 4000 km.
Gewichte: Max. Startgewicht 44360 kg.
Bewaffnung: Zwei eingebaute 30-mm-Kanonen und eine Waffenlast von 8200 kg, z.B. Luft-Boden-Lenkwaffen Kh-25M (AS-10 Karen), Kh-29 (AS-14 Kedge), Kh-58 (AS-11 Kilter), Antiradar-Lenkwaffen Kh-31P oder Antischiffs-Raketen Kh-31A oder Kh-35 sowie gelenkte und freifallende Bomben aller Art. Zudem können Luft-Luft-Lenkwaffen R-73 oder RVV-Ae (R-77) mitgeführt werden.
Entwicklungsstand: Noch unter der Bezeichnung Su-27IB startete der erste Prototyp am 13. April 1990 zum Erstflug. Der nun als Su-34 bezeichnete erste Serienprototyp fliegt seit September 1993. Bisher sind drei Su-34 hergestellt worden. Die Serienproduktion ist 1996 aufgenommen worden. Bis 1998 soll rund ein Dutzend Su-34 hergestellt sein.
Bemerkungen: Der augenfälligste Unterschied zum Ausgangsmuster Su-27 ist der völlig neu konstruierte Vorderrumpf mit Sitzen nebeneinander. Die Piloten verfügen über ein geräumiges, z.T. gepanzertes Cockpit, in dem man sogar stehen kann. Die Su-34 ist mit kleinen Vorflügeln hinter dem Cockpit sowie mit bis an die Nase weitergezogenen Vorflügelkanten ausgerüstet. Für den harten Erdkampfeinsatz ist sie zudem punktuell verstärkt und verfügt über ein neues Hauptfahrwerk mit Doppelrädern hintereinander. Gegenüber dem Prototypen Su-27IB wurde der Heckkonus vergrössert, um Platz für einen Bremsfallschirm und ein rückwärts gerichtetes Radar zu schaffen. Zudem ist das Seitenleitwerk etwas kleiner. Einem Prototypen wurde ein modernstes Mehrzweckradar mit hochauflöslicher Kartendarstellung sowie ein Inertial-Navigationssystem mit GPS eingebaut. An den Flügelspitzen sind die gleichen ECM-Pods Sorbtsiya-S der Su-35 montiert.
Hersteller: OKB Pawel O. Suchoj, Sovjet Aerospace Industries Association, Werk Nowosibirks, Moskau, Russland.

Abmessungen: Spannweite 14,70 m, Länge 23,95 m, Höhe 6,10 m, Flügelfläche 62,00 m².

TUPOLEW TU-204/TU-234

Ursprungsland: Russland.
Kategorie: Mittelstrecken- (Tu-204) bis Langstrecken-Verkehrsflugzeug (Tu-234).
Triebwerke: Zwei Mantelstromtriebwerke Perm (Solowiew) PS-90 von je 16000 kp (156,9 kN) oder (Bravia) Rolls Royce RB.211-535E4 von je 18930 kp (193 kN) Standschub.
Leistungen (Tu-204 mit PS-90-Triebwerken): Max. Reisegeschwindigkeit 850 km/h auf 10650 m; ökonom. Reisegeschwindigkeit 810 km/h auf 12200 m; Dienstgipfelhöhe 12200 m; Reichweite mit 196 Passagieren 3850 km, mit max. Nutzlast 2500 km; max. Reichweite (Tu-234) 9000 km.
Gewichte: Leer 56500 kg; max. Startgewicht (Tu-204) 93850 kg, (Tu-234) 103000 kg.
Zuladung: Zwei Mann Cockpitbesatzung und (Tu-204) bis zu 214 Passagiere in Sechserreihen mit Mittelgang in Einheitsklasse. (Tu-234) 160 Passagiere. Max. Nutzlast als Frachter 29000 kg.
Entwicklungsstand: Der erste Prototyp flog am 2. Januar 1989. Anfang 1995 wurde die Zulassung auch für Passagierflüge erteilt. Bisherige Bestellungen: U.a. Aviastar 20, Balkan 16. Die erste mit RR-Triebwerken ausgestattete Ausführung Tu-224 fliegt seit August 1992; 13 Einheiten dieser Version (+ 17 Optionen und 200 Letters of Intent) hat die ägyptische Kato-Gruppe bestellt. Der Prototyp der Tu-234 wurde im August 1995 vorgestellt, das erste Serienflugzeug war im Juli 1996 fertiggestellt.
Bemerkungen: Um ein möglichst geringes Leergewicht zu erzielen, wurden in weiten Bereichen neue Werkstoffe, meist Kunststoffe angewandt. Das Cockpit ist mit sechs Farbbildschirm-Anzeigegeräten ausgerüstet. Weitere Neuerungen sind die vollelektrische Steuerung, ein superkritisches Flügelprofil und das dreifache Inertial-Navigationssystem. Die oben beschriebene Variante -100 wird durch eine Version -200 (siehe Silhouette, Erstflug 22. März 1996) ergänzt, welche dank höherem Startgewicht von 108500 kg grössere Reichweiten ermöglicht. Folgende weitere Varianten werden angeboten: Tu-204C Frachter; Langstreckenausführung Tu-234 mit einem um rund 6,00 m verkürzten Rumpf und Abfluggewicht von 103000 kg bzw. Kurzstreckenversion mit einem Abfluggewicht von 84800 kg und einer Reichweite von 3400 km.
Hersteller: OKB Alexei A. Tupolew, Werke Ulyanovsk und Kazan, Moskau, Russland.

Abmessungen: Spannweite 42,00 m, Länge 48,00 m, Höhe 13,90 m, Flügelfläche 184,1 m².

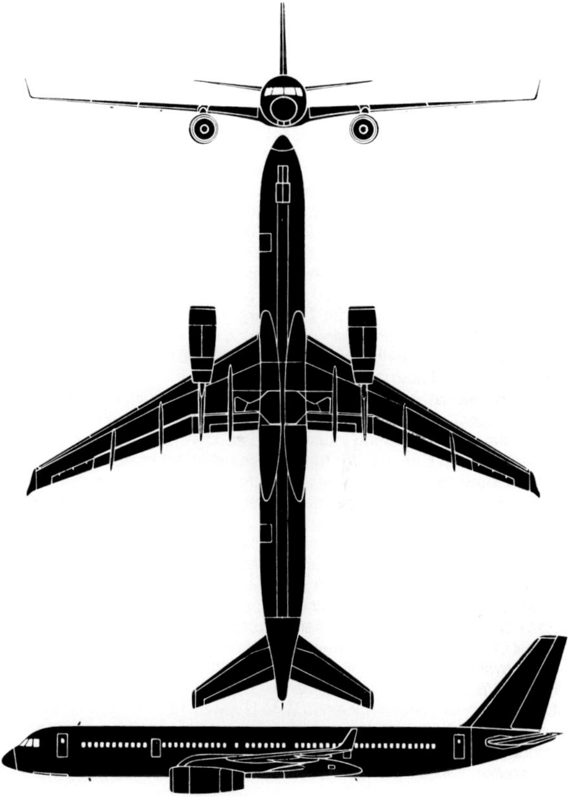

TUPOLEW TU-334-100

Ursprungsland: Russland.
Kategorie: Kurz- und Mittelstreckenverkehrsflugzeug.
Triebwerke: Zwei Mantelstromtriebwerke (-100) ZMDB/Zaporozheye/Lotarew D-436T von je 7500 kp (73,5 kN) oder (-200) BMW Rolls-Royce BR 715 von je ca. 8500 kp (83,8 kN) Standschub.
Leistungen (nach Angaben des Herstellers): Norm. Reisegeschwindigkeit 800 – 820 km/h; Reichweite mit einer Nutzlast von 9251 kg (= 102 Passagiere) 3000 km, mit 5500 kg bis zu 4000 km.
Gewichte: Max. Startgewicht 43600 kg.
Zuladung: Zwei bis drei Mann Besatzung und normal 86 Passagiere in einer Zweiklasseneinrichtung oder maximal 110 Passagiere in Sechserreihen mit Mittelgang. Nutzlast 11000 kg.
Entwicklungsstand: Der erste Prototyp wurde der Öffentlichkeit am 22. August 1995 vorgestellt. Das Datum des Erstflugs steht aber immer noch aus. Drei Erprobungsmuster sind geplant. Bisher haben russische Gesellschaften Optionen für rund 40 Einheiten unterzeichnet.
Bemerkungen: Die Tu-334 ist als Nachfolgemuster der noch in grosser Zahl eingesetzten Tu-134 gedacht. Nebst der hier beschriebenen Ausführung war ursprünglich auch eine verlängerte Version mit Propfan-Triebwerken vorgesehen. Diese ist aber mittlerweile aufgegeben worden. Von den Dimensionen, Leistungen und Kapazitäten her gesehen, gleicht die Tu-334 der Fokker 100. Der Rumpf hingegen weist einen wesentlich grösseren Querschnitt auf. Er ist in weiten Teilen von der Tu-204 übernommen. Die Avionik entspricht dem heutigen Standard. In der Konstruktion werden in weiten Bereichen neue Werkstoffe eingesetzt. Bereits sind unter der Bezeichnung Tu-334C eine Frachtausführung sowie eine um 3,90 m verlängerte Tu-334-200 geplant. Letztere wird mit D-436T-2-Triebwerken mit einen Schub von 8210 kp (80,5 kN) und grösseren Flügeln ausgerüstet sein. Bei einem Abfluggewicht von 54800 kg können 126 Passagiere mitgenommen werden.
Hersteller: OKB Alexei A. Tupolew, Werke Kiew und Taganrog, Moskau, Russland.

Abmessungen: Spannweite 29,80 m, Länge 33,00 m, Höhe 8,80 m, Flügelfläche 83,2 m².

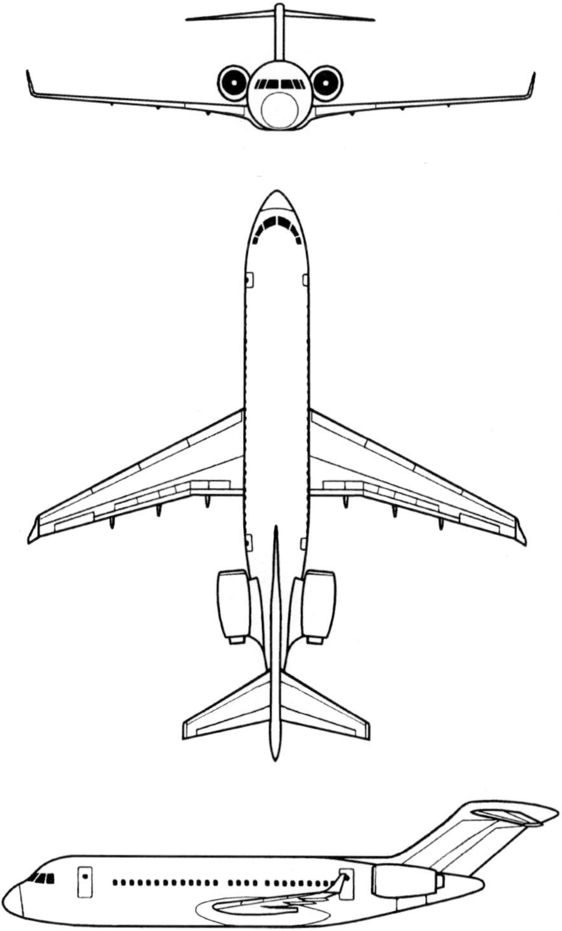

WESTLAND LYNX

Ursprungsland: Grossbritannien.
Kategorie: Militärischer Mehrzweckhubschrauber für Armee- (Battlefield Lynx) und Marineeinsätze (Super Lynx).
Triebwerke: Zwei Gasturbinen Rolls-Royce Gem 42-1 von je 1120 WPS (835 kW) Leistung.
Leistungen: Max. Reisegeschwindigkeit 256 km/h auf Meereshöhe; normale Reisegeschwindigkeit 230 km/h; Schrägsteiggeschwindigkeit 10 m/Sek; Reichweite bei taktischem Einsatz und 20 Min. Reserven 685 km; Dauer einer Anti-Tank-Mission 46 km von der Basis entfernt 2 Std.
Gewichte: Rüstgewicht 3943 kg; max. Startgewicht 5125 kg.
Zuladung: Ein bis zwei Piloten und je nach Einsatzzweck bis zu 12 Personen in der Kabine. Als Rettungshubschrauber drei bis acht Patienten samt Pfleger; Rettungswinde von 272 kg Tragkraft.
Bewaffnung: Als Panzerabwehrhubschrauber besteht die Möglichkeit, an bis zu acht Aufhängepunkten TOW-, HOT- oder Hellfire-Lenkwaffen mitzuführen; als Schiffsabwehr-Hubschrauber und U-Boot-Jäger bis zu vier Lenkwaffen Sea Skua, AS12TT oder zwei Penguin.
Entwicklungsstand: Erstflug dieser vorläufig letzten Version am 29. November 1989. Die Royal Army erhielt 16 neue und 8 umgebaute AH. Mk.9. Neueste Bestellungen für die Marineversion Super Lynx HAS Mk.8: BRD 7 zusätzliche Mk. 88, Korea 12 Mk.99, Portugal 5 und Brasilien 8. Weitere Bestellungen werden in Kürze erwartet.
Bemerkungen: Die Marineversion Super Lynx wird derzeit in drei Ausführungen angeboten: Srs.100 mit Rolls-Royce Gem 42-1-Triebwerken und Hauptrotor aus Verbundwerkstoff, 360°-Seaspray-Radar im Rumpfbug und konventionellem Cockpit; Srs.200 in ähnlicher Konfiguration, aber mit LHTEC CTS800-Triebwerken und FADEC-System; Srs.300-Topausführung zusätzlich mit Night-Vision-Goggles (NVG), Glascockpit, digitaler Avionik und doppelt reduntantem Databus MIL STD 1553D. Die Mehrzweckversion Battlefield Lynx AH Mk.9 wurde in der Ausgabe 1996 vorgestellt.
Hersteller: Westland PLC, Yeovil, Somerset, Grossbritannien.

Abmessungen: Rotordurchmesser 12,80 m, Rumpflänge mit gefalteten Rotorblättern 13,24 m, Höhe inkl. Rotorkopf 3,50 m.

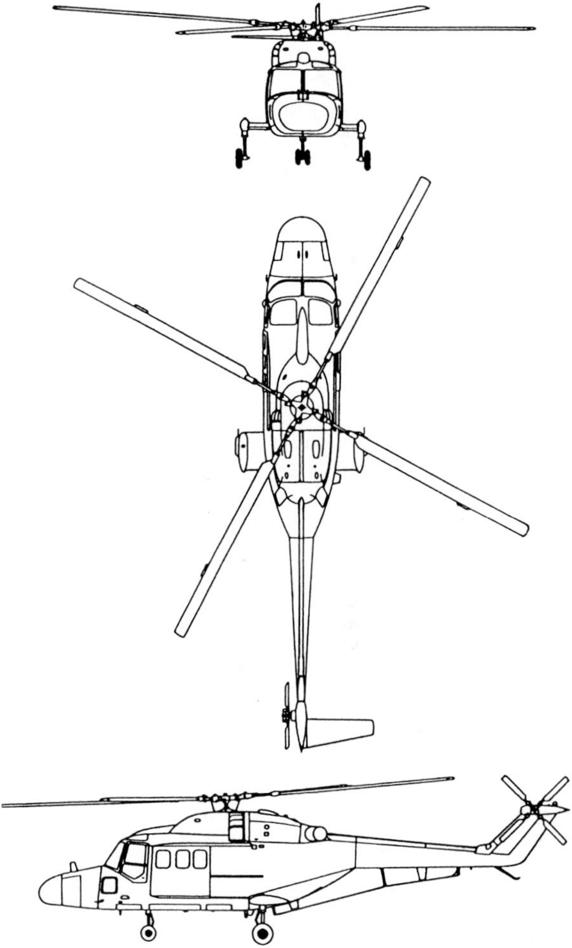

YAKOWLEW YAK-130

Ursprungsland: Russland.
Kategorie: Zweisitziger Fortgeschrittenentrainer.
Triebwerke: Zwei Mantelstromtriebwerke (Prototyp) Povarske Stroyary DV-2 bzw. (Serie) Klimow RD-35M von je 2220 kp (22,0 kN) Standschub.
Leistungen (nach Angaben des Herstellers): Höchstgeschwindigkeit auf optimaler Höhe 1000 km/h+, auf Meereshöhe 850 km/h+; Anfangssteiggeschwindigkeit 75 m/Sek; Reichweite mit normaler Treibstoffzuladung 2200 km; max. Überführungsreichweite 2500 km.
Gewichte (geschätzt): normales Startgewicht 6200 kg; max. Startgewicht 9000 kg.
Entwicklungsstand: Der erste von voraussichtlich vier Prototypen startete mit grosser Verspätung am 25. April 1996 zum Erstflug. Mit der Indienststellung wird 1999 gerechnet, sofern die russische Flugwaffe in nächster Zeit entsprechende Aufträge erteilt. Der Bedarf wird mit 800 Maschinen angegeben, vorerst sollen aber erst 200 Exemplare bestellt werden.
Bemerkungen: Mit diesem Modell bewirbt sich Yakowlew zusammen mit vier anderen Herstellern für die Nachfolge der heutigen Trainingsflugzeuge Aero L 29 Delfin und L 39 Albatros bei der russischen Luftwaffe. Sie soll die wichtigsten Flugmanöver der heutigen Kampfflugzeuggeneration Su-27/35 und MiG-29 für die Schulung ausführen können. Die Entwicklung der Yak-130 erfolgt in Kooperation mit der italienischen Aermacchi. Die Konstruktion ist von konventioneller Art und besonders robust ausgelegt. Ungewöhnlich sind der komplexe Deltaflügel mit den ovalen Triebwerkeinläufen. Das Triebwerkmanagement (FADEC) ist vollständig digitalisiert, ebenso die übrige Avionik. Die Flugsteuerung stützt sich auf ein vierfach redundantes FBW-System ab. Nach den ersten Erprobungsflügen wurden die beiden Winglets an den Flügelspitzen entfernt. Bereits wird auch eine trägergestützte Ausführung angeboten und eine einsitzige Erdkämpferversion studiert.
Hersteller: OKB Alexander S. Yakowlew, Werke Nizhniy Novgorod und Saratow, Russland.

Abmessungen: Spannweite 10,40 m, Länge 11,24 m, Höhe 4,76 m, Flügelfläche 23,50 m².

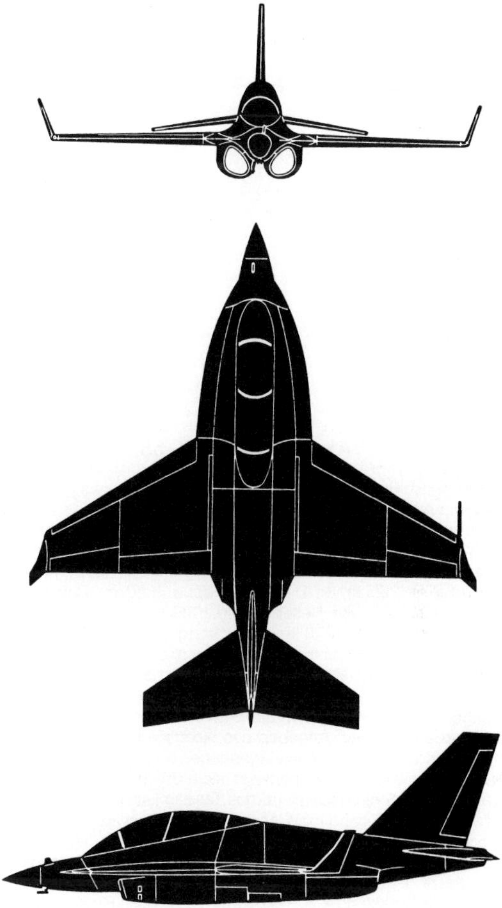

YAKOWLEW YAK-58

Ursprungsland: Russland.
Kategorie: Leichtes Mehrzweckflugzeug.
Triebwerke: Ein Neunzylinder Radialmotor Wedeneyew M-14PT von 355 PS (265 kW) Leistung.
Leistungen (geschätzt): Höchstgeschwindigkeit 300 km/h; max. Reisegeschwindigkeit 285 km/h; Dienstgipfelhöhe 4000 m; Reichweite mit max. Nutzlast und 45 Min. Reserve rund 1000 km.
Gewichte: Leergewicht 1270 kg; max. Startgewicht 2100 kg.
Zuladung: Pilot und bis zu fünf Passagiere; max. Nutzlast 450 kg.
Entwicklungsstand: Der erste Prototyp, welcher 1993 die Flugerprobung aufnahm, stürzte bei einer Flugdemonstration ab. Am 10. Oktober 1994 folgte der zweite Prototyp. Ein Entscheid über die Serienproduktion steht noch aus. Nach Angaben des Herstellers seien aber Letter of Intents für rund 250 Maschinen eingegangen.
Bemerkungen: Die Yak-58 zeichnet sich durch ihre ungewöhnliche Form aus. Besonders auffällig sind das Tandemleitwerk und der Schubpropeller. Dadurch können die Abmessungen sehr kompakt gehalten werden. Im übrigen handelt es sich um eine konventionelle Konstruktion. Die Yak-58 wird u.a. für folgende Aufgaben angeboten: Passagier- und Frachteinsätze, Überwachungsaufgaben, Fischereischutz usw.
Hersteller: OKB Alexander S. Yakowlew, Werk Tiflis, Russland.

Abmessungen: Spannweite 12,70 m, Länge 8,55 m, Höhe 3,16 m, Flügelfläche 20,00 m².

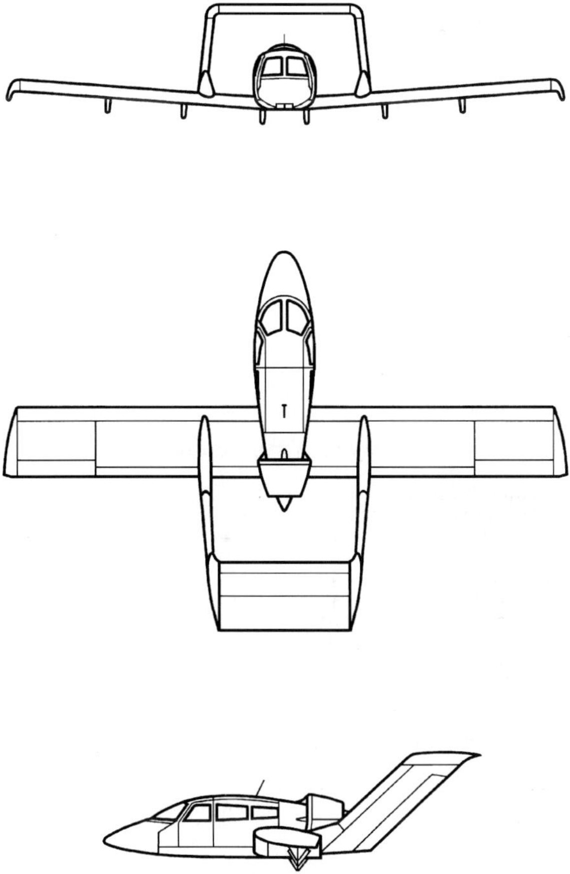

VERZEICHNIS DER FLUGZEUGTYPEN

Aermacchi MB-339CD, 6
Aero L-159 Albatros, 8
L-39/59 MS Albatros, 8
L-139 Albatros, 8
Aero Tiga, SME Aviation MD-3-160, 274
Agusta A 109 Power, 10
A119 Koala, 12
A 129 International, 14
A 129 Mangusta, 14
AH-1W SuperCobra, Bell, 58
AH-64D Long Bow Apache, McDonnell Douglas, 198
AIDC A-1 Ching-Kuo, 16
AI(R)/British Aerospace Jetstream 41, 18
AI(R)/ATR 42-500, 20
72-210, 20
AI(R)/Avro International RJ70/85/100/115, 22
Airbus A321, 24
A319, 26
A330, 28
A340, 30
Beluga, 32
Super Transporter, 32
Airtech CN-235-200, 34
Albatros, Aero L-159, 8
ALH, HAL, 148
ALX, Embraer EMB-312, 122
Amazon, Embraer EMB-145, 120
AMX International AMX, 36
Antonow An-28, 38
An-38, 38
An-70T/An-77, 42
An-72P, 40
An-124 (Ruslan), 44
Apache, Long Bow, McDonnell Douglas AH-64D, 198
Archer III, Piper PA-28-181, 232
Astra
SPX, IAI 1125, 152
Galaxy, IAI, 154
Astra, Pilatus PC-7 Mk.II, 228
Atlas CSH-2 Rooivalk, 46
ATR 42-500, AI R), 20
72-210, 20
Avions Robin DR.400-180 Regent, 48
Avro International RJ70/85/100/115, AI(R), 22
AWACS, Boeing E767T, 70

B-2 Northrop, 224
Battlefield Lynx, Westland, 294
Beechcraft/Raytheon A.36 Bonanza, 244
C90B/C90SE King Air, 246
1900D, 248
Beechjet 400A, 250
T-1A Jayhawk, 250
Premier I, 252
/Pilatus PC-9 Mk.II, 254
Bell (Tridair) 206 TwinRanger/Gemini ST, 50
407/407T, 52
230, 54
430, 54
412HP, 56
AH-1W SuperCobra, 58
Beluga, Airbus, 32
Boeing V-22 Osprey, 60
BK 117 Eurocopter (MBB/Kawasaki), 136
Blackhawk, Sikorsky UH-60L, 270
Bo 108, Eurocopter (MBB), 134
Boeing 737-300/400/500/600/700/800, 62
747-400/500X/600X/700X, 64
757-200/300, 66
767-300, 62
E767T/AWACS, 70
777-200/200IGN/300/100X, 72
-Helicopters CH-47D/F/J Chinook, 74
/Sikorsky RAH-66 Comanche, 76
Bombardier/Canadair CL-415, 78
Regional Jet, 80
Challenger 604, 82
Global Express, 84
/De Havilland Dash-8-400, 86
/Learjet 60, 88
45, 82
Bonanza, Raytheon/Beechcraft A.36, 244
Brasilia, EMB-120, 118
British Aerospace Jetstream 31/41, AI(R), 18
Hawk 100/200, 92
RJ 70/85/100/115 siehe AI(R)/Avro, 22

C-17A Globemaster III, McDonnell Douglas, 182
C-130J Hercules, Lockheed Martin, 176
Canadair/Bombardier CL-415, 78
Regional Jet, 80
Challenger 604, 82
Global Express, 84
CASA/IPTN CN-235-200, 34
Cessna 172R Skyhawk, 94
208 Grand Commander, 90

/Soloy 208B Dual Pac, 96
525 CitationJet, 98
560 Citation V Ultra, Citation Bravo, 100
660 Citation VII Excel, 102
750 Citation X, 104
CH-47D/F/J Chinook, Boeing Helicopters, 74
Challenger 604, Bombardier/Canadair, 82
Ching-Kuo, AIDS, 16
Chinook, Boeing Helicopters CH-47D/F/J, 74
Citation V Ultra, Citation Bravo, 100
Citation VII Excel, Cessna, 102
Citation X, Cessna, 104
CitationJet, Cessna, 98
CL-415, Bombardier/Canadair,78
CN-235-200, Airtech, 34
Comanche, Boeing-Sikorsky RAH-66, 76
Cougar II, Eurocopter AS 532, 126
CSH-2 Rooivalk, Atlas, 46

Daewoo KTX-1 Korint, 106
Dash 8-300A, Bombardier/de Havilland Canada, 86
Dassault Falcon 900EX, 108
Falcon 2000, 110
Mirage 2000-5, 112
Rafale B, M, 114
Dauphin 2, Eurocopter, AS 365N, 130
De Havilland (Bombardier) Dash 8-300A, 86
Dornier/328-120, Fairchild, 140
DR.400-180 Regent, Avions Robin, 48
Dual Pac, Cessna/Soloy 208B, 96
Dustoff, Sikorsky UH-60Q, 270

E-2C Hawkeye, Grummann, 226
Eagle, McDonnell Douglas F-15E/S, 184
Eagle, Pilatus PC-12, 230
EC 120, Eurocopter, 132
Ecureuil (2), Eurocopter AS 350/355, 128
EFA, Eurofighter, 138
EH 101 (Merlin), 116
Embraer EMB-120ER Brasilia, 118
EMB-145 Amazon, 120
EMB-312H Super Tucano/ALX, 122
Eurocopter (Aérospatiale) Tiger/Gerfaut, 124
AS 332 Super Puma II, 126
AS 350 Ecureuil, 128
AS 355 Ecureuil 2, 128
AS 365 Dauphin 2, 130
AS 532 Cougar II, 126
AS 550 Fennec, 128
AS 555 Fennec, 128
AS 565 Panther, 130
EC 120, 132
(MBB) BO 108/EC 135, 134
(MBB/Kawasaki) BK 117, 136
Eurofighter EFA, 138
Explorer, MD 900, McDonnell Douglas, 204

Fairchild/Dornier 328-120, 140
F-8 IIM Finback, Shengyang, 266
F-15E/S Eagle, McDonnell Douglas, 184
F-16 Fighting Falcon, Lockheed, 178
F-22, Lockheed, 180
F/A-18C/D Hornet, McDonnell Douglas, 186
F/A-18E/F Super Hornet, McDonnell Douglas, 188
F-2A/B, Mitsubishi, 218
Falcon 900EX, Dassault, 108
2000, Dassault, 110
Fennec, Eurocopter AS 550,555, 126
Fighting Falcon, Lockheed F-16, 178
Finback, Shengyang F-8 IIM, 266
Flanker, Suchoj Su-27/30/33, 284
Flanker, Suchoj Su-35/37, 286
Fulcrum, Mikojan MiG-29M, 206

Galaxy, IAI, 154
Gemini ST, Bell/Tridair 206 TwinRanger, 50
Global Express, Bombardier/Canadair, 84
Globemaster III, McDonnell C-17A, 182
Gerfaut, Eurocopter (Aérospatiale) Tiger, 124
Goshawk, McDonnell Douglas T-45A, 194
Grand Commander 208, 96
Gratch, Roks-Aero/MAPO T-101, 258
Gripen, Saab 39, 260
Grob G 115T, 142
Grumman (Northrop) E-2C Hawkeye, 226
Gulfstream Aerospace Gulfstream IV-SP, 144
Gulfstream V, 146

HAL ALH, 148
LCA, 150
Halo, Mil Mi-26TM, 210
Harrier II Plus, McDonnell Douglas AV-8B, 196
Hawk 100/200, British Aerospace, 92
Hawker 800XP/1000, Raytheon, 256
Hawkeye, Northrop/Grumman E-2C, 226

Hercules, Lockheed C-130J, 176
Hokum, Kamow Ka-50/52, 168
Hornet, McDonnell Douglas F/A-18C/D, 186

IAI 1125 Astra SPX, 152
Galaxy, 154
Iljuschin Il-76 MF, 156
Il-96-300/-350, 158
Il-96M, 158
Il-114, 160
Il-103, 162
International, Agusta A 129, 14
IPTN N-250/270, 164

Jayhawk, Raytheon/Beechcraft T-1A, 250
Jetstream 31/41, AI(R)/British Aerospace, 18

Kaman K-Max, 166
Kamow Ka-50/52 (Hokum), 168
Ka-62, 170
Kawasaki T-4, 172
OH-X, 174
Kawasaki (MBB-) BK 117, 136
King Air, Raytheon/Beechcraft C90B/C90SE, 246
Koala, Agusta A 119, 12
Korint, Daewoo KTX-1, 106
KTX-1 Korint, Daewoo, 106

L-39/59/139/159 Albatros, Aero, 8
LCA, HAL, 150
Learjet (Bombardier) 60, 88
31, 90
45, 90
55, 88
Lockheed Martin C-130J Hercules, 176
F-16C/D Fighting Falcon, 178
-Boeing F-22, 180
Longbow Apache, McDonnell Douglas AH-64D, 198
Lynx, Westland Battlefield, 294

M.20R, Mooney Ovation, 220
Malibu Mirage, Piper PA-46-350P, 236
Mangusta, Agusta A129, 14
MAPO, Roks-Aero T-101 Gratch, 258
MB-339CD, Aermacchi, 6
MBB siehe Eurocopter
McDonnell Douglas C-17A Globemaster III, 182
F-15E/S Eagle, 184
F/A-18C/D Hornet, 186
F/A-18E/F Super Hornet, 188
MD-90/-95, 190
MD-11, 192
MD-XX, 192
/BAe T-45A Goshawk, 194
/BAe AV-8B Harrier II Plus, 196
AH-64D Longbow Apache, 198
MD 520N, 200
MD 600N, 630N, 202
MD 900 Explorer, 204
MD-3-160 Aero Tiga, SME Aviation, 274
Merlin, EH101, 116
MH-47E, Boeing Helicopters Chinook, 74
MH-53E Sea Dragon, Sikorsky, 268
MiG-29M/35 Fulcrum, Mikojan, 206
MiG-AT, 208
Mikojan MiG-29M/35 Fulcrum, 206
AT, 208
Mil Mi-26TM Halo, 210
Mi-28N, 212
Mi-34, 214
Mi-35M/24M, 216
Mirage 2000-5, Dassault, 112
Mitsubishi F-2, 218
Mooney M.20R Ovation, 220

N-250/270, IPTN, 164
NH Industries NH90, 222
Northrop B-2A Spirit, 224
Northrop/Grumman E-2C Hawkeye, 226

OH-X, Kawasaki, 172
Orkan, PZL I-22 Iryda/IM-99, 244
Osprey, Bell-Boeing V-22, 54
Ovation, Mooney M.20R, 220

Panther, Eurocopter (Aérospatiale) AS 565, 130
PC-9 Mk. II, Raytheon Beechcraft, 254
PC-12, Pilatus, 230
Pilatus PC-7/-9, 228
/Raytheon/Beechcraft PC-9 Mk.II, 254
PC-12 (Eagle), 230
Piper PA-28-161 Warrior, 232
PA-28-181 Archer III, 232
PA-34-220T Seneca IV, 234
PA-46-350P Malibu Mirage, 236
Power, Agusta A 109, 10
PZL-130T Turbo Orlik, 238
Swidnik W-3 Sokol, 240
SW-4, 242

Rafale B/M, Dassault, 114
RAH-66, Boeing-Sikorsky Comanche, 76
Raytheon/Beechcraft A.36 Bonanza, 244
/Beechcraft C90SE King Air, 246

/Beechcraft 1900D, 248
/Beechcraft Beechjet 400A, 250
/Beechcraft T-1A Jayhawk, 250
Premier I, 252
/Beechcraft-Pilatus PC-9 Mk. II, 254
/Hawker 800XP/1000, 2568
Regent, Avions Robin DR.400-180, 48
Regional Jet, Bombardier/Canadair, 80
RJ70/85/100/115, AI(R)/British Aerospace, 22
Robin, Avions Robin DR.400-180 Regent, 48
Roks-Aero/MAPO T-101 Gratch, 258
Rooivalk, Atlas CSH-2, 46
Ruslan, Antonow An-124, 44

Saab JAS 39 Gripen, 260
340B, 262
2000, 264
Sea Dragon, Sikorsky MH-53E, 268
Seahawk, Sikorsky SH-60/HH-60 Jayhawk, 270
Seneca IV, Piper PA-34-220T, 234
Shengyang F-8 IIM Finback, 266
Sikorsky/CH-53E Super Stallion/MH-53E Sea Dragon, 268
UH-60L/MH-60L Blackhawk, 270
SH-60 Seahawk, 270
S-76C, 272
S-92, 270
-Boeing RAH-66 Comanche, 76
Skyhawk, Cessna 172R, 94
Skylane, Cessna 182S, 94
SME Aviation MD3-160 Aero Tiga, 274
SOCATA TB-9 Tampico, 276
TB-10, TB-200 Tobago XL, 276
TB-20/21TC Trinidad, 276
TB-320 Tangara, 278
TBM 700, 280
Sokol, PZL-Swidnik W-3, 240
Soloy, Cessna 208B Dual Pac, 96
Spirit, Northrop B-2A, 224
Stationair, Cessna Turbo 206, 94
Super Stallion, Sikorsky CH-53E, 268
Suchoj Su-25T, 282
Su-27/30/33 Flanker, 284
Su-35/37 Flanker, 286
Su-34, 288
Super Cobra, Bell AH-1W, 58
Super Hornet, McDonnell Douglas F/A-18E/F, 188
Super Puma II, Eurocopter AS 332, 126
Super Transporter, Airbus Beluga, 32
Super Tucano, Embraer EMB-312H/ALX, 122
Swidnik, PZL W-3 Sokol, 240
SW-4, PZL Swidnik, 242

T-1A Jayhawk, Raytheon/Beechcraft, 250
T-4, Kawasaki, 172
T-45A Goshawk, McDonnell Douglas/BAe, 194
Tampico, Socata TB-9, 276
Tangara, Socata TB-320, 278
TMB 700,SOCATA, 278
Tiger, Eurocopter, 124
Tridair/Bell, 206 Twin Ranger/Gemini ST, 50
Tobago, Socata TB-10/200 XL, 276
Trinidad TB-20/21 TC, Socata, 276
Turbo 206 Stationair, Cessna, 94
Tupolew Tu-204-100, 290
Tu-224, 290
Tu-234, 290
Tu-334, 292
Turbo Orlik, PZL-130T, 238
TwinRanger, Bell 206, 50

U-27A, Cessna 208 Grand Commander, 96
UH-60L Blackhawk, Sikorsky, 270

V-22 Osprey, Bell-Boeing, 58

Warrior, Piper PA-28-161, 232
Westland Battlefield Lynx, 294

Yakowlew Yak-58, 296
Yak-130, 298
YF-22, Lockheed-Boeing, 180

ABKÜRZUNGEN IM TEXT

Aéronavale	Französische Marineluftwaffe
AAM	**A**ir-to **A**ir-**M**issile, Lenkwaffen gegen feindliche Flugzeuge
AEW/C	**A**irborne **E**arly **W**arning/**C**ommand, fliegende Radarfrühwarn- und Kommandoflugzeuge
ALAT	**A**viation **L**égère de l'**A**rmée de **T**erre, französische Heeresluftwaffe
Armée de l'Air	Französische Luftwaffe
ASTOR	**A**irborne **S**tand-**O**ff **R**adar
ASW	**A**nti-**S**ubmarine **W**arfare, U-Boot-Bekämpfung
AWACS	**A**irborne **W**arning **A**nd **C**ontrol **S**ystem, Frühwarnflugzeug
COMINT	**COM**munications **INT**elligence, Fernmelde-Aufklärung
CRT	**C**athode-**R**ay-**T**ube, Kathodenröhren-Anzeigen
Doppler	Abkürzung für Doppler-Radar zur Geschwindigkeitsmessung und zum Erkennen von beweglichen Objekten in der Luft und am Boden
ECM	**E**lectronic **C**ounter **M**easures, Sammelbegriff für alle Massnahmen zur Störung feindlicher Funk- und Radareinrichtungen auf elektronischem Weg
EFIS	**E**lectronic **F**light **I**nstrument **S**ystem, Elektronische Bildschirmanzeigeinstrumente
Elint	**El**ectronics **Int**elligence, elektronische Aufklärung
FADEC	**F**ull **A**uthority **D**igital **E**ngine **C**ontrol, Digitales Triebwerkmanagement-System
FBW	**F**ly **B**y **W**ire, Steuerung des Flugzeuges mittels elektrischen Impulsen
FLIR	**F**orward-**L**ooking **I**nfra**R**ed, Infrarot-Nachtsichtgerät
GFK	**G**lasfaserverstärkter **K**unststoff
GPS	**G**lobal **P**ositioning **S**ystem, präzise Navigationshilfe mittels Satelliten
HUD	**H**ead-**U**p **D**isplay, Blickfelddarstellungsgerät. Die wichtigsten Flugdaten werden auf die Frontscheibe projiziert
IFR	**I**nstrument **F**light **R**ules, Instrumentenflugregeln
LANTIRN	**L**ow-**A**ltitude **N**avigation **T**argeting **IR** for **N**ight, Tiefflugnavigations- und Infrarot- Angriffssystem für Nachteinsätze
MAD	**M**agnetic **A**nomaly **D**etection, Magnetometer, Gerät zum Aufspüren magnetischer Unregelmässigkeiten (Einsatz zur U-Boot-Bekämpfung)
MLS	**M**icrowave-**L**anding-**S**ystem, Landehilfe auf Mikrowellenbasis
RAAF	**R**oyal **A**ustralien **A**ir **F**orce, australische Luftwaffe
RAF	**R**oyal **A**ir **F**orce, britische Luftwaffe
RN	**R**oyal **N**avy, britische Marine
RNZAF	**R**oyal **N**ew **Z**ealand **A**ir **F**orce, neuseeländische Luftwaffe
SIGINT	**SIG**nals **INT**ellingence, Funkaufklärung
STOL	**S**hort **T**ake-**O**ff and **L**anding, Kurzstart und -landung
USAF	**U**nited **S**tates **A**ir **F**orce, Luftwaffe der USA
USCG	**U**nited **S**tates **C**oast **G**uard, Küstenwache der USA
USMC	**U**nited **S**tates **M**arine **C**orps, Marineinfanterie der USA
USN	**U**nited **S**tates **N**avy, Marine der USA
VFR	**V**isual **F**light **R**ules, Sichtflugregeln
VTOL	**V**ertical **T**ake-**O**ff and **L**anding, Senkrechtstart und -landung
WPS	**W**ellen-**PS**, Leistung einer Propeller- oder Gasturbine, gemessen an der Welle; der Restschub wird nicht berücksichtigt, Englisch: shp (Shaft Horse Power)